高超声速飞行器等离子体鞘套的电磁特性

Electromagnetic Characteristics of Plasma Sheaths Around Hypersonic Aerial Vehicles

张厚　殷雄　著

国防工业出版社

·北京·

图书在版编目(CIP)数据

高超声速飞行器等离子体鞘套的电磁特性/张厚,殷雄著. —北京:国防工业出版社,2018.7
ISBN 978-7-118-11439-3

Ⅰ.①高… Ⅱ.①张… ②殷… Ⅲ.①再入等离子体鞘套—电磁场—研究 Ⅳ.①TN011

中国版本图书馆 CIP 数据核字(2018)第 162801 号

※

国防工業出版社出版发行
(北京市海淀区紫竹院南路 23 号 邮政编码 100048)
天津嘉恒印务有限公司印刷
新华书店经售

*

开本 710×1000 1/16 印张 13¼ 字数 208 千字
2018 年 7 月第 1 版第 1 次印刷 印数 1—2000 册 定价 128.00 元

(本书如有印装错误,我社负责调换)

国防书店:(010)88540777　　　发行邮购:(010)88540776
发行传真:(010)88540755　　　发行业务:(010)88540717

致 读 者

本书由中央军委装备发展部**国防科技图书出版基金**资助出版。

为了促进国防科技和武器装备发展，加强社会主义物质文明和精神文明建设，培养优秀科技人才，确保国防科技优秀图书的出版，原国防科工委于1988年初决定每年拨出专款，设立国防科技图书出版基金，成立评审委员会，扶持、审定出版国防科技优秀图书。这是一项具有深远意义的创举。

国防科技图书出版基金资助的对象是：

1. 在国防科学技术领域中，学术水平高，内容有创见，在学科上居领先地位的基础科学理论图书；在工程技术理论方面有突破的应用科学专著。

2. 学术思想新颖，内容具体、实用，对国防科技和武器装备发展具有较大推动作用的专著；密切结合国防现代化和武器装备现代化需要的高新技术内容的专著。

3. 有重要发展前景和有重大开拓使用价值，密切结合国防现代化和武器装备现代化需要的新工艺、新材料内容的专著。

4. 填补目前我国科技领域空白并具有军事应用前景的薄弱学科和边缘学科的科技图书。

国防科技图书出版基金评审委员会在中央军委装备发展部的领导下开展工作，负责掌握出版基金的使用方向，评审受理的图书选题，决定资助的图书选题和资助金额，以及决定中断或取消资助等。经评审给予资助的图书，由中央军委装备发展部国防工业出版社出版发行。

国防科技和武器装备发展已经取得了举世瞩目的成就。国防科技图书承担着记载和弘扬这些成就，积累和传播科技知识的使命。开展好评审工作，使有限的基金发挥出巨大的效能，需要不断摸索、认真总结和及时改进，更需要国防科技和武器装备建设战线广大科技工作者、专家、教授、以及社会各界朋友的热情支持。

让我们携起手来，为祖国昌盛、科技腾飞、出版繁荣而共同奋斗！

国防科技图书出版基金
评审委员会

国防科技图书出版基金
第七届评审委员会组成人员

主 任 委 员	潘银喜
副主任委员	吴有生　傅兴男　赵伯桥
秘 书 长	赵伯桥
副 秘 书 长	许西安　谢晓阳

委　　员　才鸿年　马伟明　王小谟　王群书
（按姓氏笔画排序）甘茂治　甘晓华　卢秉恒　巩水利
　　　　　　　　刘泽金　孙秀冬　芮筱亭　李言荣
　　　　　　　　李德仁　李德毅　杨　伟　肖志力
　　　　　　　　吴宏鑫　张文栋　张信威　陆　军
　　　　　　　　陈良惠　房建成　赵万生　赵凤起
　　　　　　　　郭云飞　唐志共　陶西平　韩祖南
　　　　　　　　傅惠民　魏炳波

前　言

等离子体鞘套是战略导弹、飞船、空天飞机等高超声速飞行器重返大气层时普遍存在的再入现象,研究电磁波与等离子体鞘套的作用机理对于实现战略导弹突防以及掌控高超声速飞行器再入时所出现的通信中断现象具有重要的军事意义和战略价值。作为一种新概念的飞行武器防御技术,等离子体隐身技术在军事领域具有广阔的应用前景,已成为世界各大国研究的热点。等离子体鞘套能使几乎所有频段的无线电信号发生衰减,因而研究等离子体鞘套对电磁波信号的影响与研究等离子体隐身技术具有很强的相关性。

本书旨在对再入等离子体鞘套的电磁特性开展理论研究。通过流体动力学仿真,获得再入体模型的高超声速绕流流场特性,通过相关公式对各再入体模型的流场结果进行转化处理,得到各再入体的等离子体鞘套电磁模型。在此基础上,运用改进的电磁学方法研究电磁波在等离子体鞘套中的传播特性(如吸收衰减效应,同极化或交叉极化透射、反射效应);并研究等离子体鞘套在不同条件下的散射特性及其对目标本体散射特性的影响。本书内容能为高超声速飞行器突防设计、掌控再入通信中断设计、高超声速飞行器等离子体隐身技术等提供重要的理论依据和技术支持。

等离子体鞘套电磁特性的研究涉及热力学、化学、等离子体物理学、电磁学、空气动力学等多门学科,具有相当大的复杂性,有许多问题还需进一步研究和完善,归纳起来主要有以下四个方面:

(1)准确建模。等离子体鞘套散射特性的研究对象是微缩尺度的再入体模型,虽然建立微缩尺度模型的依据是气动物理特性相似规律,但是要把微缩尺度下的等离子体鞘套电磁响应结果外推到真实尺度下的结果;同时带壁面烧蚀效应的高超声速热化学非平衡流的影响、磁化等实际情况都需要在建模中加以考虑。

(2)提高计算效率和计算精度。随着计算机技术的快速发展,各种商业软件和计算方法不断涌现,由于等离子体鞘套问题的复杂性,需要有快速高效的计算方法以及满足精度的计算结果。

(3)试验验证。在研究电磁波与等离子体鞘套相互作用问题时,利用有效的数值方法或准解析方法进行模拟是一种有效的分析手段,但是更重要的是要对仿真结果进行试验验证,表明仿真结果的有效性和准确性。

（4）实际应用。分析研究等离子体鞘套的电磁特性，不仅能为高超声速飞行器突防设计、掌控再入通信中断设计、高超声速飞行器等离子体隐身技术等提供重要的理论依据和技术支持，更重要的是将其应用于工程实际，解决实际应用中存在的问题，如"黑障"等。虽然这个目标目前离我们还较远，但经过一代又一代科技工作者的努力，相信终有一天会成为现实。

本书是作者近年来所做工作的归纳和总结，是作者在等离子鞘套电磁特性研究方面的一些初步工作，相信随着研究的深入，会有更多的研究成果出现。在本书编写过程中，钟涛、宋万均、陈强、闵学良、尹卫阳、曾裔超等做了一定的工作，在此表示感谢。

由于作者水平有限，书中难免存在不足，恳请读者给予批评指正。

作 者
2018 年 1 月

目 录

第1章 综述 ... 1
1.1 等离子鞘套电磁特性的研究意义 ... 1
1.2 等离子体鞘套电磁特性的研究方法 ... 2
1.2.1 高超声速流动的计算方法 ... 2
1.2.2 电磁波与等离子体作用的计算方法 ... 3

第2章 等离子体鞘套的理论基础 ... 6
2.1 等离子体的基本特性 ... 6
2.1.1 等离子体基本参数 ... 6
2.1.2 等离子体的介电特性 ... 7
2.1.3 等离子体的色散特性 ... 9
2.2 等离子体鞘套的磁流体力学基础 ... 10
2.2.1 磁流体力学问题的解耦条件 ... 10
2.2.2 气体流场的基本概念 ... 14
2.2.3 等离子体鞘套的流体特征 ... 16
2.3 电磁波与等离子体的相互作用 ... 18
2.3.1 高通滤波、相移及吸收衰减特性 ... 18
2.3.2 磁化条件下的法拉第旋转效应及共振吸收现象 ... 21
2.3.3 电磁波折射效应 ... 24
2.3.4 多普勒频移效应 ... 26

第3章 高超声速目标热化学非平衡流模拟 ... 27
3.1 高超声速热化学非平衡流的CFD理论 ... 27
3.1.1 热力学温度模型 ... 27
3.1.2 化学反应动力学模型 ... 28
3.1.3 热化学非平衡流控制方程 ... 29
3.1.4 计算方法与算例验证 ... 32
3.2 再入体模型的建立 ... 34
3.3 气动物理特性相似规律 ... 35
3.4 微缩尺度模型 ... 37

3.5 再入体绕流流动模拟结果与分析 ………………………………………… 39
   3.5.1 高超声速钝锥绕流流动模拟 ……………………………………… 39
   3.5.2 高超声速球冠倒锥体绕流流动模拟 ……………………………… 45
   3.5.3 高超声速锐头体绕流流动模拟 …………………………………… 53

第4章 等离子体鞘套电磁特性分析的时域有限差分方法 …… 60
4.1 改进的非磁化等离子体 FDTD 方法 …………………………………… 60
   4.1.1 改进的非磁化等离子体 SO-FDTD 方法 ………………………… 60
   4.1.2 改进的非磁化等离子体 ADI-FDTD 方法 ……………………… 65
   4.1.3 算法验证与分析 …………………………………………………… 74
4.2 改进的磁化等离子体 SO-FDTD 方法 ………………………………… 77
   4.2.1 改进的基于任意磁偏角的磁化等离子体 SO-FDTD 方法 …… 78
   4.2.2 改进的基于 0°磁偏角的磁化等离子体 SO-FDTD 方法 ……… 84
   4.2.3 算法验证与分析 …………………………………………………… 86
4.3 提升高阶差分方程迭代计算效率的内存优化算法 …………………… 91

第5章 电磁波在等离子体鞘套中的传播特性 ……………………… 94
5.1 电磁波在等离子体鞘套中传播的理论分析方法 ……………………… 94
   5.1.1 传播矩阵法 ………………………………………………………… 94
   5.1.2 FDTD 方法 ………………………………………………………… 101
   5.1.3 有效性分析 ………………………………………………………… 103
5.2 等离子体鞘套电磁模型 ………………………………………………… 106
   5.2.1 等离子体鞘套电磁特性参数的提取 ……………………………… 106
   5.2.2 等离子体鞘套电磁特性参数的分布 ……………………………… 107
5.3 电磁波入射到非磁化等离子体鞘套的传播特性分析 ………………… 109
   5.3.1 观察点位置变化对电磁波传播特性的影响 ……………………… 109
   5.3.2 入射角变化对电磁波传播特性的影响 …………………………… 114
   5.3.3 再入速度变化对电磁波传播特性的影响 ………………………… 116
   5.3.4 再入高度变化对电磁波传播特性的影响 ………………………… 118
5.4 电磁波入射到局部磁化等离子体鞘套的传播特性分析 ……………… 120
   5.4.1 磁场强度变化对电磁波传播特性的影响 ………………………… 121
   5.4.2 磁偏角变化对电磁波传播特性的影响 …………………………… 125
   5.4.3 再入高度及速度变化对电磁波传播特性的影响 ………………… 128
   5.4.4 外加磁场分布特性对电磁波传播特性的影响 …………………… 131

第6章 等离子体鞘套的电磁散射特性 ………………………………… 134
6.1 等离子体鞘套电磁参数分布特性 ……………………………………… 134

6.2　FDTD 网格尺度设置及散射程序验证 ………………………………… 139
6.3　球冠倒锥体等离子体鞘套的散射特性 ………………………………… 141
　　6.3.1　不同入射方向时的 RCS 频率响应特性 ………………………… 142
　　6.3.2　不同再入高度时的 RCS 频率响应特性 ………………………… 147
　　6.3.3　不同再入速度时的 RCS 频率响应特性 ………………………… 150
　　6.3.4　倒锥体本体尺寸变化对 RCS 频率响应特性的影响 …………… 152
6.4　锐头体等离子体鞘套的散射特性 ……………………………………… 154
　　6.4.1　不同入射方向时的 RCS 频率响应特性 ………………………… 154
　　6.4.2　不同再入高度时的 RCS 频率响应特性 ………………………… 158
　　6.4.3　不同再入速度时的 RCS 频率响应特性 ………………………… 161
　　6.4.4　锐头体本体尺寸变化对 RCS 频率响应特性的影响 …………… 163
附录 ………………………………………………………………………………… 167
参考文献 …………………………………………………………………………… 169

Contents

Chapter 1　Overview ··· 1
　1.1　Research Significance of Electromagnetic Characteristics of Plasma
　　　Sheaths ·· 1
　1.2　Research Methods of Electromagnetic Characteristics of Plasma
　　　Sheaths ·· 2
　　　1.2.1　Computational Methods of Hypersonic Flow ······················· 2
　　　1.2.2　Computational Methods of Interaction of Electromagnetic Waves
　　　　　　and Plasma ·· 3
Chapter 2　Theoretical Principles of Plasma Sheaths ································· 6
　2.1　Basic Characteristics of Plasma ·· 6
　　　2.1.1　Basic Parameters of Plasma ··· 6
　　　2.1.2　Permittivity Characteristics of Plasma ································ 7
　　　2.1.3　Dispersion Characteristics of Plasma ································· 9
　2.2　Fundamentals of Magnetofluidmechanics of Plasma Sheaths ··············· 10
　　　2.2.1　Decoupling Conditions of Problems of Magnetofluidmechanics ······ 10
　　　2.2.2　Basic Concepts of Aero Flow Field ··································· 14
　　　2.2.3　Flow Field Characteristics of Plasma Sheaths ···················· 16
　2.3　Interaction of Electromagnetic Waves between Plasma ····················· 18
　　　2.3.1　High-pass Filtering, Phase Shifting, and Attenuation
　　　　　　Characteristics of Plasma ··· 18
　　　2.3.2　Faraday Rotation Effect and Resonance Absorption Phenomenon
　　　　　　of Magnetized Plasma ··· 21
　　　2.3.3　Electromagnetic Waves Refraction Effect of Magnetized Plasma ······ 24
　　　2.3.4　Doppler Shift Effect of Magnetized Plasma ······················· 26
**Chapter 3　Simulation of Thermochemistry Non-equilibrium Flow of
　　　　　　Hypersonic Targets** ··· 27
　3.1　CFD Theory of Hypersonic Thermochemistry Non-equilibrium Flow ······ 27
　　　3.1.1　Thermodynamic Temperature Models ································ 27

    3.1.2 Chemical Reaction Kinetics Models ················· 28
    3.1.3 Governing Equations of Thermochemistry Non-equilibrium Flow ··· 29
    3.1.4 Computational Methods and Validation ················· 32
  3.2 Establishment of Reentry Body Models ················· 34
  3.3 Similarity Law of Aerodynamic Physics ················· 35
  3.4 Micro-scale Model ················· 37
  3.5 Results and Analysis of Simulation of Flow around Reentry Bodies ······ 39
    3.5.1 Simulation of Flow Around a Hypersonic Blunted Cone ············· 39
    3.5.2 Simulation of Flow Around a Hypersonic Spherical Cap Inverted
       Cone ················· 45
    3.5.3 Simulation of Flow Around a Hypersonic Sharp-tipped Body ······ 53

Chapter 4 Finite Difference Time Domain Methods for Analysis of Electromagnetic Characteristics of Plasma Sheaths ················· 60

  4.1 Modified FDTD Method for Non-magnetized Plasma ················· 60
    4.1.1 Modified SO-FDTD Method for Non-magnetized Plasma ············ 60
    4.1.2 Modified ADI-FDTD Method for Non-magnetized Plasma ········· 65
    4.1.3 Validation and Analysis of Algorithms ················· 74
  4.2 Modified SO-FDTD Method for Magnetized Plasma ················· 77
    4.2.1 Modified SO-FDTD Method for Magnetized Plasma Based on
       Arbitrary Inclination Angle ················· 78
    4.2.2 Modified SO-FDTD Method for Magnetized Plasma Based on Zero
       Inclination Angle ················· 84
    4.2.3 Validation and Analysis of Algorithms ················· 86
  4.3 Memory-optimized Method for Improving the Computational
    Efficiency of Higher-order Difference Iteration Equations ················· 91

Chapter 5 Propagation Characteristics of Electromagnetic Waves in Plasma ················· 94

  5.1 Methods for Theoretical Analysis of Propagation of Electromagnetic
    Waves in Plasma ················· 94
    5.1.1 Propogator Matrix Method ················· 94
    5.1.2 FDTD Method ················· 101
    5.1.3 Validity Analysis ················· 103
  5.2 Electromagnetic Model of Plasma Sheaths ················· 106
    5.2.1 Extraction of Electromagnetic Parameters of Plasma Sheaths ······ 106

  5.2.2 Distribution of Electromagnetic Parameters of Plasma Sheaths 107
5.3 Analysis of Propagation Characteristics of Electromagnetic Waves
   Incidenting on Non-magnetized Plasma Sheaths 109
  5.3.1 Effects of Observation Point on Propagation Characteristics of
     Electromagnetic Waves 109
  5.3.2 Effects of Incident Angle on Propagation Characteristics of
     Electromagnetic Waves 114
  5.3.3 Effects of Reentry Velocity on Propagation Characteristics of
     Electromagnetic Waves 116
  5.3.4 Effects of Reentry Height on Propagation Characteristics of
     Electromagnetic Waves 118
5.4 Analysis of Propagation Characteristics of Electromagnetic Waves
   Incidenting on Regionally Magnetized Plasma Sheaths 120
  5.4.1 Effects of Magnetic Field Intensity on Propagation Characteristics
     of Electromagnetic Waves 121
  5.4.2 Effects of Inclination Angle on Propagation Characteristics of
     Electromagnetic Waves 125
  5.4.3 Effects of Reentry Height and Velocity on Propagation
     Characteristics of Electromagnetic Waves 128
  5.4.4 Effects of Distribution of External Magnetic Field Propagation
     Characteristics of Electromagnetic Waves 131

Chapter 6 Electromagnetic Scattering Characteristics of Plasma Sheaths 134

6.1 Electromagnetic Parameters Distribution Characteristics of Plasma
   Sheaths 134
6.2 Setting of FDTD Grid Size and Validation of Scattering Program 139
6.3 Scattering Characteristics Spherical Cap Inverted Cone Plasma
   Sheaths 141
  6.3.1 RCS Characteristics Versus Frequency at Different Incident
     Angles 142
  6.3.2 RCS Characteristics versus Frequency at Different Reentry
     Heights 147
  6.3.3 RCS Characteristics versus Frequency at Different Reentry
     Velocities 150
  6.3.4 RCS Characteristics versus Frequency in Different Inverted

		Cone Sizes ···	152
6.4	Scattering Characteristics of Sharp-tipped Body Plasma Sheaths	······	154
	6.4.1	RCS Characteristics Versus Frequency at Different Incident Angles ···	154
	6.4.2	RCS Characteristics Versus Frequency at Different Reentry Heights ··	158
	6.4.3	RCS Characteristics Versus Frequency at Different Reentry Velocities ··	161
	6.4.4	RCS Characteristics Versus Frequency in Different Sharp-tipped Body Sizes ··	163

Appedix ··· 167
References ·· 169

第1章 综 述

1.1 等离子鞘套电磁特性的研究意义

再入过程是指由地面进入大气层以外空间的物体重返大气层至落地的过程，该物体称为再入体[1]。随着人类航天科技的不断进步，近地空间可能存在各类超声速及高超声速再入式飞行物体，如空天飞机、吸气式高超声速巡航飞行器、飞船返回舱等[2]。当再入体高速重返大气层时，再入体与大气之间存在强烈摩擦，其前端形成很强的脱体激波。在激波的强烈压缩作用下，大量的飞行器动能转化为热能，造成再入体附近空气温度急剧上升。当飞行器速度和空气密度达到一定值时，飞行器周围的温度达到或超过空气电离的阈值温度，气体分子及被烧蚀的材料均发生电离，由此在再入体周围形成一定厚度的高温电离气体层，该层电离气体基本被包围在激波与再入体之间，如同剑鞘一样覆盖着再入体表面，通常称为等离子体鞘套、等离子体包覆流场或再入等离子体[3-6]。同时，在再入体后方形成强度较低的长度达再入体底部直径数千倍的等离子体尾流。等离子体鞘套的存在，不仅会对在其中传播的电磁波产生吸收衰减、折射、反射、散射等效应[7-9]，而且可能改变入射波的频率和极化方式[10,11]。等离子体鞘套对电磁波的衰减特性会对再入飞行器与地面雷达站之间的无线通信产生不利影响，严重时会造成雷达目标丢失、通信中断（"黑障"现象）[12]。另外，等离子体鞘套改变了飞行器天线附近的环境，使天线发射的信号不仅能量衰减严重，而且产生较大的随机相移和噪声，从而影响天线系统的正常工作[13,14]。从高超声速飞行测控的角度看，等离子体鞘套的存在改变了飞行器本体原有的空间散射特性，因而给地面测控雷达识别和跟踪再入飞行目标带来了困难。不过，从军事应用上讲，等离子体鞘套的形成也带来了积极的作用。对于洲际导弹等再入武器来说，其在再入过程中形成的等离子体鞘套会产生区别于本体的雷达目标特性，并且这种雷达目标特性会随再入环境和再入状态的改变而变化，从而对敌方雷达造成一定的欺骗和干扰作用。因此，研究电磁波与等离子体鞘套作用机理，掌握电磁波在等离子体鞘套的传播特性以及等离子体鞘套的电磁散射特性是高超声速再入目标探测、识别和跟踪中的重要内容，对于实现导弹突防（识别）与反突防（反识别）、解决再入通信中断问题等具有重要的军事意义和应用价值。

众所周知,利用等离子体对电磁波的吸收、折射特性,可以达到缩减飞行器雷达散射截面(Radar Cross-Section, RCS)、实现目标隐身的目的[15-18]。相对常规的外形、材料隐身技术而言,等离子体隐身具有吸波频带宽、隐身效果好、维护费用低等优点,具有广阔的应用前景[19,20]。等离子体鞘套作为再入飞行器所特有的再入现象,在一定条件下可实现对再入飞行器的隐身,这是一种被动隐身方式,其隐身效果取决于再入环境、飞行状态、飞行器外形等多种因素。通常所说的等离子体隐身技术是指主动隐身技术,主要是通过等离子体发生器在飞行器的强散射部位产生一定强度和空间分布的等离子体来实现隐身目的,这种隐身方式具有易控制性和灵活性,但同时具有实现难度大(如附加等离子体发生装置体积和重量大、不易与飞行器气动性能融合)的缺点。相对来说,等离子体鞘套隐身技术虽然可控性较差,但具有开发成本低(无需附加等离子体发生器)的优势。再入飞行器外形设计及再入飞行状态(如飞行姿态、速度等)控制,是等离子体鞘套隐身效果能否稳定发挥的关键所在。从长远看,随着科技进步及高超声速临近空间再入飞行器的不断涌现,将常规隐身技术和等离子体隐身技术(包括等离子体鞘套隐身技术)相结合而综合应用,各取所长,必将大大提高飞行器的生存能力与突防作战性能,在未来战场上扮演重要的角色。对等离子体鞘套电磁特性的研究既是实现再入飞行状态可控的重要物理基础,又是探索再入等离子体隐身技术的有效手段。

1.2 等离子体鞘套电磁特性的研究方法

1.2.1 高超声速流动的计算方法

高超声速流动研究的主要手段是试验研究和数值模拟。相比试验方法而言,数值模拟可以克服地面试验设备和测量的局限性、成本高、试验中流场的不确定性等不利因素,具有投资少、见效快、灵活性强等优点。随着计算机技术和计算流体动力学(Computational Fluid Dynamics, CFD)技术的发展,数值模拟技术已成为 CFD 技术的核心内容。一般而言,数值模拟技术包含物理化学模型、数值方法、差分格式等方面的关键内容。目前,高超声速流动数值模拟最常用的数值方法是有限体积法和有限差分法[21]。在数值求解过程中,全 Navier-Stokes(N-S)方程的求解一般采用时间相关法进行。在通量计算方面,差分格式由经典的 TVD(Total Variation Diminishing)格式[22]发展到现在流行的 AUSM(Advection Upstream Splitting Method)格式[23]及各类 AUSM 变种格式。热力学温度模型的选择一般是根据具体问题而定。对于气体平衡流动问题,只需用单温度模型来描述流体微团的平动、转动、电子运动等自由度;对于热化学非平衡问题,这些自由度需要借助双温度模型[24,25]或多温度模型[26]来描述。Park 双温度模型[24]是现在应用最广的热力学非平衡温度模型。化学反应动力学模型的研究一直是高超声速流动研究的热点，不同的化学模型可能会给仿真结果带来不同的影响，目前还没有一个统一的普适性的化学模型。化学反应气体组元模型已从5组元发展至7组元、11组员甚至数百组元，相应的化学反应方程式也越来越多。现在最常用的化学反应动力学模型是 Dunn-Kang 模型[27]、Park 模型[28,29]和 Gupta 模型[30]。

在计算机技术和 CFD 技术迅猛发展的今天，商业化 CFD 软件已如雨后春笋般地发展起来。目前较为流行的模拟高超声速非平衡流的 CFD 软件主要是 FLUENT 系列软件和 CFD-FANSTRAN 系列软件，这些软件的计算精度已经得到了业内的认可[31]。本书对高超声速热化学非平衡流的计算是采用 CFD-FANSTRAN 软件实现的，故在此对这款软件做简单介绍。CFD-FANSTRAN 软件是法国 CFDRC 公司面向航空航天应用而开发的一款软件，它采用基于密度的有限体积法来处理从低马赫数(0.1)到高超声速的多种流动问题。该软件具有挑战性的功能是采用 Overset/Chimera 算法，将全 N-S 方程和基于密度的可压缩欧拉方程与其他的学科，如有限反应速率化学和非平衡传热学、多体运动动力学等耦合起来，解决一系列极为复杂的航空问题，如导弹发射、飞行器飞行动力学等。CFD-FANSTRAN 有两种求解器，分别为结构网格求解器和非结构网格求解器。非结构网格求解器可解决无黏性、层流、湍流等问题；结构网格求解器的功能则相对多一些，可求解有限速率化学反应的化学非平衡流场问题，还能处理无黏性、层流、湍流、混合流动问题以及定常和非定常问题，本书中对高超声速热化学非平衡流的模拟采用结构网格求解器进行。

1.2.2　电磁波与等离子体作用的计算方法

电磁场问题的计算求解一般有解析方法和数值方法两种。解析方法由于是严格求解电磁场控制方程，准确性很高，但由于电磁场问题的复杂性，解析方法能够解决的问题很少。目前，广泛应用于求解电磁场问题的方法依然是数值方法。在求解等离子体与电磁波作用问题方面，作为一种全波时域分析方法，时域有限差分(Finite Difference Time-Domain, FDTD)方法是近些年来应用最广和最受关注的一种方法。

自 K. S. Yee[32]于1966年首次提出 FDTD 方法以来，经过50多年的发展和完善，该方法已在计算电磁学的各个领域得到广泛应用[33-37]。该方法的最大优点是可以处理任意形状和复杂介质目标的辐射、电磁散射以及复杂介质中电磁波传播等电磁问题[38,39]。在过去20多年的时间里，FDTD 方法被扩展用于等离子体这类色散介质的电磁模拟，涌现了很多算法。最初发展起来的是一些带有卷积特征的 FDTD 方法，例如递归卷积 FDTD (Recursive Convolution - FDTD, RC-FDTD)方法[40,41]、分段线性递归卷积 FDTD(Piecewise-Linear Recursive Convolution FDTD；PLRC-FDTD)方法[42-46]、JE 卷积 FDTD(JE Convolution-FDTD，JEC-FDTD)方法[47-50]、梯形递归卷积 FDTD(Trapezoidal Recursive Convolution-FDTD，TRC-FDTD)方法[51,52]以及分段线性电流密度递归卷积 FDTD(Piecewise-Linear Current Density Recursive Convolution-FDTD，PLCDRC-FDTD)方法[53-56]，但是这些方法在时域迭代计算中都会产生很多指数或复数变量，并且涉及复杂的卷积运算，所以累计误差较大，计算效率不高(特别是仿真电大尺寸的等离子体介质时)[57]。为了避免这些复杂的卷积运算，学者们提出了其他的 FDTD 方法，如辅助差分方程 FDTD(Auxiliary Differential Equation-FDTD，ADE-FDTD)方法[58]、指数时间差分 FDTD(Exponential Time Differencing-FDTD，ETD-FDTD)方法[59,60]、Z 变换 FDTD(Z Transform-FDTD，ZT-FDTD)方法[61-63]、电流密度拉普拉斯变换 FDTD(Current-Density-Laplace-Transfer-FDTD，CLT-FDTD)方法[64]以及移位算子 FDTD(Shift Operator-FDTD，SO-FDTD)方法[65-75]。在这些分析等离子体的 FDTD 方法中，ADE-FDTD 方法将麦克斯韦方程组和等离子体所满足的辅助方程直接差分，得到一组可实现多个场量时域迭代求解的差分方程组，由于是直接差分离散电磁场方程，该方法的计算精度要稍低于上述带有卷积特征的 FDTD 方法。另外，该方法在公式推导过程中也会遇到复杂的数学运算。ETD-FDTD 方法虽然不涉及卷积运算，但需要处理很多的指数变量以及复杂的积分近似，因而其精度和效率并不乐观。ZT-FDTD 方法或 CLT-FDTD 方法通过 Z 变换或拉普拉斯变换把等离子体本构关系转换到 Z 域或 s 域，再进一步转换到离散时域，得到时域递推公式。这两种方法的精度较高，但在从时域(频域)到 Z/s 域转换以及从 Z/s 域到时域(频域)转换的过程中，都会遇到复杂的数学转换公式。SO-FDTD 方法通过引入时域移位算子，将电场与电位移矢量(或极化电流密度)的本构关系从时域转换为离散时域，再结合电磁场的差分迭代公式，实现时域迭代计算。与上述 FDTD 方法相比，SO-FDTD 方法除了精度高、无须计算复杂的卷积外，还具有以下优点：首先，该方法在迭代计算过程中没有出现指数或复数变量；其次，该方法概念清晰，公式推导简单，便于编程实现。

以上提到的色散介质 FDTD 方法都是按照传统的整数级时间步数向前推进迭代计算的，时间步长都必须满足 Courant 稳定性条件的限制，它们在仿真电大尺寸的色散介质时可能面临速度慢、效率低的问题。与这些方法形成鲜明对比的是 T. Namiki 于 1999 年首次提出的无条件稳定 FDTD 方法——交替方向隐格式 FDTD(Alternate Direction Implicit-FDTD；ADI-FDTD)方法。该方法具有无条件稳定性，其计算时间步长不受 Courant 条件的限制，时间步长可以取得较大而使仿真所用的时间步数大大减少，相对传统 FDTD 算法提高了计算效率。由于其独特的无条件稳定特性，ADI-FDTD方法自提出以来便得到广泛的发展和应用[76-78]，随后被扩展用于等离子体这类色散介质的电磁模拟中[79-80]。

与传统 FDTD 方法(如 SO-FDTD 方法)相比，由于 ADI-FDTD 方法将一个时间步上的电磁场迭代分成两个子时间步来完成，相应的激励源、连接边界及吸收边界的加载都需要补充更多的计算公式，所以该方法在仿真非磁化等离子时公式推导及编程都相对复杂一些。如果计算的目标是各向异性磁化等离子体，ADI-FDTD方法的计算步骤将更复杂，在具体计算问题实现中的难度将更大，从而在一定程度上限制了它在磁化等离子体问题上的应用。另外，尽管理论上 ADI-FDTD 方法的时间步长不受稳定性条件的限制，但当时间步长取得较大时，ADI-FDTD 方法的色散误差将随着增大，其精度将比传统 FDTD 方法差[81]。为弥补这一不足，提出一些改进数值色散误差和分解误差的 ADI-FDTD 的方法[82-84]。然而，这些方法往往采用高阶空间或时间精度的差分格式或在矩阵中加入控制参数，导致计算步骤非常复杂，与 ADI-FDTD 方法相比，增加了计算时间。

可见，ADI-FDTD 方法和 SO-FDTD 方法各有明显的优势，也存在一定的缺点，需要针对不同的问题灵活运用这些方法。

第 2 章 等离子体鞘套的理论基础

等离子体鞘套内的等离子体是一团非均匀、弱电离、碰撞的冷等离子体,可视为一种运动的导电流体,其速度场将与电磁场发生相互作用。磁流体力学(Magnetohydro-Dynamics, MHD)正是研究这类导电流体在常态电磁场中运动的规律及相互作用的学科。磁流体力学理论将控制电磁学现象的麦克斯韦方程组和控制流体介质运动的流体力学方程组耦合起来求解,是一门交叉学科理论,在等离子体隐身、再入通信、航空航天、再入目标识别等领域得到了广泛应用[85]。研究等离子体鞘套的电磁特性既要考虑高超声速再入体流场在电磁场作用下的流动特性,又要考虑流体运动对电磁场的作用特性,因而必须考虑力、热、电、磁,并包括化学作用在内的多场耦合问题。磁流体力学理论正是解决这类复杂耦合问题的基础。

2.1 等离子体的基本特性

2.1.1 等离子体基本参数

等离子体是由大量带电粒子和中性粒子组成的整体上呈准电中性的非束缚态宏观体系,是除固体、液体、气体外的第四态物质。非磁化或磁化等离子体的基本参数主要是等离子体频率和碰撞频率[86-88],对于磁化等离子体,还包括另一个特性参数——回旋频率。

等离子体中带电粒子的扰动会在等离子体中形成振荡,这种振荡的频率就是等离子体频率,定义为

$$\omega_p^2 = \omega_{pe}^2 + \omega_{pi}^2 \tag{2.1}$$

式中:ω_{pe} 为等离子体电子振荡角频率;ω_{pi} 为等离子体离子振荡角频率。它们的表达式分别为

$$\omega_{pe} = (n_e e^2 / m_e \varepsilon_0)^{1/2} \tag{2.2}$$

$$\omega_{pi} = (n_i e^2 / m_i \varepsilon_0)^{1/2} \tag{2.3}$$

式中:n_e、m_e 分别为等离子体中电子数密度和电子质量;n_i、m_i 分别为等离子体中离子的数密度和质量;ε_0 为真空介电常数,$\varepsilon_0 = 8.85 \times 10^{-12}$ F/m,e 为电子电荷量 $e = 1.6 \times 10^{-19}$ C。

由于离子的质量要比电子的质量大很多,因而等离子体频率可近似地看作等离子体电子振荡频率,即

$$\omega_p \approx \omega_{pe} = \sqrt{\frac{n_e e^2}{m_e \varepsilon_0}} \tag{2.4}$$

一般而言,等离子体主要是由电子、带正电的离子和中性粒子组成的。这些粒子在不断的运动过程中发生各种形式的相互碰撞。在碰撞过程中,以电子与中性粒子以及电子与离子之间的碰撞为主导,等离子体碰撞频率主要是这两种碰撞频率之和,即

$$v_{en} = v_m + v_i \tag{2.5}$$

式中:v_{en} 为电子有效碰撞频率;v_i 为电子和离子之间的碰撞频率;v_m 为电子与中性粒子之间的碰撞频率。

如果研究的对象是低温弱电离等离子体,那么等离子体中所含的中性粒子数密度要远远大于离子数密度,因而,电子碰撞频率可近似看作电子与中性粒子的碰撞频率。电子有效碰撞频率对等离子体与电磁波相互作用的性质具有很大影响,是非磁化、磁化等离子体的一个重要参数。关于 v_{en} 的计算,需要根据实际等离子体问题来确定,当等离子体生成条件不同时,其电子碰撞频率的计算公式也不相同,电子碰撞频率具有较大的变化范围。对于本书研究的等离子体鞘套,其电子碰撞频率的计算公式将在第 5 章介绍。

等离子体中的带电粒子在外加磁场中的运动是非常复杂的,因而描述磁化等离子体的性质时还需用到另一个基本物理量——回旋频率。假定有一个恒定的外加磁场 $\boldsymbol{B}_0$ 作用于等离子体,那么在磁场中运动的带电粒子时会受到洛伦兹作用而产生回旋运动。

电子回旋运动对应的角频率称为电子回旋角频率,其表达式为:

$$\omega_{be} = \frac{eB_0}{m_e} \tag{2.6}$$

式中:B_0 为外加磁场 $\boldsymbol{B}_0$ 的场强幅值。

离子回旋运动对应的角频率称为离子回旋角频率,其表达式为

$$\omega_{bi} = \frac{eB_0}{m_i} \tag{2.7}$$

由于电子的质量远小于离子的质量(如 NO^+ 离子的质量约为 5×10^{-26} kg,电子的质量约为 9.11×10^{-31} kg,两者的数量级相差太大),所以电子回旋频率要远大于离子回旋频率。因此,通常用电子回旋频率来表征磁化等离子体的回旋频率。

2.1.2 等离子体的介电特性

等离子体与电磁波作用的特性主要通过它的等效介电常数(介电张量)来表

现。为推导等离子体的等效介电常数(介电张量),现提出如下几条假设:

(1) 等离子体属于碰撞的、弱电离的冷等离子体范畴(再入等离子体也属于这一范畴),没有考虑热骚动效应。

(2) 由于电子的质量远小于离子的质量,因而在小信号高频外场作用下,可以忽略离子的运动而只考虑电子的运动。

(3) 研究等离子体与电磁波相互作用时,不考虑等离子体内部产生的哨声波,并且入射电磁波频率处于高频范畴(频率一般大于 3MHz)。

(4) 对于磁化等离子体,假设其磁化状态是由外加磁场(非入射波自身的磁场)引起的;对于非磁化等离子体,则假设外加磁场为零。

为不失一般性,首先推导笛卡儿坐标系下磁化、碰撞等离子体的等效介电张量。设外加恒定磁通量密度 $\boldsymbol{B}_0$ 平行于 z 轴,外场作用下电子的平均运动速度为 v,等离子体的电子数密度为 n_e,则运流电流密度为

$$\boldsymbol{J} = -en_e\boldsymbol{V}_e \tag{2.8}$$

将单个电子在电磁场中的运动方程以频域形式展开,可得

$$jm_e\omega\boldsymbol{V}_e = -e(\boldsymbol{E} + v\times\boldsymbol{B}_0) - m_e v_{en}\boldsymbol{V}_e \tag{2.9}$$

式中:j 为虚数单位;ω 为入射电磁波角频率;m_e 为电子质量;$\boldsymbol{E}$ 为电磁波中的电场强度;v_{en} 为电子有效碰撞频率。

将等离子体的运流电流作用等效为介电张量的作用,可得

$$\boldsymbol{J} + j\omega\varepsilon_0\boldsymbol{E} = j\omega\varepsilon_0\boldsymbol{\varepsilon}_p\cdot\boldsymbol{E} \tag{2.10}$$

式中:$\boldsymbol{\varepsilon}_p$ 为相对介电张量,可表示为

$$\boldsymbol{\varepsilon}_p = \begin{bmatrix} \varepsilon_{xx} & \varepsilon_{xy} & \varepsilon_{xz} \\ \varepsilon_{yx} & \varepsilon_{yy} & \varepsilon_{yz} \\ \varepsilon_{zx} & \varepsilon_{zy} & \varepsilon_{zz} \end{bmatrix} \tag{2.11}$$

式(2.10)忽略了电磁波中的磁场强度 $\boldsymbol{H}$ 对电子的作用,因其与外加磁场 $\boldsymbol{B}_0$ 相比对电子的作用十分微弱。联立式(2.8)~式(2.11),解方程组得

$$\varepsilon_{xz} = \varepsilon_{zx} = \varepsilon_{yz} = \varepsilon_{zy} = 0 \tag{2.12}$$

$$\varepsilon_{xx} = \varepsilon_{yy} = 1 + \frac{\omega_p^2(1 - jv_{en}/\omega)}{(j\omega + v_{en})^2 + \omega_b^2} = 1 - \frac{LN}{N^2 - M^2} \tag{2.13}$$

$$\varepsilon_{xy} = -\varepsilon_{yx} = \frac{j\omega_p^2(\omega_b/\omega)}{(j\omega + v_{en})^2 + \omega_b^2} = -j\frac{LM}{N^2 - M^2} \tag{2.14}$$

$$\varepsilon_{zz} = 1 + \frac{\omega_p^2}{j\omega(j\omega + v_{en})} = 1 - \frac{L}{N} \tag{2.15}$$

式中:ω_p 为等离子体角频率,$\omega_p \approx (n_e e^2/m_e\varepsilon_0)^{0.5}$;$\omega_b$ 为电子回旋角频率,$\omega_b = $

$\omega_{be} = |eB_0|/m_e$；$L = (\omega_p/\omega)^2$；$M = \omega_b/\omega$；$N = 1 - jv_{en}/\omega$。

以上求得的 $\boldsymbol{\varepsilon}_p$ 是均匀磁化、碰撞等离子体的等效相对介电张量。对于其他条件下的等离子体，只需改变式(2.11)~式(2.15)中相应变量的值，即可得到相应的等效相对介电张量(常数)。例如，对于非磁化碰撞等离子体，只需令式(2.11)~式(2.15)中的 $\omega_b = 0$，则其等效相对介电张量退化为标量，即其等效相对介电常数为

$$\varepsilon_{pr} = 1 - \frac{\omega_p^2}{\omega(\omega - jv_{en})} = 1 - \frac{\omega_p^2}{\omega^2 + v_{en}^2} - j\frac{v_{en}}{\omega}\frac{\omega_p^2}{\omega^2 + v_{en}^2} \qquad (2.16)$$

2.1.3 等离子体的色散特性

不失一般性，以磁化等离子体为例来推导等离子体的色散特性。设无限均匀等离子体内传播的平面波具有指数函数形式 $e^{j(\omega t - \boldsymbol{k}\cdot\boldsymbol{r})}$，其中 ω 为电磁波角频率，$\boldsymbol{k}$ 为平面波传播矢量，其方向为电磁波传播方向。假设在直角坐标系中波矢量 $\boldsymbol{k}$ 在 yOz 面，与外加磁场 $\boldsymbol{B}_0$(平行于 z 轴)的夹角为 θ，如图 2.1 所示。

磁化等离子体频域麦克斯韦方程组为

$$\nabla \times \boldsymbol{H} = j\omega\varepsilon_0\boldsymbol{\varepsilon}_p \cdot \boldsymbol{E} \qquad (2.17a)$$

$$\nabla \times \boldsymbol{E} = -j\omega\mu_0\boldsymbol{H} \qquad (2.17b)$$

式中：$\boldsymbol{\varepsilon}_p$ 的各元素表达式同式(2.12)~式(2.15)；μ_0 为真空磁导率 $\mu_0 = 4\pi \times 10^{-7} \text{H/m}$。

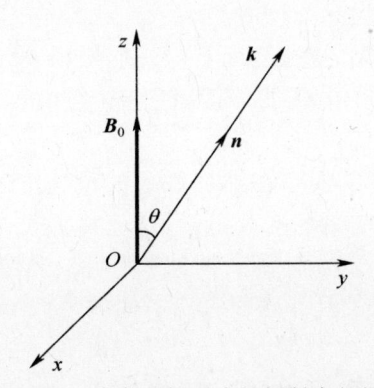

图 2.1 直角坐标系中的折射率矢量

利用矢量恒等式 $\nabla \times \nabla \times \boldsymbol{E} = \nabla\nabla\cdot\boldsymbol{E} - \nabla^2\boldsymbol{E}$，可得关于 $\boldsymbol{E}$ 的波动方程为

$$(\nabla^2 - \nabla\nabla\cdot\boldsymbol{E})\boldsymbol{E} + \omega^2\mu_0\varepsilon_0\boldsymbol{\varepsilon}_p \cdot \boldsymbol{E} = 0 \qquad (2.18)$$

定义折射率矢量 $\boldsymbol{n} = \boldsymbol{k}/k_0$ ($k_0 = \omega\sqrt{\mu_0\varepsilon_0}$)，令波矢量 $\boldsymbol{k}$ 的幅值为 k，则有 $\nabla = -j\boldsymbol{k}$，$\nabla^2 = -k^2$，代入式(2.18)，写成分量形式可得

$$N \cdot E = \left(\begin{bmatrix} n^2 - n_x^2 & -n_x n_y & -n_x n_z \\ -n_y n_x & n^2 - n_y^2 & -n_y n_z \\ -n_z n_x & -n_z n_y & n^2 - n_z^2 \end{bmatrix} - \begin{bmatrix} \varepsilon_{xx} & \varepsilon_{xy} & 0 \\ -\varepsilon_{xy} & \varepsilon_{xx} & 0 \\ 0 & 0 & \varepsilon_{zz} \end{bmatrix} \right) \begin{pmatrix} E_x \\ E_y \\ E_z \end{pmatrix} = 0$$

(2.19)

式(2.19)具有非零解的条件是其行列式 $|N|=0$,将 $n_z = n\cos\theta, n_y = n\sin\theta$, $n_x = 0$ 代入行列式方程 $|N|=0$,解得

$$n^2 = \varepsilon_{zz} \left[\frac{\varepsilon_{xx} - \varepsilon_{xy} T \left(\dfrac{1}{2}\sin^2\theta \mp \sqrt{\dfrac{1}{4}\sin^4\theta - \dfrac{1}{T^2}\cos^2\theta} \right)}{\varepsilon_{zz} + (\varepsilon_{xx} - \varepsilon_{zz})\sin^2\theta} \right] \quad (2.20)$$

式中 $T = [(\varepsilon_{zz} - \varepsilon_{xx})\varepsilon_{xx} - \varepsilon_{xy}^2]/(\varepsilon_{xy}\varepsilon_{zz})$

式(2.20)就是著名的 Appleton-Hartree 公式。将等离子体频率、电子回旋频率和碰撞频率的表达式代入式(2.20),可得

$$n^2 = \varepsilon_{pr} = 1 - \frac{(\omega_p/\omega)^2}{\left[1 - j\nu_{en}/\omega - \dfrac{(\omega_b\sin\theta/\omega)^2}{2(1 - j\nu_{en}/\omega - \omega_p^2/\omega^2)}\right] \pm \sqrt{\dfrac{(\omega_b\sin\theta/\omega)^4}{4(1 - j\nu_{en}/\omega - \omega_p^2/\omega^2)^2} + (\omega_b\cos\theta/\omega)^2}}$$

(2.21)

式中:分母取"+"号代表在等离子体中传播的电磁波是Ⅰ型波;分母取"-"号表示在等离子体中传播的电磁波是Ⅱ型波。

如果令电磁波传播矢量 k 在 xoz 面且与外加磁场 B_0(平行于 z 轴)的夹角为 θ,则同样可得磁化等离子体中电磁波传播折射率(等效相对介电常数)公式仍如式(2.20)或式(2.21)所示。

式(2.20)或式(2.21)反映了在外加磁场矢量与电磁波传播矢量成固定夹角时,等离子体的折射率(或等效相对介电常数)随电磁波频率及等离子体基本参数变化的规律,揭示了磁化等离子体固有的色散特性。若令 $\omega_b = 0$(无外加磁场),则式(2.20)或式(2.21)反映的是非磁化等离子体的色散特性。

2.2 等离子体鞘套的磁流体力学基础

2.2.1 磁流体力学问题的解耦条件

再入绕流流动的电离气体可看作连续的流体介质,因此,研究等离子体鞘套的流动特性可采用基于 N-S 方程组的流体力学理论来解决。同时,等离子体又可视为一种电介质,其与电磁场相互作用的问题可由基于麦克斯韦方程组的电动力学知识来解决。而研究等离子体鞘套的电磁响应问题涉及气体流场和电磁场的相互

耦合作用,需要通过将 N-S 方程组和麦克斯韦方程组耦合起来的磁流体力学理论来解决。

不失一般性,不考虑体力作用的有量纲形式的磁流体力学微分方程组为[85]

$$\begin{cases} \dfrac{d\rho}{dt} + \rho \nabla \cdot \boldsymbol{V} = 0 \\ \rho \dfrac{d\boldsymbol{V}}{dt} = -\nabla p + \nabla \cdot (2\mu_f \boldsymbol{S}) - \dfrac{2}{3}\nabla(\mu_f \nabla \cdot \boldsymbol{V}) + \boldsymbol{J} \times \boldsymbol{B} \\ \rho \dfrac{d\varepsilon_f}{dt} = -p\nabla \cdot \boldsymbol{V} + \boldsymbol{\Phi} + k_f \nabla^2 T + \dfrac{J^2}{\sigma} \\ p = \rho RT \\ \nabla \times \boldsymbol{H} = \dfrac{\partial \boldsymbol{D}}{\partial t} + \boldsymbol{J} \\ \nabla \times \boldsymbol{E} = -\dfrac{\partial \boldsymbol{B}}{\partial t} \\ \boldsymbol{J} = \sigma(\boldsymbol{E} + \boldsymbol{V} \times \boldsymbol{B}) \end{cases} \quad (2.22)$$

式中:ρ、$\boldsymbol{V}$、p、$\boldsymbol{S}$、$\boldsymbol{\Phi}$、k_f、R、T、ε_f、μ_f 分别为导电流体密度、速度、压强、变形速率张量、耗散函数、热传导系数、气体常数、温度、内能和黏性系数;$\boldsymbol{D}$、$\boldsymbol{E}$、$\boldsymbol{B}$、$\boldsymbol{J}$、σ 分别为电通量密度、电场强度、磁通量密度、导电流体电流密度、电导率。

方程组(2.22)中各方程依次为连续方程、动量方程、能量方程、气体状态方程、安培定理、法拉第定律和欧姆定理。

在方程组(2.22)中,有

$$\dfrac{d}{dt} = \dfrac{\partial}{\partial t} + (\boldsymbol{V} \cdot \nabla) \quad (2.23)$$

$$\boldsymbol{\Phi} = -\dfrac{2}{3}\mu_f (\nabla \cdot \boldsymbol{V})^2 + 2\mu_f \boldsymbol{S}:\boldsymbol{S} \quad (2.24)$$

$$\boldsymbol{D} = \varepsilon \boldsymbol{E} \quad (2.25)$$

$$\boldsymbol{B} = \mu \boldsymbol{H} \quad (2.26)$$

式中:ε、μ 分别为流体介质的介电常数、磁导率。

由方程组(2.22)可见,将流体力学的 N-S 方程组(方程组(2.22)的前三个方程)和电磁学的麦克斯韦方程组(方程组(2.22)的后三个方程)通过相关项而耦合起来便得到磁流体力学方程组。耦合效应主要体现在流体速度场 $\boldsymbol{V}$ 和磁场 $\boldsymbol{B}$ 的互涉作用。运动方程中的磁力项 $\boldsymbol{J} \times \boldsymbol{B}$ 以及能量方程中的焦耳热项 J^2/σ 反映了电磁场对导电流体运动速度场及能量的影响,欧姆定律中的感应电动势 $\boldsymbol{V} \times \boldsymbol{B}$ 体现了导电流体运动对电磁场的影响。去掉这三个耦合项,磁流体力学方程组又变回独立的麦克斯韦方程组和 N-S 方程组。

文献[5]已经证明地磁场磁场强度一般远小于入射雷达波的磁场强度,因而对于本书所考察的等离子体鞘套可忽略地磁场的影响,即无外加磁场时等离子体鞘套是非磁化的。此外,文献[5]通过分析磁流体力学方程组中耦合项与其他相关项的量级,证明了在无其他外加磁场及忽略地磁场作用情况下,电磁波与等离子体鞘套作用的磁流体力学问题可实现完全解耦求解计算,即等离子体鞘套的流体流动问题可采用流体力学方法处理(直接解 N-S 方程组),而不必考虑电磁场中磁力和诱导电流对流体流动的影响;同样,等离子体鞘套的电磁响应问题属于电磁学研究范畴,直接采用麦克斯韦方程组求解。

由于"磁窗"技术(在再入飞行器表面靠近天线的部位通过特殊装置沿一定方向产生足够强度的磁场,以此对天线附近区域流场参数分布特性施加影响,从而提高电磁波透射等离子体鞘套的能力)在解决由等离子体鞘套引起的"黑障"问题中具有潜在的优势,使得研究等离子体鞘套在外加磁场条件下与电磁波作用的规律变得非常重要,相关研究已得到广泛的发展和关注[89]。从理论上讲,当外加磁场强度足够大时,外加磁场会对高超声速再入体绕流流场特性产生影响,使流场特性不同于无外加磁场情况下的流场特性。下面仅考虑外加恒定强磁场 B_0 条件下(如在再入飞行器表面某部位附近产生强度 $B_0 = 1T$ 的恒定磁场),电磁波与再入等离子体作用时电磁场与流体运动场解耦的可能性。流体运动速度场对电磁场的影响是通过方程组(2.22)中欧姆定律中的感应电动势 $V \times B$ 来体现的,首先考察耦合项 $V \times B$。由于外加恒定磁场的强度一般远大于入射波的磁场强度,故可将 B 用 B_0 代替。假设高超声速再入飞行器的再入速度 V 在千米每秒量级及并假定 B_0 的幅值 $B_0 = 1T$(以下推导均假定 $B_0 = 1T$),对比欧姆定律方程右端前后两项的量级,有

$$\left|\frac{V \times B_0}{E}\right| = O\left(\frac{V}{E}\right) = O\left(\frac{V}{\eta_0 H}\right) = O\left(\frac{10^3}{10^{-1}}\right) = O(10^4) \gg 1 \quad (2.27)$$

上式运用了雷达波磁场强度 H 在 $10^{-3}H$ 量级这一条件[6]。由式(2.27)可见,在外加强磁场条件下,欧姆定律中的耦合项 $V \times B_0$ 相比雷达波电场项要大得多,因而不可忽略流体速度场对电磁场的影响。

运动方程中磁力项 $J \times B_0$ 体现了在外加恒定强磁场条件下导电流体对流体运动的影响。对比分析运动方程中磁力项与 $\rho(V \cdot \nabla)V$ 的量级,有

$$\left|\frac{J \times B_0}{\rho(V \cdot \nabla)V}\right| = O\left(\frac{(\sigma V B_0) \cdot B_0}{\rho V^2/L}\right) = O\left(\frac{\sigma L}{\rho V}\right) \quad (2.28)$$

取式(2.28)中飞行器的特征长度的量级在 10 左右,即 $L = O(10)$,至于等离子体鞘套的流体密度 ρ 和电导率 σ 的量级估计需要参照再入目标的飞行状态。在一定条件下,再入目标飞行高度越低,马赫数越大,则对应的流场密度 ρ 越大,反之则越

小。当再入目标在 30~70km 的高度以马赫数 10~20 飞行时,目标头身部绕流流场的气体密度在 1~10^{-4} kg/m³ 之间波动。当外加磁场 B_0 与雷达波传播方向成一固定夹角时,磁化等离子体的电导率 σ 可用以下公式估计。

$$\sigma = j\omega\varepsilon_0 \chi = j\omega\varepsilon_0(\varepsilon_{pr} - 1) \qquad (2.29)$$

式中:χ 为等离子体的电极化率;ε_{pr} 为等离子体的相对介电常数,其计算可参照式(2.21)进行。

当再入目标在 70km 的高度以马赫数 10~20 的速度飞行时,目标头身部绕流流场的等离子体频率从 1GHz 波动至几十吉赫,碰撞频率的量级则在 1GHz 左右波动。当再入目标在 30km 的高度以马赫数 15 以上的速度飞行时,目标头身部绕流流场的等离子体频率或碰撞频率的量级可达 100GHz 以上。不妨以 1GHz 表征再入目标在高空(如 70km)飞行时产生的等离子体频率与碰撞频率,以 100GHz 表征再入目标在低空(如 30km)飞行时产生的等离子体频率与碰撞频率,并假定强度为 1T 的外加磁场 B_0 平行于雷达波方向,则根据式(2.21)和式(2.29)得出:再入目标在高空飞行时产生的等离子体鞘套的电导率 σ 的幅值量级在 10^{-3} 左右,而在低空飞行时产生的等离子体鞘套的电导率 σ 的幅值量级在 10 左右。综上所述,再入目标在高空飞行时,有 $\rho = O(10^{-4})$,$\sigma = O(10^{-3})$,根据式(2.28)得出 $O(\sigma L/\rho V) = O((10^{-3} \cdot 10)/(10^{-4} \cdot 10^3)) = O(0.1)$

再入目标在低空飞行时,有 $\rho = O(1)$,$\sigma = O(10)$,同样得出
$$O(\sigma L/\rho V) = O((10 \cdot 10)/(1 \cdot 10^3)) = O(0.1)$$

由此可见,在外加恒定磁场条件下,不论再入目标飞行位置是在低空还是在高空,磁力项 $J \times B_0$ 对流体运动有一定影响,不能忽略。

从以上分析中可以得出结论:在忽略地磁场以及无其他外加磁场作用情况下,电磁波与等离子体鞘套作用的磁流体力学问题可实现完全解耦求解,即分解为单独的流体力学问题和电磁学问题,给计算带来极大方便;当考虑外加强磁场条件时,同样的磁流体力学问题则不能实现完全解耦,而只能有条件地实现部分解耦。值得注意的是,一旦将外加磁场的影响完全考虑到流体力学方程组中去,将会使磁化条件下再入体绕流流场问题(特别是热化学非平衡流问题)的求解变得异常复杂,目前国内外尚无关于此类复杂耦合问题精确求解的报道。国内外学者在研究电磁波与磁化等离子体鞘套作用问题时,通常采用两种解决方法:方法一是忽略外加磁场的影响,认为一定范围内外加磁场强度的变化不会对再入体原有的绕流流动特性造成影响;方法二是考虑外加磁场的影响,但简化等离子体鞘套模型本身,例如假定等离子鞘套内电子数密度大小恒定、均匀分布。由于第 5 章涉及局部磁化条件下等离子体鞘套对电磁波响应问题的研究——当再入钝锥头身部流场的某一局部区域被外加磁场磁化时,分析该区域对电磁波传播的影响,因此本书选择方

法一来处理这一耦合问题。这种选择最值得可取之处是保留了再入体绕流流场的真实性,因为如果采用方法二,那么高超声速绕流流场结果的可信度将无从谈起,后续等离子体鞘套模型的合理性也无法保证。此外,选择方法一还有其他两个原因:首先,在实际应用"磁窗"技术时,外加磁场通常只是影响再入飞行器表面某一小部分流场而已,因为磁场发生器通常是安装在飞行器通信天线附近,以便在出现"黑障"时启动它,使天线附近一小部分流场受到较强磁场的作用而改善电磁波的传输性能,而对流场其他部分的影响相对较弱。本书后续研究正是基于这一事实,所以在本书的研究范畴内,可认为外加磁化手段只是对等离子体鞘套中的某一局部流场进行磁化,改变的只是该局部流场的介电特性。其次,当被改变的局部流场对整个流场的流场特性影响较小时,可认为再入体周围的整体流场近似等同于原来无外加磁场条件下的流场,此时整体流场依然可采用流体力学 N-S 方程组求解得到。由于本书第 5 章涉及的局部被磁化的流场区域位于钝锥头身部绕流流场的尾部区,该区域远离等离子体参数梯度大(变化剧烈)、等离子体强度高的头部区域,所以该区域的变化(磁化)对整个流场结构及其参数分布的影响较小。在这种局部磁化条件下,等离子体鞘套的流场问题可近似实现解耦求解,即直接采用流体力学 N-S 方程组求解,而无须考虑外加磁场的影响。

另外,从式(2.27)可以看出,在外加强磁场条件下流体速度场对电磁场的影响很大,这说明在外加磁场的情况下,等离子体鞘套的电磁问题必须考虑流体速度场的影响。但是磁化等离子体频域麦克斯韦方程组(2.17)本身已经包含了流体速度场的影响,这从磁化等离子体等效相对介电张量 ε_p 的推导不难看出。这说明,采用麦克斯韦方程组(2.17)求解已知流场分布的等离子体鞘套的电磁响应问题时,对于出现在电磁学方程中的速度场(如式(2.8)~式(2.10)中的 V_e),可由流体力学计算得到的速度场数值按已知场输入,而不必重新考虑流体速度场的影响。因此,在外加磁场条件下,对于已知的再入体绕流流场,可直接采用磁化等离子体麦克斯韦方程组(2.17)求解其电磁特性。

2.2.2 气体流场的基本概念

从流体力学角度考察,典型的等离子体鞘套是高温气体流场,为了更好地描述等离子体鞘套的流动特性,下面简要介绍有关气体流场的基本概念[90]。

1. 气体分类

在流体力学范畴内,通常按气体的热力学属性把气体分为四类,即理想气体、完全气体、化学反应完全气体混合物和真实气体。

通常把黏性作用可以忽略的气体称为理想气体。在速度梯度小的区域,黏性效应可忽略不计。

在忽略分子间的内聚力及分子本身的体积的条件下,满足如下气体状态方程的气体称为完全气体:

$$p = \rho \frac{\hat{R}}{M} T = \rho R T \tag{2.30}$$

式中:$\hat{R}$为普适气体常数,$\hat{R} = 8314 \text{J}/(\text{kg} \cdot \text{mol} \cdot \text{K})$;$R$为气体常数,$R = \hat{R}/M$;$M$为气体相对分子质量。完全气体的单位质量焓和内能都是温度的函数。

化学反应完全气体混合物是气动热力学研究中常用的气体模型,也是本书计算所采用的气体模型。该气体模型忽略了分子之间的作用力,各组元均为热完全气体。然而,混合气体的单位质量焓和内能不仅取决于每个组元的单位质量焓和内能,还依赖于各组元的量。

分子间的相互作用力及分子所占的体积在温度很低或压强很高时会对气体的宏观特性产生影响,计及这类影响的气体称为真实气体。它与完全气体相对应,完全气体没有考虑分子间的作用力。

2. 热力学平衡和非平衡特性

气体粒子的内能 e 由平动能 e_{tr}、转动能 e_r、振动能 e_v 以及电子能 e_e 等多种能量模式组成。对于分子组元,其内能为

$$e_i = e_{tr,i} + e_{r,i} + e_{v,i} + e_{e,i} + e_{0,i} \tag{2.31}$$

式中:$e_{0,i}$为气体内能的最低能级,称为生成能。

原子组元没有转动能和振动能,这是因为它们没有转动和振动自由度,原子组元内能为

$$e_i = e_{tr,i} + e_{e,i} + e_{0,i} \tag{2.32}$$

在热力学平衡态,气体粒子的各个能量模式具有相同的温度,气体粒子分布服从由当地温度 T 决定的玻耳兹曼分布。当气体温度升高时,气体分子的各个能量模式逐渐被激发,并且各种能量模式之间发生能量交换而产生能量松弛过程。当流体质点的流动特征时间与能量松弛时间可以相比拟时,流动处于热力学非平衡流,此时气体分子的各种能量模式具有不同的特征温度,需要用各自的温度来描述。在计算高超声速再入目标的流场问题时,一般用热力学多温度模型来处理这种热力学非平衡流。

3. 化学冻结流、平衡流和非平衡流

化学反应流动中存在着由粒子碰撞而引起的离解、复合、交换以及电离等现象。这些现象一起构成了化学反应松弛过程。依据化学反应速率以及组分和能量的状态,可以将化学反应流动分为三种,即化学冻结流、化学平衡流和化学非平衡流。化学冻结流可以认为是化学反应速率为零的流动,对于黏性流气体,冻结流气体组元组成会因扩散作用而发生变化,而对于无黏流来言,气体组元组成则不随时

空变化。当流体微元内部的能量模式和化学组分在任一时刻均满足当地温度和压强条件下的局部平衡值时,此时的流动处于化学平衡流。当流体微元内部的能量模式和化学组分随时间与空间点的位置变化,不能由当地的温度和压强条件下的局部平衡值来确定,这时的流动就是化学非平衡流,这是介于冻结流和平衡流之间的一种流动,在高温流动中普遍存在。

2.2.3 等离子体鞘套的流体特征

当飞行器以高超声速进入大气层时,在强烈的激波压缩下,飞行器周围形成了绕流流场,其典型流态如图 2.2 所示。对于头身部等离子体流场来说,等离子体限制在激波与再入体之间区域,这部分等离子体称为等离子体鞘套,如图 2.3 所示。等离子体鞘套是高超声速流动(一般把马赫数大于 5 的流动作为高超声速流的一种但也不是绝对的,流动是否是高超声速流还与飞行器的具体形状有关)的产物,具有如下基本特征[90-93]:

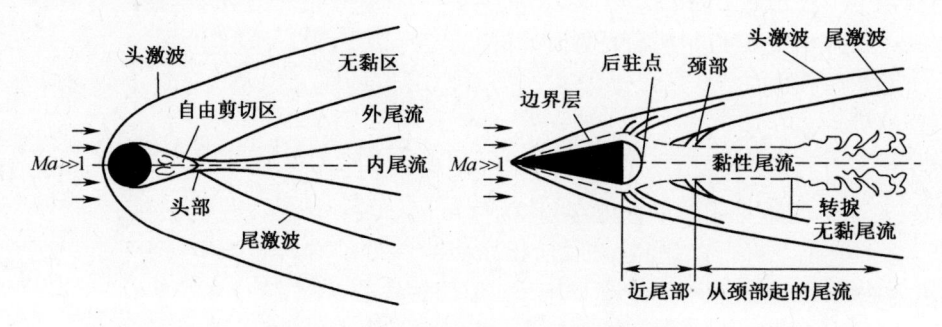

图 2.2 钝头和尖头再入体的绕流流场

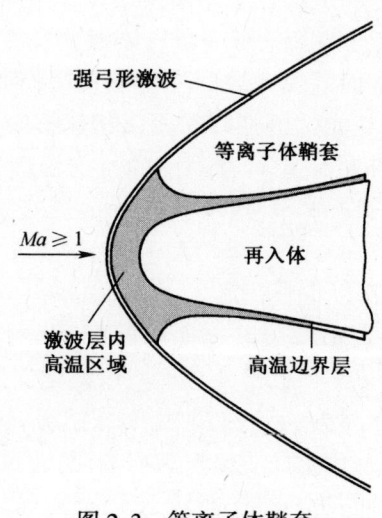

图 2.3 等离子体鞘套

(1) 薄的激波层。高超声速飞行器在飞行时,飞行器与气流相遇的前缘将产生激波,激波与飞行器表面之间的流场就是激波层。当飞行的马赫数很高时,激波层非常贴近飞行器表面而且很薄,薄激波层是高超声速流动的显著特征之一。由于激波后的气体受到强烈的压缩,激波前后的空气密度、压强、温度等物理参数会相差很大,出现参数跳变现象。

(2) 强黏性作用。在高超声速流动过程中,边界层厚度 δ 与来流马赫数 Ma、雷诺数 Re 之间存在如下简化关系[93]:

$$\delta/L \propto Ma^2/\sqrt{Re}$$

式中:L 为飞行器的特征尺度。当飞行马赫数很高时,气流流动的很大动能在边界层内转化成内能导致边界层内的温度很高。由于温度增高,边界层内的黏性系数增加,边界层变厚。厚的边界层将使外部的无黏流动发生很大的变化,而无黏流的变化又会影响边界层的发展,因此,在流动中会存在黏性边界层和无黏流动的相互作用,这就是黏性干扰[93]。黏性干扰不仅影响飞行器的受力情况和稳定性,还会使摩阻和传热加大。

(3) 强的熵梯度。高超声速飞行器头部的激波通常是弯曲的,穿越激波不同位置的流线经历不同的熵增,并向后延伸一段距离。在飞行器前缘的轴线附近,激波角接近90°,经过这段激波的流线,在激波后的熵值增加最多,因而在接近飞行器前缘的区域内存在很大的熵梯度。这种熵梯度很大的区域称为熵层。边界层外缘特性受到熵层的影响,会出现漩涡和边界层的相互作用。

(4) 高温效应。在高超声速飞行条件下,飞行器的动能引起其周围的空气达到很高的温度,激波后气体会发生各种复杂的化学反应,这些反应会影响空气的特性并使之偏离完全气体。当飞行器周围流场的温度足够高时,高超声速流场中的气体会呈现"非完全气体"特性,化学反应更加复杂,非平衡现象更趋显著,由此产生的对流场及飞行器性能的影响一般称为"高温效应"或"真实气体效应"。图 2.4 显示了飞行器周围空气的热化学特性随飞行状态的不同而变化的情况。表 2.1 给出了与图 2.4 对应区域再入体绕流流场热化学状态及空气组元组成。

表 2.1 不同流动区域热化学状态及组元组成

区域	热化学状态	区域	空气组元	空气组元组成
A	热化学平衡	I	2组元	O_2, N_2
B	热力学平衡与化学非平衡	II	5组元	O_2, N_2, O, N, NO
		III	7组元	O_2, N_2, O, N, NO, NO^+, e^-
C	热化学非平衡	IV	11组元	O_2, N_2, O, N, NO, O_2^+, N_2^+, O^+, N^+, NO^+, e^-

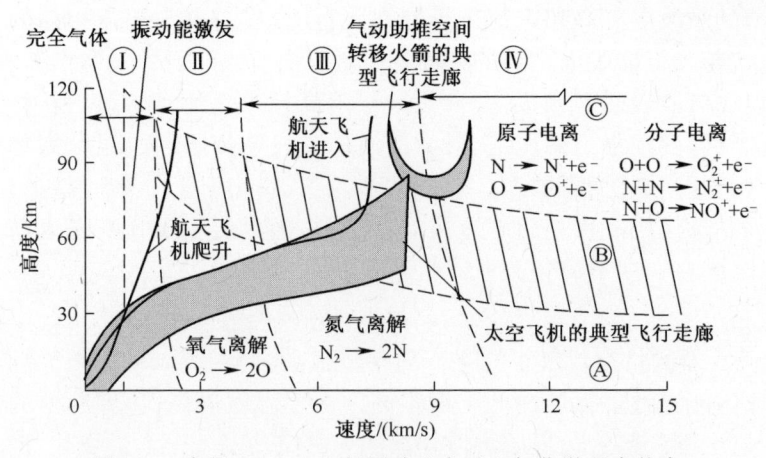

图2.4　半径30.5cm飞行圆球驻点区空气化学反应状态

从图2.4和表2.1中容易看出,随着高度与速度的增加,圆球驻点区的热化学状态由最初的常温无反应气体逐步过渡到单温度描述的化学平衡态(A)、化学非平衡和热力学平衡(B)以及最终的热化学非平衡态(C),流场中的空气经历了完全气体到高温气体的变化,参与化学反应的气体组分由低速时的两组元逐步发展到高速时的5组元、7组元甚至11组元,此时流场中的气体与完全气体有着根本的区别。"高温效应"主要表现在三个方面:①流场中分离区大小和激波位置等流动性状发生变化,飞行器的受力、受热等情况因此而发生变化;②组分之间的相互反应以及气体粒子能量的激发吸收了大量能量,流场温度下降,使得飞行器的受热环境发生改变;③高温下热化学反应产生的等离子体层会对飞行器的无线电通信产生不利影响,甚至导致通信中断发生。

2.3　电磁波与等离子体的相互作用

等离子体鞘套就其实质而言,是大气高超声速流场产生的等离子体,从非磁化或磁化等离子体与电磁波相互作用的一般现象考察,可以推知电磁波与等离子体鞘套作用的一些机理。

2.3.1　高通滤波、相移及吸收衰减特性

根据式(2.16),将非磁化有碰撞等离子体的折射率平方公式重写如下:

$$n^2 = \varepsilon_{pr} = \varepsilon'_{pr} - j\varepsilon''_{pr} = 1 - \frac{\omega_p^2}{\omega^2 + v_{en}^2} - j\frac{v_{en}}{\omega}\frac{\omega_p^2}{\omega^2 + v_{en}^2} \tag{2.33}$$

式中:ε'_{pr}为介电常数的实部;ε''_{pr}为介电常数的虚部。

相应的相位常数和衰减常数分别为:

$$\beta = k_0 \cdot n_r = k_0 \left\{ \frac{1}{2} \left[\varepsilon'_{pr} + (\varepsilon'^2_{pr} + \varepsilon''^2_{pr})^{\frac{1}{2}} \right] \right\}^{\frac{1}{2}} \quad (2.34)$$

$$\alpha = k_0 \cdot n_i = k_0 \left\{ \frac{1}{2} \left[-\varepsilon'_{pr} + (\varepsilon'^2_{pr} + \varepsilon''^2_{pr})^{\frac{1}{2}} \right] \right\}^{\frac{1}{2}} \quad (2.35)$$

式中:k_0为电磁波在真空传播的波数,$k_0 = \omega/c$(c为真空光速);n_r为等离子体折射率的实部;n_i为等离子体折射率的虚部,即有$n = n_r - jn_i$。

电磁波在等离子体鞘套中传播时,鞘套中的电子在电磁波的作用下做加速运动并从中吸收能量,与离子、中性分子或原子相碰撞,进而把能量传递给它们,变化为中性粒子及离子的热运动能量。而在等离子体鞘套中,中性分子占绝大多数,所有碰撞中电子与中性粒子的碰撞是主要的。等离子体鞘套对电磁波的吸收衰减主要是由碰撞造成的,利用这种碰撞吸收电磁波的特性可以实现再入目标隐身。一般情况下,用衰减常数来表征等离子体鞘套对电磁波的碰撞吸收,衰减常数在电磁波传播方向上沿等离子体鞘套厚度上的积分即为该传播方向上的总衰减量;用相位常数描述电磁波在等离子体鞘套中的传播情况,相位常数在电磁波传输方向上沿等离子体鞘套厚度上的积分即为该传播方向上的总相移量。

图2.5给出等离子体碰撞频率v_{en}分别取0、4GHz、10GHz和16GHz时的折射率平方的实部(介电常数实部)同电磁波频率的色散关系,其中等离子体频率$f_p = \omega_p/2\pi = 10(\text{GHz})$。

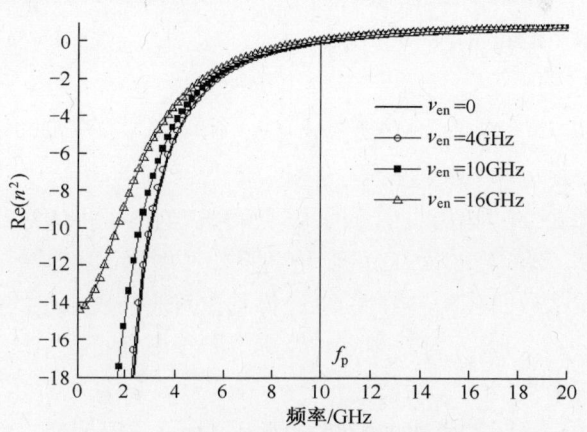

图2.5 非磁化等离子体频率色散曲线

由图2.5可以看出,对于非磁化无碰撞等离子体,当入射电磁波频率f低于等离子体频率f_p(=10GHz)时,折射率为虚数,入射波将不能在等离子体中传播而产生全反射;当f大于f_p时,电磁波能够在等离子体中传播,该现象体现了等离子体的高通滤波特性。从图 2.5 还可以看出，当等离子体碰撞频率增大时，电磁波的截止频率逐渐向低端偏移，但等离子体碰撞频率较小时，偏移现象不明显。

给定碰撞频率 v_{en} = 10GHz，根据式(2.34)和式(2.35)可得相位常数及衰减常数随等离子体频率 f_p 及电磁波频率 f 的变化，如图 2.6 所示(见彩插)。由图 2-6 可见，不同入射波频率时相位常数曲线相差较大。从图 2.6 可以看出，当入射波频率与等离子体碰撞频率相等或相比较小时，相位常数随等离子体频率的增加先减小而后缓慢增大，变化转折点与入射波频率有关，入射波频率越大，转折点对应的等离子体频率越高。当入射波频率大于等离子体碰撞频率时，相位常数随等离子体频率的增加而减小。在图示的等离子体频率区间，衰减常数随等离子体频率的增大而增大。在相同的等离子体频率及碰撞频率的条件下，衰减常数随入射波频率增加而减小。

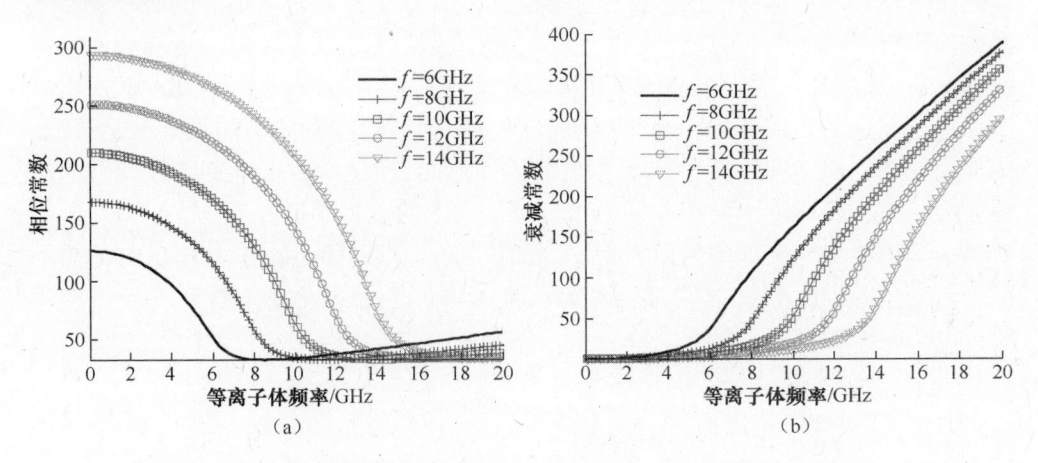

图 2.6 给定等离子体碰撞频率 v_{en} = 10GHz，相位常数及衰减常数随等离子体频率及入射波频率的变化曲线

给定等离子体频率 f_p = 10GHz，图 2.7(见彩插)给出了相位常数及衰减常数随等离子体碰撞频率 v_{en} 及入射波频率 f 的变化关系。在图示碰撞频率范围内，不同入射波频率对应的相位常数曲线相差较大，总趋势是在其他参数不变的条件下，入射波频率越高，相位常数越大。当入射波频率与等离子体频率相同或相比较小时，相位常数与等离子体碰撞频率近似呈线性增长关系。当入射波频率大于等离子体频率时，相位常数受等离子体碰撞频率变化的影响很小，只是随等离子体碰撞频率的增加而略有增长，但基本维持在同一量级。由图 2.7(b)可见，不同入射波频率对应的衰减常数曲线相差较大，总的趋势是在其他参数相同的条件下，较低入射波频率对应的衰减常数较大。在过密情况($f<f_p$)下，衰减常数随碰撞频率的增大而缓慢减小；在欠密情况($f>f_p$)或 $f=f_p$ 时，情况相反，衰减常数随碰撞频率的增大而增大。

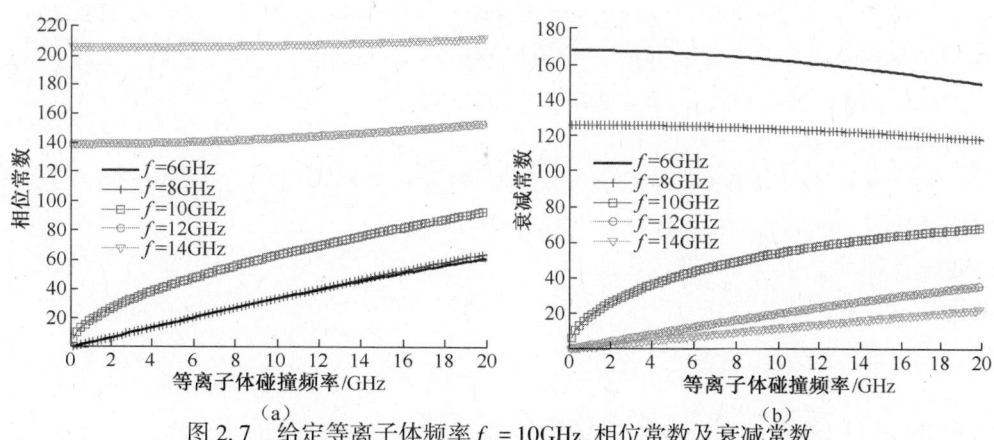

图 2.7 给定等离子体频率 $f_p = 10\text{GHz}$，相位常数及衰减常数
随等离子体碰撞频率及入射波频率的变化曲线

2.3.2 磁化条件下的法拉第旋转效应及共振吸收现象

"磁窗"理论表明，在适当的外加磁场强度及电磁波频率下，电磁波通过不均匀碰撞等离子体的衰减将大大减低。本节对电磁波在磁化等离子体中传播的基本现象进行分析，旨在揭示电磁波与磁化等离子体作用的一些规律，为后面研究电磁波在局部磁化等离子体鞘套中的传播特性提供理论基础。

当电磁波传播方向与外加磁场方向平行时，将 $\theta = 0$ 代入式（2.21），可以得到磁化等离子体中两个特征波的色散关系为

$$n^2 = 1 - \frac{\omega_p^2/\omega^2}{(1 - jv_{en}/\omega) \pm \omega_b/\omega} \quad (2.36)$$

对于式（2.36），分母取正号"+"后代入式（2.18），经过化简整理得 $E_x/E_y = -j$，即该折射率对应的特征波是左旋圆极化（LCP）纯横波，不妨将该折射率记为 n_{LCP}；同理，分母取负号"-"时，可得相应的特征波是右旋圆极化（RCP）纯横波，不妨将该折射率记为 n_{RCP}。由折射率可得 LCP 波传播常数 k_l 和 RCP 波传播常数 k_r 分别为[94]

$$k_l = \frac{\omega}{c} n_{\text{LCP}} = \frac{\omega}{c} \left\{ 1 - \frac{\omega_p^2}{\omega^2 [(1 - jv_{en}/\omega) + \omega_b/\omega]} \right\}^{\frac{1}{2}} \quad (2.37a)$$

$$k_r = \frac{\omega}{c} n_{\text{RCP}} = \frac{\omega}{c} \left\{ 1 - \frac{\omega_p^2}{\omega^2 [(1 - jv_{en}/\omega) - \omega_b/\omega]} \right\}^{\frac{1}{2}} \quad (2.37b)$$

设沿外加磁场方向传播的线极化波的初始极化方向为 x 轴方向，时谐场因子为 $e^{j\omega t}$，该线极化波在等离子体中传播时分解为 LCP 波和 RCP 波，它们可以表示为

$$\boldsymbol{E}_l = (\boldsymbol{a}_x + \mathrm{j}\boldsymbol{a}_y)E_0\exp[\mathrm{j}(\omega t - k_l z)] \tag{2.38a}$$

$$\boldsymbol{E}_r = (\boldsymbol{a}_x - \mathrm{j}\boldsymbol{a}_y)E_0\exp[\mathrm{j}(\omega t - k_r z)] \tag{2.38b}$$

式中：$\boldsymbol{E}_l$ 为 LCP 波的电场；$\boldsymbol{E}_r$ 为 RCP 波的电场；$\boldsymbol{a}_x$ 为 x 方向的单位矢量；$\boldsymbol{a}_y$ 为 y 方向的单位矢量。

由于这两个特征波的传播速度不一样（$v_{\mathrm{RCP}} = c/n_{\mathrm{RCP}}$，$v_{\mathrm{LCP}} = c/n_{\mathrm{LCP}}$），经过一段距离 z 后，重新合成为线极化波时，其极化方向将以外加磁场方向为轴旋转，即产生法拉第旋转效应，如图 2.8 所示，$\boldsymbol{E}_0$ 为初始电场，$\boldsymbol{E}_t$ 为经过一定距离后的瞬时电场。

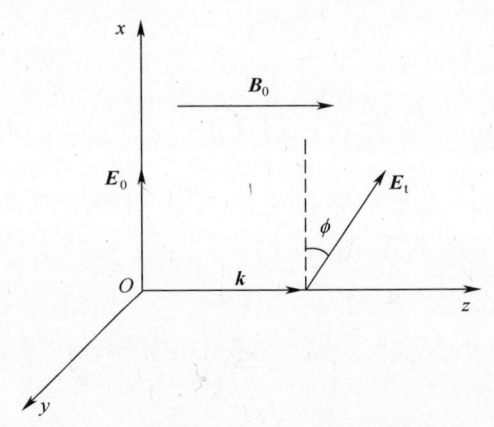

图 2.8　磁化等离子体中的法拉第效应

如图 2.8 所示，$\boldsymbol{E}_t$ 为传播一段距离后重新合成的线极化电磁波的总电场，它可以由 $\boldsymbol{E}_l$ 和 $\boldsymbol{E}_r$ 表示为

$$\begin{aligned}\boldsymbol{E}_t = \boldsymbol{E}_r + \boldsymbol{E}_l = &\{\boldsymbol{a}_x E_0[\exp(-\mathrm{j}k_r z) + \exp(-\mathrm{j}k_l z)] \\ &- \mathrm{j}\boldsymbol{a}_y E_0[\exp(\mathrm{j}k_r z) - \exp(\mathrm{j}k_l z)]\}\exp(\mathrm{j}\omega t)\end{aligned} \tag{2.39}$$

设该合成后的线极化波的极化方向与 x 轴正向的夹角为 δ，则有

$$\delta = \arctan\frac{E_y}{E_x} = \arctan\left\{-\mathrm{j}\frac{1-\exp[\mathrm{j}(k_l - k_r)z]}{1+\exp[\mathrm{j}(k_l - k_r)z]}\right\} = \frac{k_l - k_r}{2}z \tag{2.40}$$

式中：δ 为法拉第旋转角。

为直观地展示法拉第旋转效应，图 2.9 给出了电磁波在等离子体中传播一定距离后电场矢端轨迹随时间变化的形状，仿真参数如下：电磁波频率 $f = 10\mathrm{GHz}$，回旋频率 $\omega_b = 30 \times 10^9 \mathrm{rad/s}$，等离子体碰撞频率 $v_{\mathrm{en}} = 5.0\mathrm{GHz}$，等离子体频率 $f_p = 5.0\mathrm{GHz}$。图中 λ_0 对应于 10GHz 电磁波在真空中传播的波长。由图 2.9 可见，线极化波在磁等离子体中传播的距离越远，法拉第旋转角越大。另外，随着传播距离的不同，电场矢量轨迹表现出不同形状的椭圆，这主要是由分解后的 RCP 波和 LCP 波的传播速度及衰减程度的不同造成的。

设定电磁波传播的距离 $z=20\text{mm}$，碰撞频率 $v_{en}=0$，其他等离子体参数同上，根据式(2.37)与式(2.40)得出 LCP 波和 RCP 波的色散关系及法拉第旋转角的频率响应特性如图 2.10 所示。由图 2.10 可见，RCP 波在图示频段上存在两个通带和一个阻带，它们被一个截止频率 f_{RCP} 和一个共振频率 f_{RCP}^{∞} 分割；对于 LCP 波，则只存在一个阻带和一个通带，说明 LCP 波仅存在一个截止频率 f_{LCP}。

令式(2.37)中 $k_l=0$, $k_r=0$，忽略碰撞频率，可得 RCP 波和 LCP 波的截止频率分别为

$$f_{RCP} = \frac{1}{2\pi}[(\omega_p^2 + \omega_b^2/4)^{1/2} + \omega_b/2] \tag{2.41}$$

$$f_{LCP} = \frac{1}{2\pi}[(\omega_p^2 + \omega_b^2/4)^{1/2} - \omega_b/2] \tag{2.42}$$

令 $k_r = \infty$，可得 RCP 波的共振频率为

$$f_{RCP}^{\infty} = f_b \tag{2.43}$$

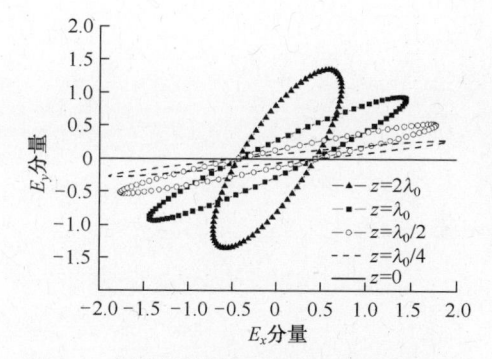

图 2.9 法拉第旋转效应中的电场矢量轨迹

图 2.10 无碰撞磁化等离子体中 RCP 波与 LCP 波的色散关系及法拉第旋转角的频率特性

由图 2.10 可知，当入射波频率接近于共振频率 f_{RCP}^{∞} 时，RCP 波的能量将因为共振作用而被吸收衰减；法拉第旋转角由负到正发生急剧突变的频点正是 RCP 波发生共振吸收效应时对应的频点。考察法拉第旋转角 δ 的变化还可得知：当 $0<f<f_{LCP}=3.15\text{GHz}$，LCP 波截止($k_l=0$)，RCP 波能够传播($k_r>0$)，因而 $\delta<0°$；当 $f_{LCP}<f<f_{RCP}^{\infty}=4.77\text{GHz}$，RCP 波和 LCP 波都能传播，但由于 $k_l<k_r$，δ 继续负向增大；当 $f_{RCP}^{\infty}<f<f_{RCP}=7.93\text{GHz}$，RCP 波截止($k_r=0$)，而 LCP 波的传播常数 k_l 随频率升高而增大，故法拉第旋转角 $\delta>0°$ 且随频率的增加而增大；当 $f>f_{RCP}$ 时，LCP 波占主导地位，故旋转角 δ 仍为正值，但随着频率的增加 k_l 与 k_r 的差距逐渐减小，因而旋转角 δ 也随之逐渐减小并趋于 $0°$。

根据上述分析可以推知，当等离子体鞘套某一局部的等离子体(如飞行器后身部天线附近的等离子体)被磁化后，电磁波在这部分等离子体中沿着外加磁场方向

传播将会产生类似的法拉第旋转现象及共振吸收效应。

2.3.3 电磁波折射效应

因为等离子体鞘套本身可以看成弱电离、碰撞、非均匀的等离子体,所以电磁波在其中的传播必然会产生由于介质参数梯度差异而引起的折射现象,从而可以改变入射电磁波的方向,这一性质为飞行器等离子体折射隐身提供了条件。为了说明等离子体鞘套的折射效应,考虑问题模型为一半径 R_0 的非均匀非磁化等离子体球,如图 2.11 所示。

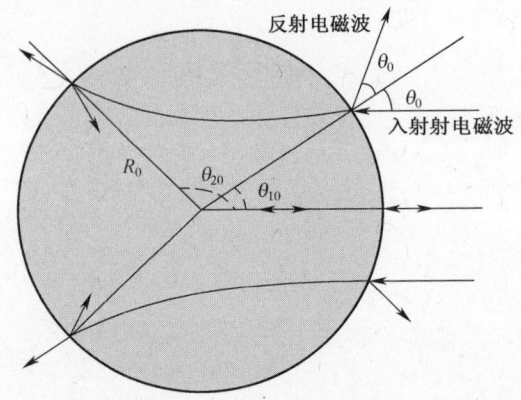

图 2.11 不均匀等离子体球的水平截面及电波折射轨迹示意

在忽略等离子体碰撞时,令式(2.16)中的 $v_{en}=0$,可得非均匀非磁化等离子体折射率平方的表示式为

$$n^2 = 1 - \frac{\omega_P^2}{\omega^2} \tag{2.44}$$

假设图 2.11 所示等离子体球的电子数密度只是半径 R(R 的取值范围为[0,R_0],以下公式中 R 取值范围相同)的函数,且等离子体球的折射率满足

$$n(R) = R^m/R_0^m \tag{2.45}$$

式中:m 为多项式的次数。

由式(2.45)可知,等离子体球外径处等离子体密度为零,球边缘处折射率连续。

根据式(2.45),结合费马原理和变分法得到极坐标系下的方程为

$$\frac{\mathrm{d}}{\mathrm{d}\theta}\frac{\partial}{\partial \dot{R}}(R^m\sqrt{R^2+\dot{R}^2}) - \frac{\partial}{\partial R}(R^m\sqrt{R^2+\dot{R}^2}) = 0 \tag{2.46}$$

式中:$\dot{R} = \mathrm{d}R/\mathrm{d}\theta$。

令 $\ddot{R} = \mathrm{d}^2 R/\mathrm{d}\theta^2$，化简式(2.46)可得

$$R\ddot{R} - (m+2)\dot{R}^2 - (m+1)R^2 = 0 \qquad (2.47)$$

设电波的轨迹参数为(R,θ)，解方程(2.47)得到四个解分别为

$$\theta_1 = \mathrm{arcsec}(\sqrt{d_1} R^{m+1})/(m+1) + d_2 \qquad (2.48\mathrm{a})$$

$$\theta_2 = -\mathrm{arcsec}(\sqrt{d_1} R^{m+1})/(m+1) + d_2 \qquad (2.48\mathrm{b})$$

$$\theta_3 = \mathrm{arcsec}(\sqrt{d_1} R^{m+1})/(m+1) - d_2 \qquad (2.48\mathrm{c})$$

$$\theta_4 = -\mathrm{arcsec}(\sqrt{d_1} R^{m+1})/(m+1) - d_2 \qquad (2.48\mathrm{d})$$

式中：d_1、d_2为积分常数。

取入射角点坐标为(R_0,θ_0)，θ_0为电磁波入射角，即入射电磁波射线与等离子体球面法线的夹角，则积分常数为

$$d_1 = \frac{\cot^2\theta_0 + 1}{R_0^{2m+2}} \qquad (2.49)$$

$$d_2 = \mathrm{arcsec}(\sqrt{d_1} R_0^{m+1})/(m+1) + \theta_0 \qquad (2.50)$$

由式(2.48)~式(2.50)可以做出电磁波在不均匀非磁化等离子体球中的轨迹如图2.12所示。观察图2.12可知，当电磁波垂直球面入射时，电磁波射线被球心反射，反射波沿原路径返回；当入射角为90°时，电磁波射线将与球体相切直接通过；以其他角度入射的电磁波都会发生不同程度的偏转，其偏转的角度与电磁波的入射角及等离子体电子密度分布有关，当入射角或m值越大时，电磁波射线的返转点与球心的距离越大，偏转程度越大，反之则越小。

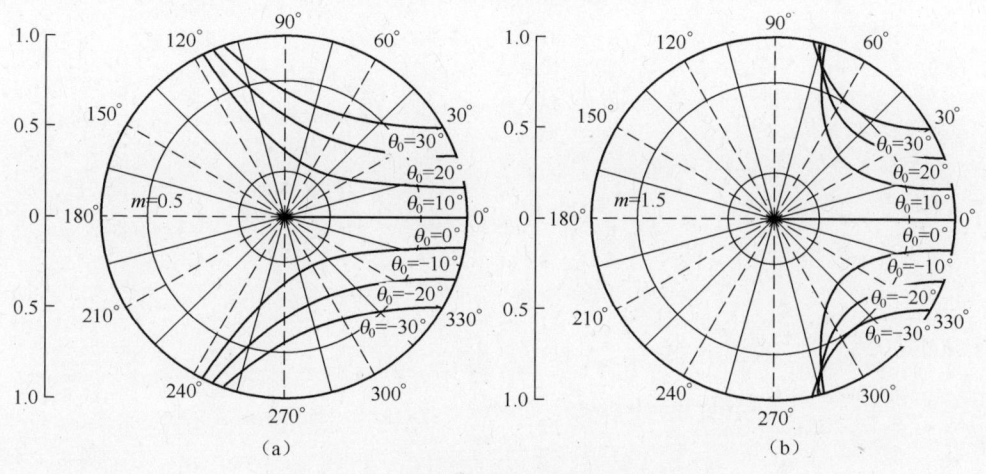

图 2.12　m 取不同值时的电磁波折射轨迹
(a)$m=0.5$；(b)$m=1.5$。

从以上分析可以推知,等离子体鞘套的不均匀性必然会引起电磁波传播的折射效应,使在其中传播的电磁波路径不断发生改变,造成折射损耗,从而给高超声速飞行器的目标探测带来不利影响。但从另一个角度考虑,合理利用等离子体鞘套的折射效应有利于实现高超声速飞行器的隐身。

2.3.4 多普勒频移效应

高超声速目标周围的流体运动除了对目标的电磁特性带来影响外,当其与地面测控站存在相对运动时,还会带来多普勒频移效应(或相对多普勒效应)。假设雷达工作频率为 f_0(对应于空气中传播的波长 $\lambda_0 = c/f_0$),目标距离雷达的距离为 s。如果在距离 s 处的高超声速目标相对雷达波束轴线方向的运动速度为 V_0(此时的速度又称为径向速度),并规定朝向天线运动的速度为正值,则有 $V_0 = -ds/dt$。根据相对论知识,可得高超声速目标(等离子体鞘套)产生的多普勒频移为[95]

$$f_d = \frac{2V_0}{\lambda_0} = \frac{2V_0}{c}f_0 \tag{2.51}$$

这里 f_d 也称多普勒频率。由式(2-51)可见,多普勒频移大小与目标的宏观运动速度大小及入射波频率成正比关系。

对于高超声速飞行器,如果其再入速度为 6km/s,入射波频率为 10GHz,那么产生的多普勒频移 $f_d \approx 0.4$MHz。可见多普勒频移相对入射波频率是非常小的,在研究等离子体鞘套与电磁波相互作用的过程时可以忽略多普勒频移的影响,因此本书的研究将不考虑多普勒频移效应。

第3章　高超声速目标热化学非平衡流模拟

在高超声速条件下,为了避免强烈的气动加热对飞行器内部仪器、装置造成损伤,飞行器表面一般采用烧蚀材料(碳酚醛、玻璃钢等),高温气体与物面烧蚀材料发生热化学反应,吸收了大量的热量,使得飞行器物面温度控制在允许的范围内。然而,烧蚀材料中通常含有一些极易电离的碱金属或碱土金属杂质,这些材料在烧蚀过程中产生的离子会影响到物面周围流场的电离度。在烧蚀材料的作用下,参与流场的化学反应变得更复杂,相应的反应数目及组分都会增加。由于烧蚀的复杂性和不确定性,本书没有考虑烧蚀的影响。通常,高超声速飞行器绕流流场头身部区域的电子数密度较尾流中的电子数密度要高出几个数量级。虽然尾迹区等离子体覆盖范围远大于头部等离子体覆盖范围,但等离子体强度比头部区域弱得多。典型的高超声速飞行器绕流流场为等离子体包覆流场,限制在头身部激波与飞行器本体之间的等离子体流场即是等离子体鞘套。

等离子体鞘套的流场特性与再入条件(再入高度、攻角、马赫数等)密切相关。目前,获取流场参数的方法有地面试验和数值模拟两种方法。相对试验方法而言,数值模拟投资少、灵活性强、见效快。随着计算机技术的发展,计算流体动力学技术很快成为解决各种流体问题的有效手段,相应的商业CFD软件也得到了快速发展,并且有一些软件的精度也得到了业内认可。本书应用商业软件CFD-FANSTRAN,以全N-S方程组来描述目标的流场,采用有限反应速率及合适的热化学模型来实现对高超声速热化学非平衡流的模拟。

3.1　高超声速热化学非平衡流的CFD理论

本书对高超声速热化学非平衡流动的计算是应用商业软件CFD-FANSTRAN进行的,软件的各种功能与CFD的基本理论密切相关,在给出仿真模型的计算结果之前,有必要对CFD的基本知识做一介绍。

3.1.1　热力学温度模型

在热力学平衡系统中,气体分子在给定的压力和温度下只有平动能和转动能被激发,各种能量模式均可用一个温度来描述,这就是单温度模型。在高温、高速的条件下,气体分子的平动能、转动能、振动能和电子能都相继被激发,气体处于热力学非平衡态,单温度模型已不能准确地反映分子内能的变化,气体内能模式需要用多种不同的温度来描述。三温度模型假设平动温度 T、转动温度 T_r 和振动温度 T_v 各不相同,虽然能精确地表征能量模式,但是模型过于复杂,计算量较大,因而不够实用。在文献[24]中 Park 认为在空气分子参与的反应过程中分子的平动温度等于转动温度,可以用单一温度 T 描述,分子的振动温度和电子的平动温度相等,由另外的单一温度 T_v 来描述,这就是著名的 Park 双温度模型。这种模型既相对简单又能很好地表征热力学非平衡基本特性,是目前应用最广的热力学非平衡温度模型。考虑到高超声速飞行器高温流动的特点,在仿真中本书采用 Park 提出的热力学双温度模型。

3.1.2 化学反应动力学模型

典型的空气化学反应模型有 5 组元、7 组元和 11 组元模型。一般而言,马赫数较低($Ma \leqslant 9$)时,空气中的电离发生较少,离子含量可以忽略,这时只考虑 5 组元模型即可;当马赫数较大时,飞行器周围的高温环境使得空气分子内能激发,发生电离反应,此时可视飞行器的具体状态选取 7 组元或 11 组元的化学反应模型。7 组元和 11 组元模型常用于高超声速非平衡流计算中。

1990 年,Gupta 提出了一种 11 组元 20 种反应式的空气化学反应模型[30],化学反应式及相关化学反应速率系数见附表 1。附表 1 中前 6 个反应式的数据可以用于 5 组元空气化学反应模型,加上第 7 个反应式则可用于 7 组元模型。本书对高超声速热化学非平衡流的仿真主要采用 Gupta 的 7 组分(O_2、N_2、O、N、NO、NO^+ 和 e^-)7 个化学反应的空气模型。附表 1 中出现在反应式里的 M_i($i=1,2,3,4$)表示第三体碰撞体,其组成可以是 5 种中性空气组分(O_2、N_2、O、N、NO)中的任意一个或多种组分的组合,它在化学反应中起催化作用。不同碰撞体的以氩为基准的催化效率见附表 2[96]。11 组元空气反应模型一般比较复杂,参与的元素和电离的方程比较多,生成的离子种类也比较多,模型相对比较精细。国内曾有研究人员采用数值方法对美国 RAM-C 飞行器进行仿真,结果发现在非催化壁面边界条件下,7 组分空气化学反应模型的电子数密度仿真结果比 11 组分空气模型的仿真结果更接近试验结果[97]。国内学者采用 7 组分 15 个化学反应的 Dunn&Kang 模型对 RAM-C 飞行器在 61km、71km 及 81km 高度的飞行工况进行数值模拟,电子密度的计算结果均与相应的试验数据吻合较好[98]。由此可见,选择哪种空气化学反应模型仅与数值研究的精度需求有关。一般而言,空气化学反应模型的选择应考虑到所研究的飞行器的外形及飞行工况(大气环境、速度、高度、攻角等),视具体情况而定。本章后面的算例验证表明,Gupta 的 7 组元空气模型能较好地满足热化学非平衡流动的仿真精度要求。

化学反应速率对非平衡流动的仿真非常重要。化学反应的进行分别由正向反应速率和逆向反应速率控制,本书假设正向和逆向速率分别为 k_{fr} 和 k_{br}。一般而言,对各个化学反应的反应速率系数的求解方法有两种,下面对此做简单介绍。

第一种求解方法是 k_{fr} 和 k_{br} 的计算采用修正的阿伦尼乌斯(Arrhenius)曲线拟合公式,即

$$k_{fr} = A_{f,r} T_a^{B_{f,r}} \exp\left(-\frac{C_{f,r}}{T_a}\right) \tag{3.1}$$

$$k_{br} = A_{b,r} T_a^{B_{b,r}} \exp\left(-\frac{C_{b,r}}{T_a}\right) \tag{3.2}$$

式中:$A_{f,r}$、$B_{f,r}$、$C_{f,r}$、$A_{b,r}$、$B_{b,r}$、$C_{b,r}$ 为依赖于化学反应的系数;T_a 为反应控制温度,对于正向和逆向反应可能有所不同,对于热力学双温度模型,T_a 是平动温度 T_{tr} 和振动温度 T_v 的函数,应视不同的化学反应类型而确定。

第二种求解方法是正向反应速率用 Arrhenius 曲线拟合公式得到,逆向速率系数由平衡常数计算得到,即

$$k_{fr} = A_{f,r} T_a^{B_{f,r}} \exp\left(-\frac{E_{f,r}}{\hat{R} T_a}\right) \tag{3.3}$$

$$k_{br} = \frac{k_{fr}}{K_r^{eq}(T_a)} \tag{3.4}$$

式中:$E_{f,r}$ 为活化能;$E_{f,r}/\hat{R}$ 为活化温度;$\hat{R}$ 为普适气体常数;$K_r^{eq}(T_a)$ 为基于配分函数求得的平衡常数。Gupta 空气化学模型的反应速率常数就是采用这种方式求解的。

3.1.3 热化学非平衡流控制方程

高超声速热化学非平衡流动的控制方程组为具有化学反应源项的 N-S 方程组,它反映了流体流动所遵循的几大守恒定律,包括质量守恒定律、动量守恒定律和能量守恒定律。对于有气体组元参与的化学反应问题,气体组元应满足组元质量守恒定律;如果流动处于湍流状态,系统还要遵守附加的湍流输运方程;能量守恒方程与热力学多温度模型的选择有关,不同的温度模型有不同的能量守恒方程。结合上述的热力学双温度模型和 7 组元空气化学反应模型,下面逐一介绍 N-S 方程组的各相关方程。

1. 质量守恒方程

任何流动必须满足质量守恒定律,该定律可表述为单位时间内流体微元体中质量的增加,等于相同时间间隔内流入该微元体的净质量。对于有多种组分参与

化学反应的系统(如本书所提的 7 组元空气模型),每一组分都要遵守组分质量守恒定律。根据该定律,组分 i 的质量守恒方程为

$$\frac{\partial(\rho d_i)}{\partial t} + \nabla \cdot (\rho d_i V) = \nabla \cdot (D_i \nabla(\rho d_i)) + S_i \tag{3.5}$$

式中:ρ 为在某一 t 时刻空间位置 r 处的流体密度 $\rho = \rho(r, t)$,V 为在某一 t 时刻位置 r 处流体的速度矢量 $V = V(r, t)$,d_i 为组分 i 的体积浓度;ρd_i 为该组分的质量浓度;D_i 为该组分的扩散系数;S_i 为系统内部单位时间内单位体积通过化学反应产生的该组分的质量,即生产率。由于 $\sum S_i = 0$,各组分质量守恒方程之和就是连续方程。

2. 动量守恒方程

任何流动系统都必须满足动量守恒定律,根据该定律导出笛卡儿坐标系下 x、y 和 z 方向的混合气体的动量守恒方程为

$$\frac{\partial(\rho u)}{\partial t} + \nabla \cdot (\rho u V) = \frac{\partial \tau_{xx}}{\partial x} + \frac{\partial \tau_{yx}}{\partial y} + \frac{\partial \tau_{zx}}{\partial z} - \frac{\partial p}{\partial x} + F_x \tag{3.6a}$$

$$\frac{\partial(\rho v)}{\partial t} + \nabla \cdot (\rho v V) = \frac{\partial \tau_{xy}}{\partial x} + \frac{\partial \tau_{yy}}{\partial y} + \frac{\partial \tau_{zy}}{\partial z} - \frac{\partial p}{\partial y} + F_y \tag{3.6b}$$

$$\frac{\partial(\rho w)}{\partial t} + \nabla \cdot (\rho w V) = \frac{\partial \tau_{xz}}{\partial x} + \frac{\partial \tau_{yz}}{\partial y} + \frac{\partial \tau_{zz}}{\partial z} - \frac{\partial p}{\partial z} + F_z \tag{3.6c}$$

式中:p 为混合气体压强;$\tau_{ij}(i, j = x, y, z)$ 是因分子黏性作用而产生的作用在微元体表面上的黏性应力张量 τ 的分量;u、v 和 w 分别为速度矢量 V 在 x、y 和 z 方向上的分量;F_x、F_y 和 F_z 分别为 x、y 和 z 方向的作用在微元体上的体力,若忽略重力等体力的影响,则 $F_x = F_y = F_z = 0$。

$\tau_{ij}(i, j = x, y, z)$ 的具体表达式为

$$\begin{cases} \tau_{xx} = -\frac{2}{3}\mu(\nabla \cdot V) + 2\mu \frac{\partial u}{\partial x} \\ \tau_{yy} = -\frac{2}{3}\mu(\nabla \cdot V) + 2\mu \frac{\partial v}{\partial y} \\ \tau_{zz} = -\frac{2}{3}\mu(\nabla \cdot V) + 2\mu \frac{\partial w}{\partial z} \end{cases} \tag{3.7a}$$

$$\begin{cases} \tau_{xy} = \tau_{yx} = \mu\left(\frac{\partial u}{\partial y} + \frac{\partial v}{\partial x}\right) \\ \tau_{xz} = \tau_{zx} = \mu\left(\frac{\partial u}{\partial z} + \frac{\partial w}{\partial x}\right) \\ \tau_{yz} = \tau_{zy} = \mu\left(\frac{\partial v}{\partial z} + \frac{\partial w}{\partial y}\right) \end{cases} \tag{3.7b}$$

式中：μ 为混合气体的黏性系数。

3. 能量守恒方程

包含有热交换的流动系统必须满足能量守恒定律。在笛卡儿坐标系下，多组元混合气体的总体能量守恒方程为

$$\frac{\partial(\rho E_{\mathrm{p}})}{\partial t} + \nabla \cdot (\rho H_{\mathrm{p}} V) = \nabla \cdot (\boldsymbol{\tau} \cdot V + Q) \tag{3.8a}$$

式中：E_{p}、H_{p} 分别为混合气体单位质量的总能和总焓；Q 为混合气体的总热流矢量，且有

$$\boldsymbol{\tau} = \begin{bmatrix} \tau_{xx} & \tau_{xy} & \tau_{xz} \\ \tau_{yx} & \tau_{yy} & \tau_{yz} \\ \tau_{zx} & \tau_{zy} & \tau_{zz} \end{bmatrix}, \quad V = \begin{bmatrix} u \\ v \\ w \end{bmatrix}, \quad Q = \begin{bmatrix} q_x \\ q_y \\ q_z \end{bmatrix} \tag{3.8b}$$

其中：q_x、q_y、q_z 分别为坐标 x、y、z 方向上的总热流分量。

对于本书所提到的热力学双温度模型，混合气体流场还应满足振动能量模式下的能量守恒方程，即振动能量守恒方程：

$$\frac{\partial(\rho e_{\mathrm{v}})}{\partial t} + \nabla \cdot (\rho e_{\mathrm{v}} V) = \frac{\partial q_{\mathrm{v}x}}{\partial x} + \frac{\partial q_{\mathrm{v}y}}{\partial y} + \frac{\partial q_{\mathrm{v}z}}{\partial z} + S_{\mathrm{v}} \tag{3.9}$$

式中：e_{v} 为混合气体中分子组元单位质量的振动能；$q_{\mathrm{v}x}$、$q_{\mathrm{v}y}$、$q_{\mathrm{v}z}$ 分别为坐标 x、y、z 方向上的振动热流分量；S_{v} 为振动能量源项。混合气体的总能（E_{p}）、总焓（H_{p}）及热传导项（q_n，$q_{\mathrm{v}n}$，$n=x$、y、z）的求解可参见文献[5]。

4. 相关补充方程

式(3.5)、式(3.6)、式(3.8)及式(3.9)共同构成了笛卡儿坐标系下的三维 N-S 方程组，可用于求解多组元空气化学反应双温度模型的流场问题。但是，在解决实际的流体问题时，还需要补充气体状态方程和输运属性计算公式来封闭以上方程组。对于化学反应完全气体混合物，混合气体的状态方程由道尔顿分压定律得到[99]：

$$p = \sum_{i=1}^{\mathrm{ns}} p_i = \sum_{i=1}^{\mathrm{ns}} \frac{\rho_i \hat{R}}{M_i} T \tag{3.10}$$

式中：$\hat{R}$ 为普适气体常数；ns 表示组分的总种类数。

非平衡流场中的输运系数主要有：组分 i 的黏性系数 μ_i、混合气体黏性系数 μ；组分 i 的热传导系数 k_i、混合气体热传导系数 k 及振动热传导系数 k_v；组分 i 的扩散系数 D_i。这三种输运系数分别体现了气体组元或混合气体的动量输运、能量输运和质量输运特性。在数值模拟时，一般都是通过简化的经验公式或拟合关系式求出这些输运系数，关于它们的具体求解公式可参见文献[5]。如果系统处于湍流状态，还需补充湍流输运方程如标准 k-ε 两方程模型，才能给出湍流流动问题的具体解。

3.1.4 计算方法与算例验证

1. 计算方法

本书对高超声速热化学非平衡流的计算是采用 CFD-FANSTRAN 软件实现的,软件模拟的基本步骤如下:

(1) 网格设计。主要是采用前处理软件 CFD-GEOM 或其他商业建模软件进行几何模型构造和网格划分,并将设计好的模型导出成 DTF 格式的文件。

(2) FANSTRAN 求解:

① 模型导入:将 DTF 格式的模型文件导入 FANSTRAN 软件。

② 模块选择:选择可压缩流动模块和化学反应/混合流体模块。

③ 模块设置:关于流动模型,根据实际情况选择湍流或层流 N-S 方程组模型;化学模块选择有限速率反应类型,并按 3.1.2 节所述输入 7 组元 Gupta 空气化学反应模型(将附表 1 中前 7 个化学反应式及相关速率系数输入);按 3.1.1 节所述,热力学参数选择双温度非平衡选项;热力学属性的数据则选择分子数据库。

④ 体条件设置:对于本书所研究的超声速目标的流场,由于没有使用嵌套网格,因而该部分不用改动,使用默认值即可。

⑤ 边界条件设置:来流入口设置为 Inflow/Outflow,并根据飞行器的飞行工况输入各项参数(如速度、高度、大气成分、背景压强及温度等);飞行器物面一般选为等温无滑移壁面,壁面温度通常设为 1500K,并根据实际情况选择是否加入壁面催化条件(需考虑反应热因素);出口设置为外推插值边界条件;若仿真的目标是旋转对称体,则还可设置对称边界条件以节约仿真时间。

⑥ 设定初值条件:根据实际情况,一般可将入口来流条件作为初值输入。

⑦ 求解:包括数值格式、积分方式、循环次数、收敛标准、仿真模式(稳态或时域模式)等求解参数的设置,可根据实际情况来设定,然后开始计算。

(3) 后处理。采用后处理软件 CFD-VIEW 或其他流体数据处理软件如 Tecplot 等,对 FANSTRAN 的模拟结果进行各项数据的输出和显示。

2. 算例验证

以美国 RAM-C II 飞行器为模型原型,通过计算高超声速钝锥绕流流动特性,对软件计算方法加以验证。文献[100]采用有限体积法对 RAM-C II 头部进行了热化学非平衡绕流流场模拟。为了与文献结果进行对比分析,本书建立了同样的模型,模型的尺寸与网格划分如图 3.1 所示(图中 R 为钝锥球头半径,θ 为半锥角,L 为仿真时截取的钝锥长度,由于模型自身的对称性,图中只给出模型几何结构的一半),并将初始来流条件完全依照文献的条件来设定,即飞行高度 61km,来流速度 7636.4m/s(马赫数 23.9),攻角为 0°,背景压强 19.85Pa,背景温度 254K,背景大气成分中O_2的质量分数为21%，N_2的质量分数为79%。本书取物面为等温无滑移壁面边界条件，壁面无催化，壁面温度$T_w=1500K$，也与文献一样。不同之处是：文献将模型划分为60×70个网格，而本书将其划分为60×130个网格，靠近物面附近网格进行了加密以便准确捕捉激波；文献采用7组元Park'85[29]化学反应动力模型，本书采用的是Gupta的7组元化学反应动力模型；文献的热力学温度模型是4温度模型，本书采用的是双温度模型。

通过FANSTRAN仿真得到驻点线（当攻角为0°时，旋转对称体绕流流场的驻点线是指沿旋转对称体的中轴线离开对称体头部顶点的射线，对于图3.1所示钝锥模型来说，驻点线即是负X轴线）上各组元的质量分数分布曲线如图3.2所示（见彩插），其中实心线是本书的仿真结果（如用实心圆+线表示N），非实心线是文献的仿真结果（如用空心圆+线表示N），并且同一参量的标志符号相同（如N的标志符号是圆）。由图3.2可知，本书仿真的各粒子的分布趋势与文献结果大致相同，但由于使用的模型不同，因而粒子分布在某些区域上存在一定的差异（例如文献计算的N_2在壁面处有回升的趋势，这是由于作者在壁面温度较低的情况下考虑了原子的复合-耦合反应）。

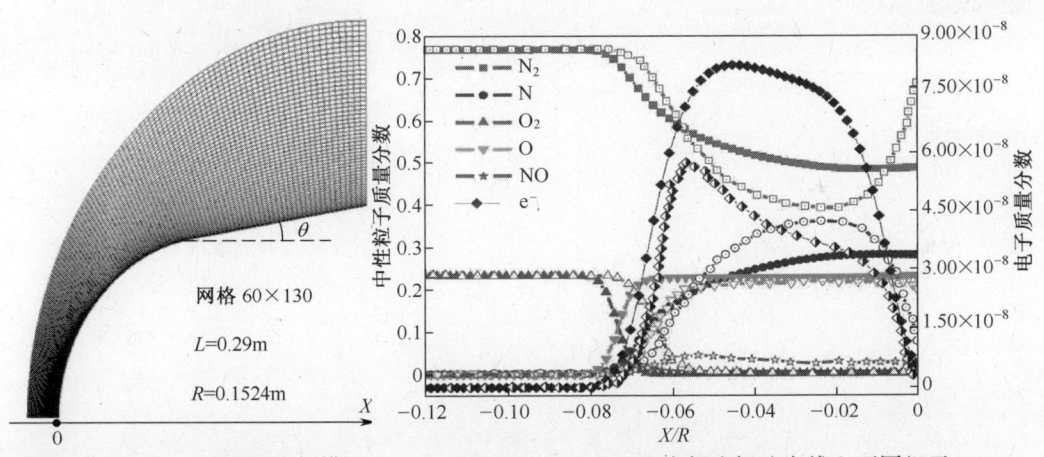

图3.1 RAM-C Ⅱ钝锥头部模型的尺寸及网格划分

图3.2 RAM-C Ⅱ头部流场驻点线上不同组元的质量分数分布

为进一步验证本书计算方法的正确性，对完整的RAM-C Ⅱ钝锥模型的高超声速绕流流场进行了模拟，飞行工况如表3.1所列。完整的RAM-C Ⅱ尺寸：头部半径$R=0.1524m$，半锥角$\theta=9°$，总长1.295m。TANSTRAN仿真时，对钝锥物面取等温、非催化壁面边界条件，壁温$T_w=1500K$，计算得到钝锥流场电子数密度的空间分布特性如图3.3所示，图中还给出了相应的RAM-C飞行试验数据及相关文献结果（以"DSMC（TCE）"表示）。文献结果及试验数据均来自文献[101]。图中标注DSMC（TCE）的曲线表示文献结果是采用基于TCE空气化学模型的DSMC

(Direct Simulation Monte Carlo)算法得到的。图3.3(a)显示的是钝锥流场峰值电子数密度沿钝锥流线方向的分布特性;图3.3(b)给出的是在 $X/R=8.1$ 处垂直于钝锥物面的方向上的电子数密度空间分布特性,图中的误差棒表示 Langmuir 探针测量时的变动范围,这是由于 RAM-C Ⅱ 飞行器在空中以高超声速再入的同时做自身旋转运动造成的[102]。从图3.3可以看到,本书计算结果与试验结果吻合很好。

表3.1 RAM-C Ⅱ 飞行器的试验状态

试验状态	高度/km	马赫数	来流速度/(m/s)	背景压强/Pa	背景温度/K
参数值	81	27.8	7800.0	0.89	197

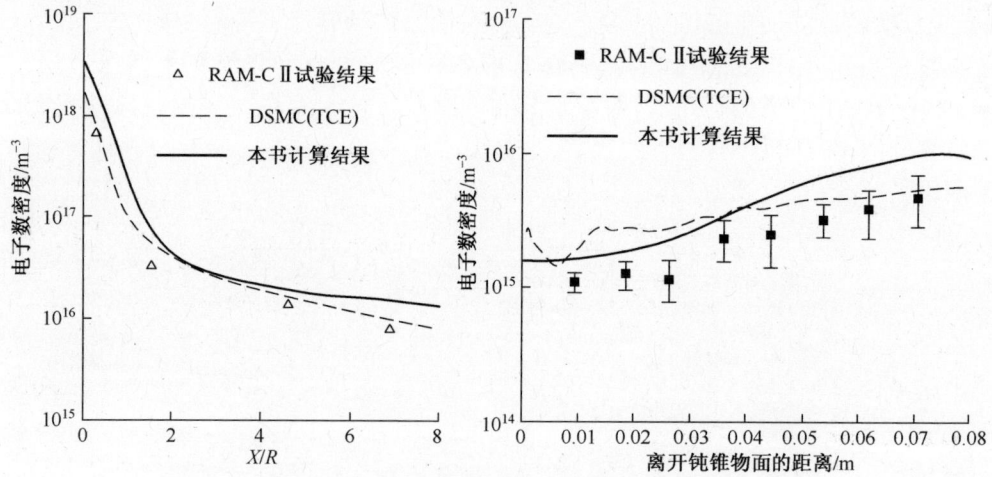

图3.3 RAM-C Ⅱ 在81km高空上产生的电子数密度分布特性
(a)流场峰值电子数密度沿钝锥流线方向的分布特性;
(b)在 $X/R=8.1$ 处钝锥物面上方的电子数密度空间分布特性。

3.2 再入体模型的建立

不同的飞行器外形流动特性的不同导致其气动力、气动热特性的不同。本节以典型的 RAM-C 飞行器外形为设计蓝图,建立了一个新的真实尺度下的钝锥模型;然后借鉴气动物理特性相似规律,仿照飞船返回舱外形和导弹战斗部外形设计了两个微缩尺度的模型,一个是球冠倒锥体模型,另一个相对而言则是锐头体模型。建立微缩尺度模型的目的主要是为后面研究再入目标等离子体鞘套的电磁散射特性提供可行且有效的途径。由于本书考虑的等离子体鞘套是指限制在再入体头身部激波与本体之间的等离子体流场,所以对再入目标高超声速非平衡流的模拟仅限于对目标头身部绕流流场的模拟。

火箭、飞船等高超声速飞行器大多采用钝头设计,美国 RAM-C 飞行器便是典型的钝锥外形。仿照 RAM-C 外形,本书建立了一个新的尺寸较大的钝锥模型,如图 3.4(a)所示。其中,钝锥球头半径 $R=0.17\text{m}$,半锥角 $\theta=10°$,总长 $L=1.7\text{m}$。假定来流攻角为 $0°$,由于钝锥是旋转对称体,因而只需截取过钝锥中心轴线的平面结构做二维流场仿真即可,钝锥的三维流场数据可由此二维平面数据外推得到。高超声速钝锥头身部绕流流场计算网格如图 3.4(b)所示,因为钝锥自身的对称性,所以运用对称边界条件来仿真时只需考虑钝锥结构的一半,故图中只给出了过钝锥中轴线的平面的一半的网格结构。由于模型尺寸较大且激波的捕获对网格很敏感,因此,对整个网格区域采用了分块划分的方法,并在物面附近添加了一个覆面层,同时对壁面附近法向方向上的网格进行了加密处理。建立该钝锥模型的目的是为后面研究电磁波在等离子体鞘套中的传播特性提供真实尺度意义上的高超声速再入体流动模型。

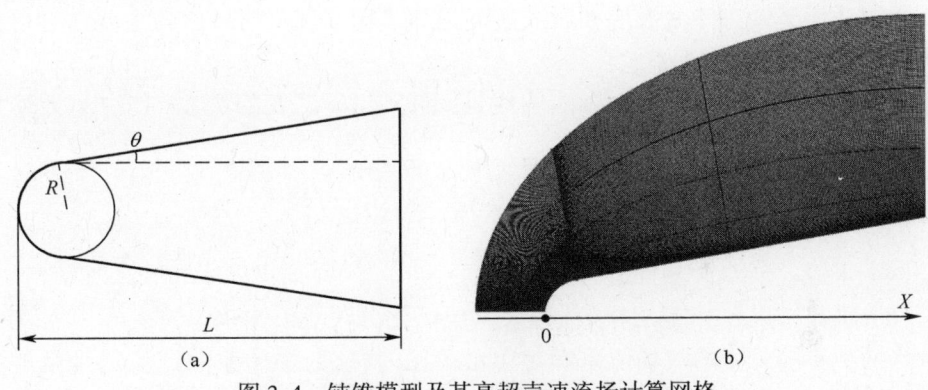

图 3.4 钝锥模型及其高超声速流场计算网格
(a)钝锥平面结构;(b)钝锥绕流流场计算网格。

3.3 气动物理特性相似规律

高超声速飞行器气动物理特性非常复杂,它是流体力学、化学动力学、等离子体物理、电磁学、光谱辐射与传输等一系列学科的耦合体。目前对高超声速气动物理特性的研究主要侧重于气动物理靶实验和计算机仿真两方面。然而,由于气动物理自身的复杂性,无论是哪种研究方法,其体系都是复杂的。另外,实际飞行器尺寸一般比较大(至少在米级以上),限于目前的硬件和软件条件,地面气动物理靶试验和计算机模拟完全按照真实飞行体系的大小进行研究都存在一定的困难。通常的做法是根据气动物理特性相似规律,对飞行器缩比模型进行试验或仿真研究,然后将结果进行外推,从而得到真实尺度飞行体系下的物理特性。例如中国空气动力研究与发展中心的曾学军等就曾对直径为10mm的球模型进行超高速弹道靶试验,利用雷达系统测量高超声速球模型及其尾迹的近场雷达电磁散射特性,然后经过近远场变换和ISAR成像方法得出模型的总体RCS及某一方向上的一维距离像。大量的研究表明,高超声速飞行目标的气动物理特性相似准则随高度的不同而有所不同,不但如此,同一高超声速流场各部分的相似准则也不尽相同。下面简要分析高超声速绕流流场气动物理特性缩比规律。

1. 再入等离子体双缩尺律

在高超声速缩比模型试验中,因技术上的困难(主要是对流场中所发生的化学反应动力学效应及其与空气动力学效应的耦合效应不清楚),不可能达到完全相似。因此,利用一部分相似参数,只使一部分重要的物理量符合相似关系的"部分相似"方法是唯一的选择。1960年,Garrett等[103]提出了一个以二体化学反应为主的适用于气流的相似律,即双缩尺律(Binary Scaling Law)。其后Gibson[104]证明了双缩尺律适用于钝头体激波层和激波后的无黏流场。该双缩尺律的主要内容可总结为以下几点:

(1) 几何相似,并且两个物体的线性尺度有 $\chi = l_1/l_2$ 的关系,其中 χ 为缩尺因子。

(2) 来流温度 T_∞ 相同,即 $T_{1\infty} = T_{2\infty}$。

(3) 来流速度 v_∞ 相同,即 $v_{1\infty} = v_{2\infty}$。

(4) 来流成分 $C_{i\infty}$ 相同,即 $C_{i1\infty} = C_{i2\infty}$。

(5) 来流密度 ρ_∞ 与物体的线性尺度成反比,即 $\rho_{1\infty} l_1 = \rho_{2\infty} l_2$。

当两个不同尺度的流场体系满足以上关系时,这两个体系的流场特性就能保持相似。Lee L用理论证明,在大部分高超声速绕流流场中,电子的变化主要受二体化学反应的影响,即大部分高超声速绕流流场服从双缩尺律[105]。弹道靶试验也证明了这一点。

2. 电磁波与再入等离子体相互作用时的相似律

电磁波与再入等离子体相互作用时的相似律,不仅要求缩尺模型体系与实际飞行器体系满足以上流场相似法则,而且要求电磁学相似。Beiser A.等人[106]基于完全相似准则,从N-S方程、麦克斯韦方程和玻耳兹曼方程出发,用量纲分析方法导出10个无量纲相似参数,由于这些参数之间存在相互矛盾的关系,只有采用和真实飞行体系本身大小一样的模型才能满足全部的要求。因此,部分相似方法仍然是最佳的选择。

电磁波与再入等离子体相互作用时,最值得关注的参数是等离子体等效相对介电常数 ε_{pr},因为它直接决定着电磁波在等离子体中的传播常数。不失一般性,考虑如式(2.21)所示的 ε_{pr},要使两个体系(参数分别用下标 1、2 表示)的等效相对介电常数相等,必须满足

$$\frac{v_{en1}}{\omega_1} = \frac{v_{en2}}{\omega_2} \tag{3.11a}$$

$$\frac{\omega_{p1}}{\omega_1} = \frac{\omega_{p2}}{\omega_2} \tag{3.11b}$$

$$\frac{\omega_{b1}}{\omega_1} = \frac{\omega_{b2}}{\omega_2} \tag{3.11c}$$

对于非磁化再入等离子体,只需满足式(3.11a)与式(3.11b)以符合电磁学部分相似的要求;如果考虑磁化条件下的再入等离子体,则式(3.11a)~式(3.11c)都必须满足。

3.4 微缩尺度模型

气动物理特性相似规律在我们感兴趣的飞行条件下,大体上适用于大部分高超声速再入体绕流流动及其与电磁波相互作用的过程。又由于现有的试验条件难以支撑真实尺度再入体绕流流场的电磁散射计算,所以需要建立微缩尺度的再入体模型,为后续非平衡绕流流动模拟及等离子体鞘套与电磁波相互作用的研究缩短周期,提高效率。本书利用 CFD-GEOM 建立了两个微缩尺度的再入体模型,下面对此做介绍。

1. 仿"阿波罗"返回舱外形的小型球冠倒锥体模型

考虑到气动力、气动热和热防护的综合性要求,目前世界上小升阻比载人飞船返回舱,如"阿波罗"号、"星座"号以及我国的"神舟"号都无一例外地采用了球冠倒锥形。仿照"阿波罗"返回舱外形,本书建立了一个新的球冠倒锥体模型,其过中心轴线的平面结构如图 3.5(a)所示,图中所示平面形状旋转一周即得整个模型结构。飞行器前部呈半椭球形,椭球长半径为 R_b,短半径为 R_s,飞行器尾部为一半径为 r_0 的小球体,表 3.2 给出了相应的初始尺寸。图 3.5(b)给出了模型的头身部绕流流场(其中包括一小部分近尾区流场)计算网格。

表 3.2 小型球冠倒锥体模型的几何尺寸

几何参量	R_s(mm)	R_b(mm)	r_0(mm)	θ_b(°)
数值	3	12	1.2	32.5

当来流攻角为 0°时,考虑到球冠倒锥体自身的旋转对称性,与图 3.4(b)一样,运用对称边界条件仿真时只需考虑全模型一半的网格结构。采用结构网格建模

(a) (b)

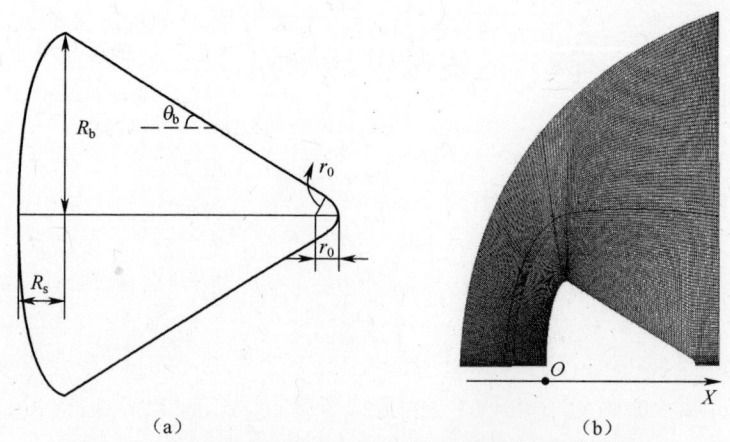

图 3.5 小型球冠倒锥体模型及其高超声速流场计算网格
(a)球冠倒锥体平面结构;(b) 球冠倒锥体绕流流场计算网格。

时,在靠近球冠倒锥体物面附近添加了一个覆面层,利用分区域划分方法对整个网格进行剖分,为了准确地捕捉激波和边界层的流动,对靠近壁面处的网格进行了适度的加密。

2. 仿导弹战斗部外形的小型锐头体模型

为了减少气动阻力,导弹通常采用"锐头"外形设计,即头部形状比较尖锐。美国航空航天局(NASA)开发的 X 系列的吸气式巡航飞行器(如 X-43 等)也具有非常尖锐的头部外形,这种外形确保了飞行阻力的最小化。仿照导弹战斗部外形,本书设计了一个微缩尺度的锐头飞行器模型,其平面结构如图 3.6(a)所示,其中头部为一个狭长的半椭球体,整个模型为一旋转对称体。初始尺寸设计:长轴直径(头部长度)$R_L = 35$mm,短轴直径(头部直径)$d = 16$mm,身部长度 $W = 50$mm。当来流攻角为 0°时,考虑到模型自身的旋转对称性,只需要对模型流场结构的一半进行仿真,相应的头身部绕流流场计算网格如图 3.6(b)所示。图 3.6(b)中的网格设计没有添加覆面层,但采用了分块划分方法进行网格剖分,并对贴近头部和壁面的网格进行了适度的加密处理。

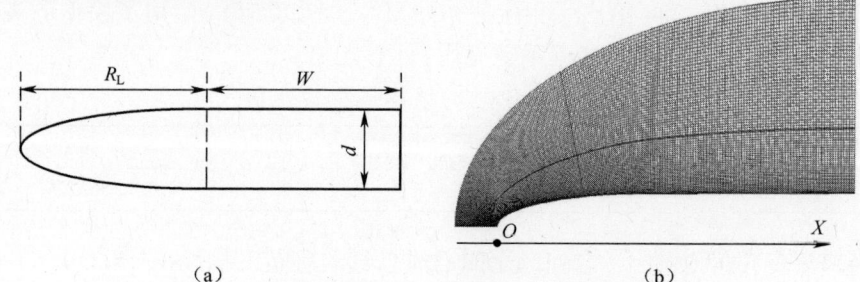

(a) (b)

图 3.6 小型锐头体模型及其高超声速流场计算网格
(a)锐头体平面结构;(b) 锐头体绕流流场计算网格。

3.5 再入体绕流流动模拟结果与分析

再入体绕流流动特性与再入飞行器外形、再入高度、再入速度、来流攻角等再入条件息息相关。本书采用 3.1.4 节所述计算方法,通过 CFD-FANSTRAN 模拟 3.2 节所建模型的热化学非平衡绕流流动问题,获得再入体等离子体包覆流场特性,为再入目标电磁特性的研究提供数据支持。以下再入目标热化学非平衡流的仿真中,假定来流攻角均为 0°,并设置来流空气由质量分数分别为 0.79 的 N_2 和 0.21 的 O_2 组成。对壁面边界条件采用等温、非催化壁面假设,壁面温度 T_w = 1500K。在以下所有的仿真云图中,压强的单位为 Pa,温度的单位为 K,密度的单位为 Kg/m^3,电子数密度单位为 m^{-3}。

3.5.1 高超声速钝锥绕流流动模拟

利用 3.1.4 节所述计算方法模拟了 3.2 节所建钝锥模型在不同再入马赫数及再入高度下的化学反应流动,计算的再入高度 H 分别为 30km、40km、50km、60km、70km、80km,针对每个高度,再入马赫数 Ma 分别为 9、10、12、14、16、18、20、22。图 3.7、图 3.8(见彩插)分别给出了不同再入马赫数时高超声速钝锥绕流流场头身部区域平动温度 T 与振动温度 T_v 等值线分布。温度直接反映了热化学非平衡效应。随着马赫数的增大,激波后平动温度和振动温度都明显增加。对于不同的马赫数,各温度模式的波系结构基本相同,钝锥头部驻点区和边界层内的温度要明显高于流场其他部位的温度,这些区域内的分子容易产生振动、离解和电离。当马赫数较低($Ma \leqslant 18$)时,平动温度和振动温度的分布在流场的边界层附近相差较大,且平动温度峰值略高于振动温度峰值,边界层内热力学非平衡效应随马赫数的降低而增强。当马赫数较高($Ma>18$)时,边界层内平动温度和振动温度的分布结构和数值大小趋于相同,热力学非平衡效应减弱。

图 3.9、图 3.10(见彩插)分别为不同马赫数时高超声速钝锥绕流流场头身部区域压强 p 和密度 ρ 分布云图。在图 3.10 中,混合气体密度接近峰值时对应的颜色条在云图中没有明显显示出来,这是因为气体密度只在紧靠头部壁面的极小区域内趋于最大值,该区域在图形中所占比例极小而难以显示。压强、密度分布云图反映了再入马赫数变化对弓形脱体激波后钝锥绕流流场参数分布特性的影响。随着马赫数的增加,激波后气体压强、密度升高,激波脱体距离减小,气体被压缩作用增强。对同一马赫数而言,气体压强、密度在流场头部区域达到最大值。与温度分布结构(图 3.7、图 3.8)不同的是,压强、密度在流场身部边界层内较小,而在接近激波边界处较大。

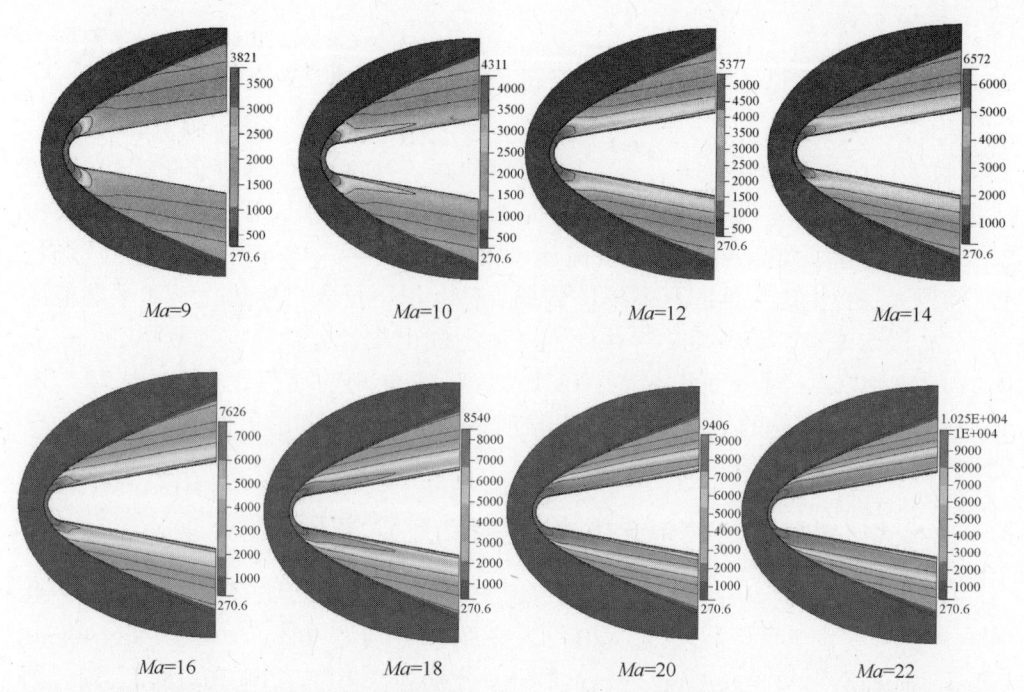

图 3.7　不同再入马赫数时钝锥头身部绕流流场的平动温度 T 等值线云图(再入高度 $H=50\text{km}$)

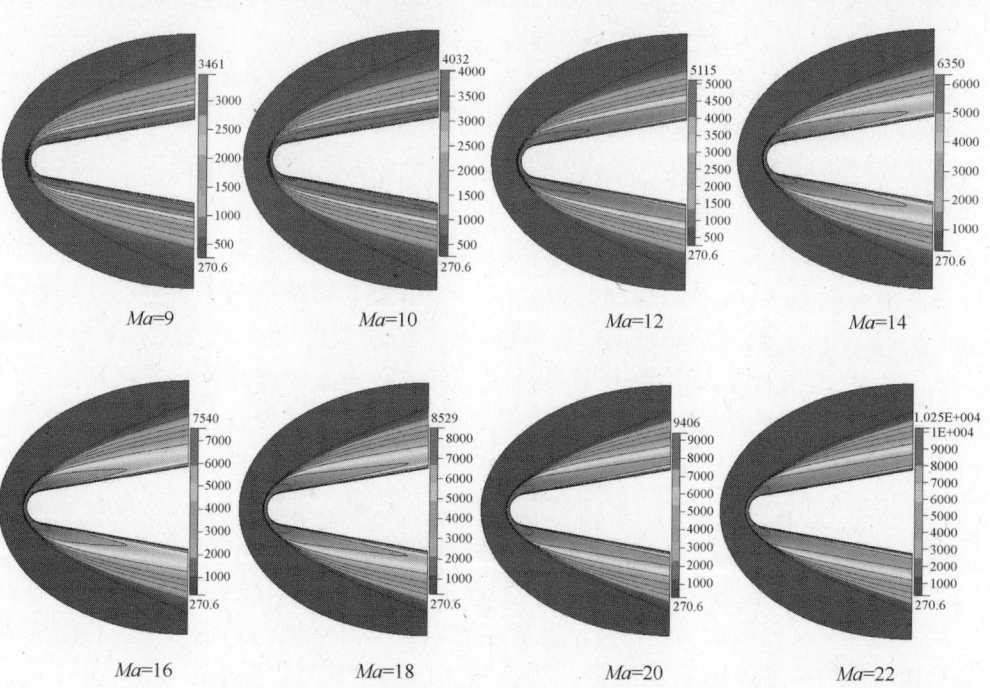

图 3.8　不同再入马赫数时钝锥头身部绕流流场的振动温度 T_v 等值线云图(高度 $H=50\text{km}$)

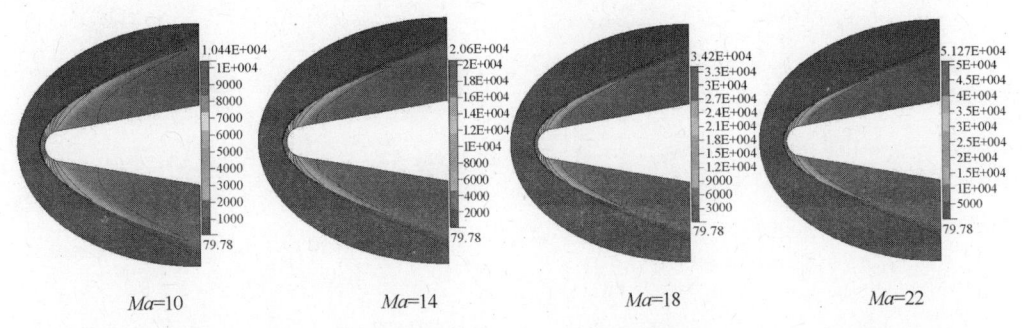

图 3.9　不同再入马赫数时钝锥头身部绕流流场的压强 p 等值线云图(再入高度 $H=50\mathrm{km}$)

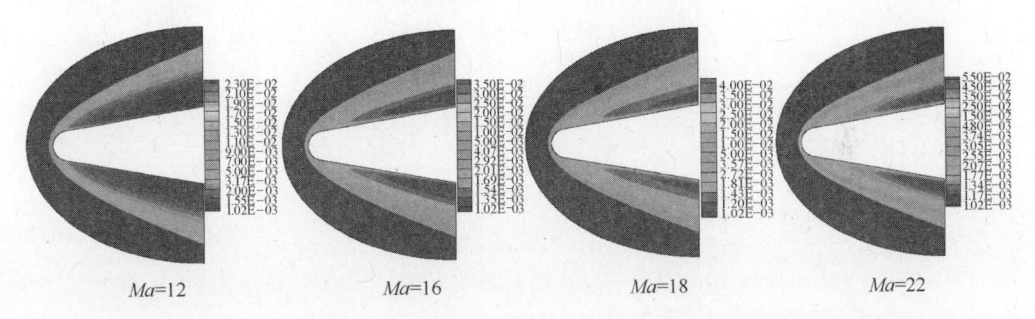

图 3.10　不同再入马赫数时钝锥头身部绕流流场的密度 ρ 云图(再入高度 $H=50\mathrm{km}$)

温度与流场中的化学反应密切相关,随着再入马赫数的增加,温度升高,激波后离解、电离反应增强,离子、电子浓度增加(图 3.11,见彩插)。电子数密度是表征等离子体电特性的一个重要参数,它的分布决定着再入绕流中等离子体特征频率的分布状况,是我们特别关注的流场参数。观察图 3.11 中电子数密度 N_e 的分布特性可知,电子主要集中在头部区域,驻点区电子数密度最高,与身部区域的电子密度存在量级上的区别。高电子数密度区为头部区域,这一区域等离子体强度较强;更大范围的身部区域的等离子体强度则相对较弱。通常情况下,高超声速再入绕流流场的电离度很低,形成的电离气体是弱电离等离子体。再入体的尾部后方会形成范围很大的等离子体尾迹区,此区域的电子数密度比头身部电子数密度小几个量级,本书主要对等离子体强度较大的高超声速再入体头身部绕流流场(等离子体鞘套)进行模拟,没有考虑等离子体强度相对较弱的尾迹区。

综观图 3.7~图 3.11 所示的流场参数分布特性可知,马赫数变化对高超声速钝锥绕流流场的波系结构影响较小,但对流场参数数值大小分布影响很大。对高超声速钝锥绕流流动来说,流场参数从驻点到后部区域一般是逐渐降低的。流场参数沿物面法向方向和流向方向都具有较大的梯度,但沿物面法向变化要比沿流向变化剧烈得多。

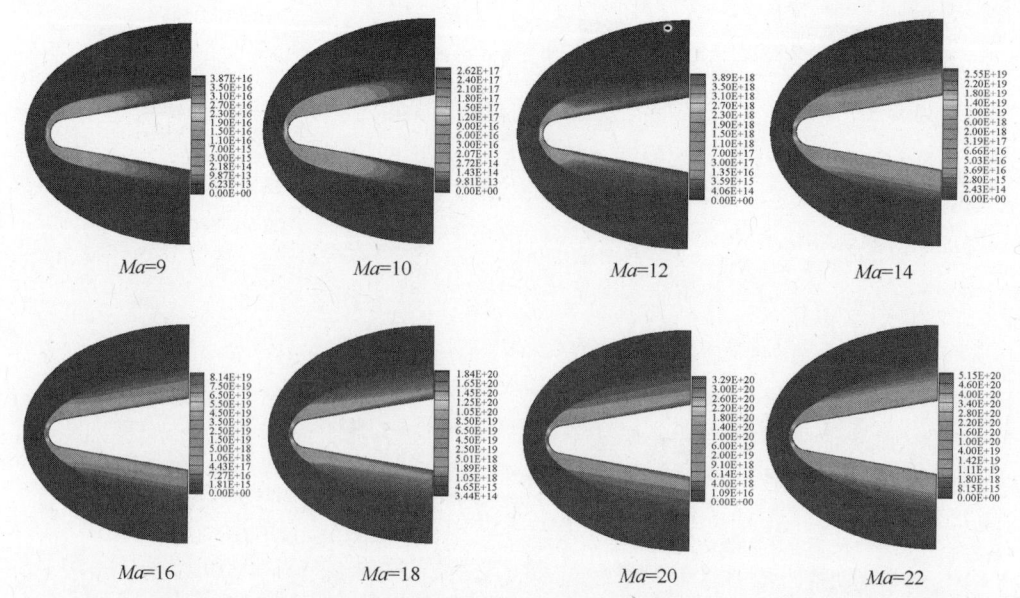

图 3.11　不同再入马赫数时钝锥头身部绕流流场的电子数密度 N_e 云图(再入高度 $H=50$ km)

在 1atm($1atm=1.013\times10^5$Pa)下,当气体温度大于 800K 时,氧气 O_2 和氮气 N_2 产生振动激发,温度进一步升高时,$O_2(T>2500K)$ 和 $N_2(T>4000K)$ 发生离解。如果环境压强低于 1atm,气体分子离解、电离所需的温度将更低。按照上述离解和电离的温度标准,结合图 3.7、图 3.8 可以估计,当 $Ma<10$ 时,流场化学反应很弱,基本没有电离反应(主要是离解反应),因而流场中的离子、电子浓度很低。当 $Ma>10$ 时,温度的升高使得离解、电离等化学反应增强,流场中电子及离子浓度也随之增大,流场成为包含有中性粒子、离子及电子的电离气体。马赫数变化对电离作用的影响可从钝锥绕流流动电子数密度分布云图(图 3.11)得到充分反映。当马赫数由 9 增加至 10 时,温度的升高使得绕流流场电子数密度峰值量级由 10^{16} 增加到 10^{17},相差 1 个数量级,电子数密度增长幅度较大。随着马赫数的进一步增大,电子数密度峰值量级对马赫数的增长率逐渐减小,变化幅度没那么大了。可见,马赫数 10 是再入绕流流场电离状态由弱到强的转折点。

图 3.12 给出了不同再入马赫数时驻点线上压强和平动温度的变化趋势。由图 3.12 可直观地看出,随着马赫数的增大,气体压强和平动温度增加,激波脱体距离变小。不过,激波脱体距离对马赫数的变化率随马赫数的增加而减小。图 3.13 为再入马赫数 14、18 时驻点线上组元质量分数变化。由图 3.13 容易看出激波前后流体组元的变化情况,一个显著特征是随着马赫数的增加,激波后化学反应作用增强,波后离子或电子组元浓度增加。

当其他再入条件保持不变时,再入高度变化对高超声度钝锥头身部绕流流场

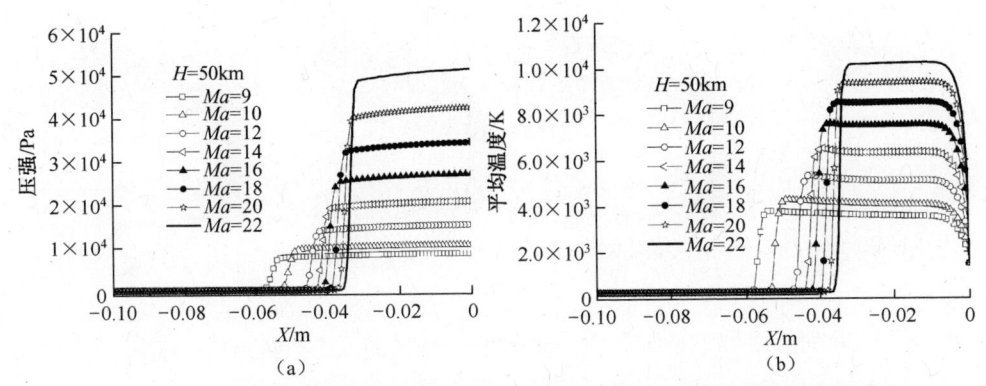

图 3.12　50km 高度不同马赫数时钝锥绕流驻点线上压强及平动温度变化
(a) 驻点线上压强变化趋势；(b) 驻点线上平动温度变化趋势。

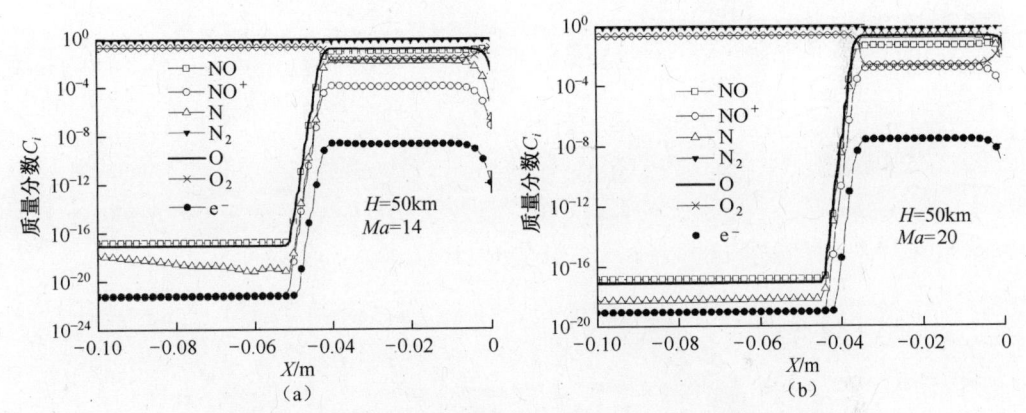

图 3.13　不同马赫数时钝锥绕流驻点线上组元质量分数分布
(a) $Ma=14$ 时组元质量分数分布；(b) $Ma=20$ 时组元质量分数分布。

参数的影响可从图 3.14～图 3.17(见彩插)得到体现。总的来说,高度变化主要影响绕流流场参数数值大小分布,而对流场波系结构影响较小。当再入高度较低时,例如 H<50km 时,平动温度与振动温度的波系结构和数值大小分布区别较小,热力学非平衡效应较弱;当再入高度较高时,平动温度与振动温度的波系结构和数值大小分布逐渐出现差异,且这种差异随着高度的增加而增加,这说明高度的增加会增强热力学非平衡效应。

从图 3.16 和图 3.17 可以看出,高度增加,背景大气的压强、密度降低,导致流场压强及密度下降,电子数密度也随之降低。

图 3.18 为钝锥绕流流场驻点线上电子数密度变化曲线。由图 3.18 可见,电子数密度在跨越激波层时具有很大的变化梯度,头部激波层内电子数密度较高,贴近物面时电子数密度有所下降;在同一高度上电子数密度峰值随着马赫数的增加

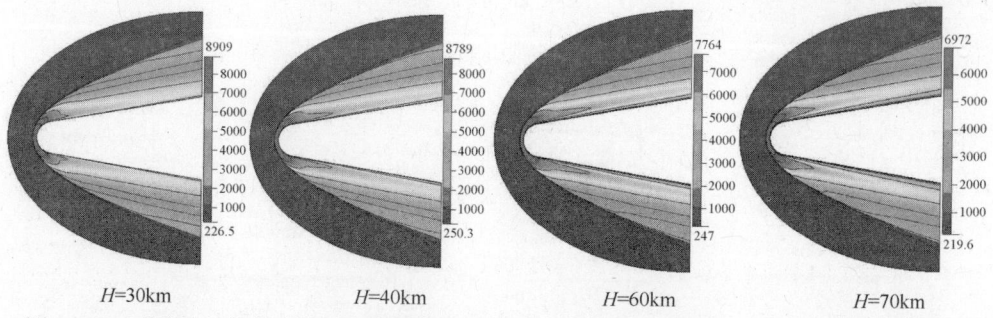

图 3.14 不同再入高度时钝锥头身部绕流流场的平动温度 T 等值线（再入马赫数 $Ma=18$）

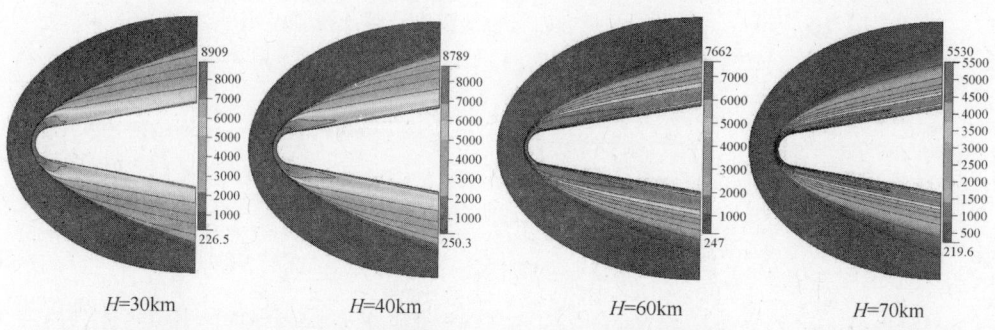

图 3.15 不同再入高度时钝锥头身部绕流流场的振动温度 T_v 等值线（再入马赫数 $Ma=18$）

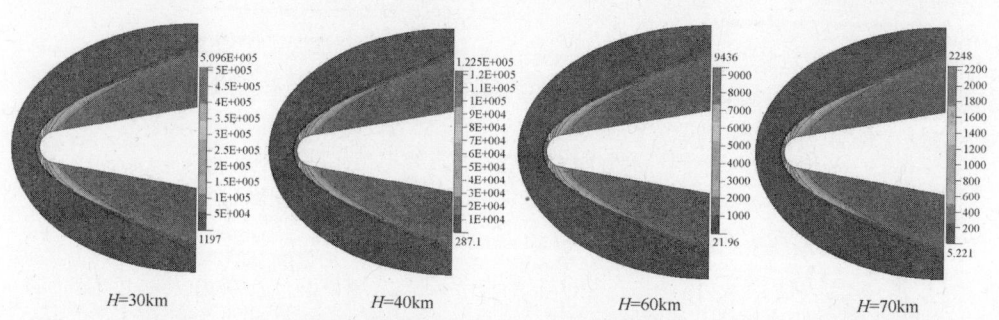

图 3.16 不同再入高度时钝锥头身部绕流流场的压强 p 等值线云图（再入马赫数 $Ma=18$）

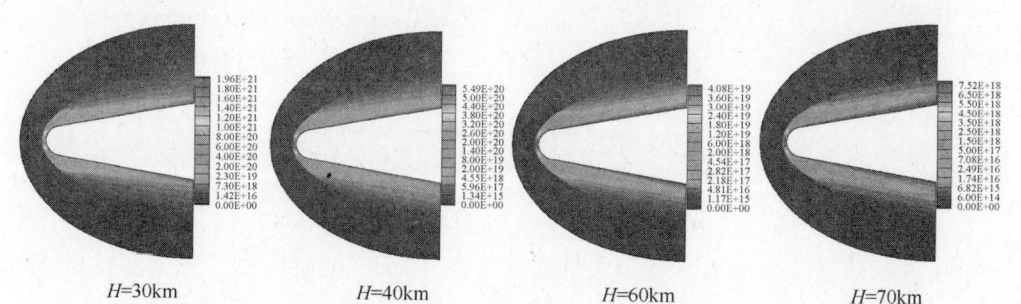

图 3.17 不同再入高度时钝锥头身部绕流流场的电子数密度 N_e 云图（再入马赫数 $Ma=18$）

而增加,激波层厚度则随之减小;当再入速度一定时,驻点线上电子数密度峰值随着高度的增加而降低。图3.19为钝锥绕流流场出口面上沿物面法向电子数密度变化曲线。从图3.19可以看到,随着再入高度的增加或再入马赫数的减小,每条曲线中的峰值电子数密度减小,且紧靠物面沿物面法向变化的梯度减小。

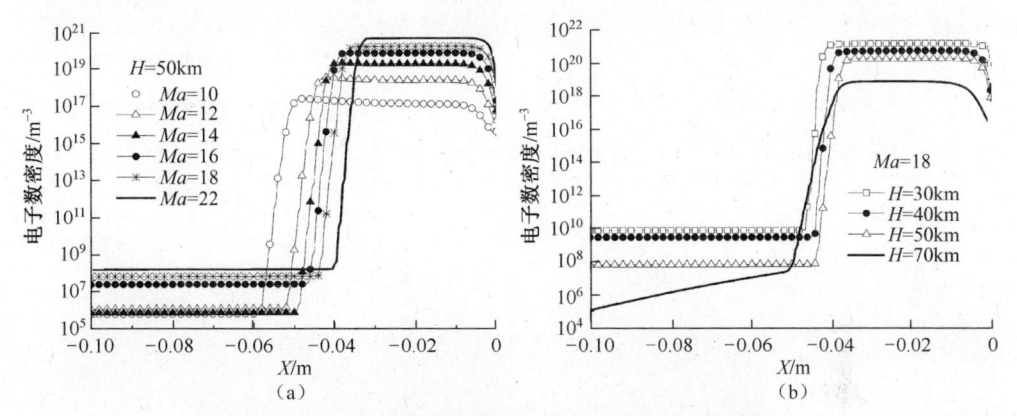

图3.18 钝锥绕流驻点线上电子数密度变化曲线
(a)电子数密度随马赫数的变化趋势;(b)电子数密度随高度的变化趋势。

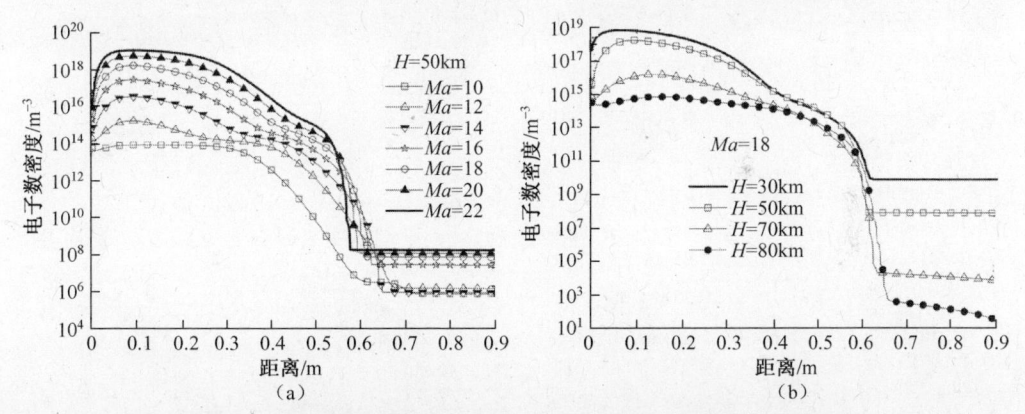

图3.19 钝锥绕流流场出口面上沿物面法向电子数密度变化曲线
(a)电子数密度随马赫数的变化趋势;(b)电子数密度随高度的变化趋势。

3.5.2 高超声速球冠倒锥体绕流流动模拟

为了叙述上的简洁方便,将3.4所建的球冠倒锥体模型描述为倒锥体模型。利用3.1.4节所述计算方法模拟了倒锥体模型热化学非平衡绕流流动,分析再入条件变化对倒锥体绕流流场参数分布特性的影响。倒锥体模型的初始尺寸如表3.2所列,计算的再入高度H分别为30km、40km、50km、60km、70km、80km,针对每个高度,再入马赫数Ma分别设为10、12、14、16、18、20、22。此外,还计算了倒锥体部分尺寸的改变对其绕流流场特性的影响($H=60\text{km}$, $Ma=18$)。

图 3.20~图 3.23(见彩插)给出了不同再入马赫数时高超声速倒锥体绕流流场头身部区域平动温度 T、振动温度 T_v、压强 p 及电子数密度 N_e 的等值线云图。类似于 3.5.1 节所述的规律可以从这些图看到,即对于每一种流场参数而言,再入马赫数的变化基本上不改变倒锥体绕流流场的波系结构,但对绕流流场参数数值大小的影响十分明显;另外,流场参数分布具有明显的非均匀性,沿物面法向方向和流向方向具有很大的变化梯度。与上述钝锥模型比较而言,由于倒锥体头部的钝度较大,因而所形成的激波层厚度相对倒锥体本身的尺寸来说比较大,包覆范围比较广。

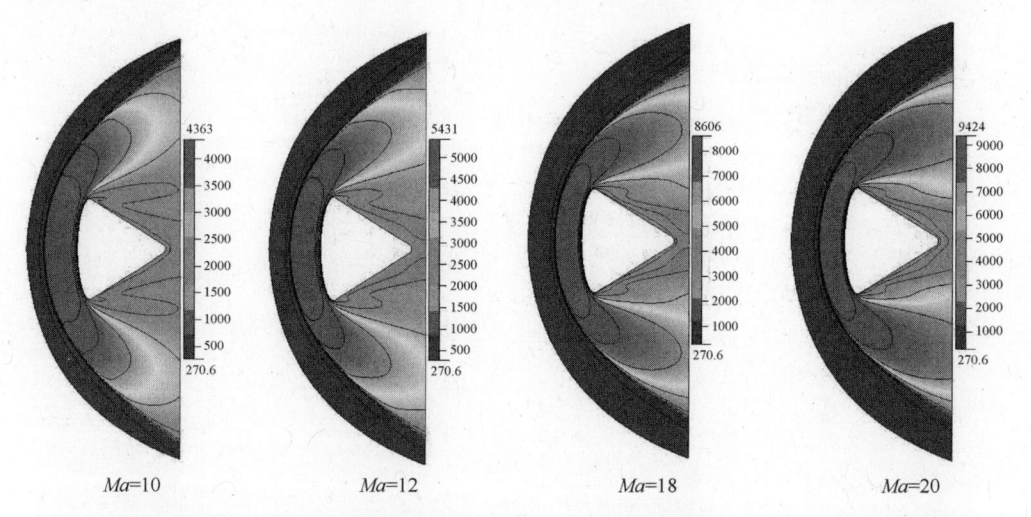

图 3.20 不同再入马赫数时倒锥体头身部绕流流场的平动温度 T 等值线云图($H=50\text{km}$)

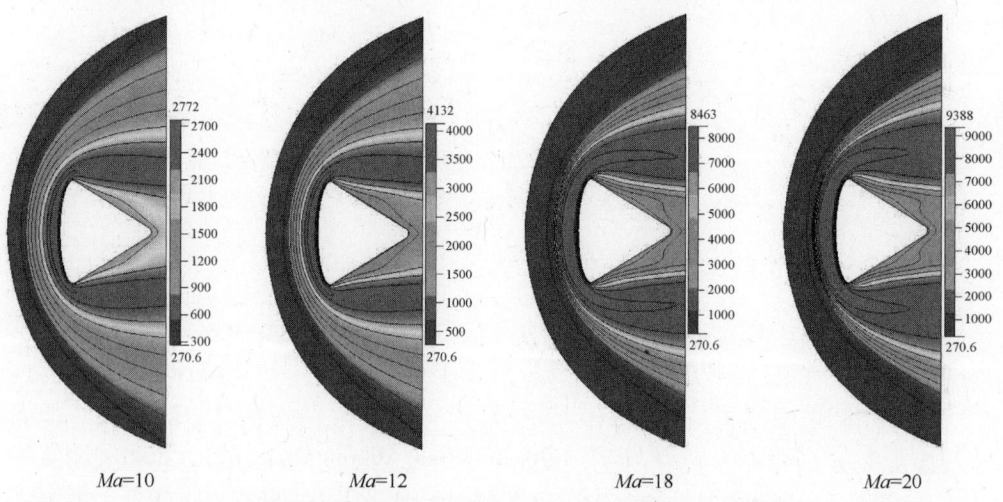

图 3.21 不同再入马赫数时倒锥体头身部绕流流场的振动温度 T_v 等值线云图($H=50\text{km}$)

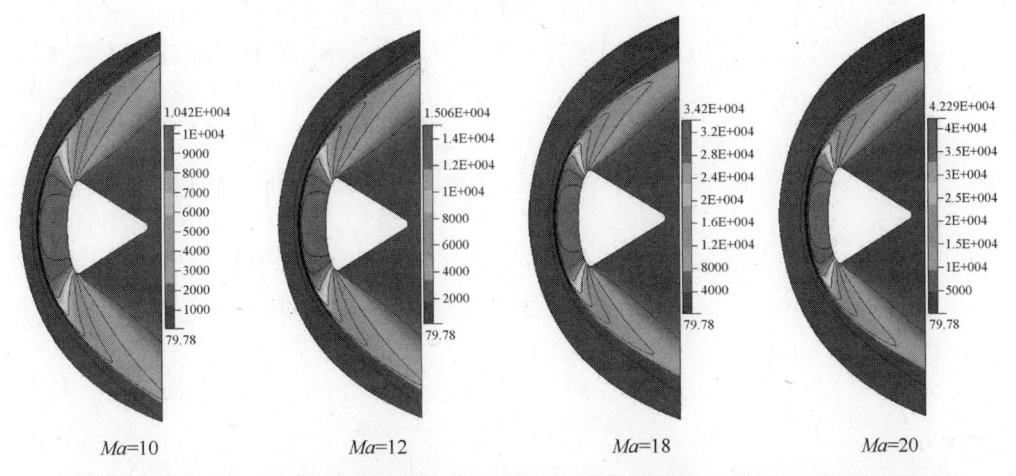

$Ma=10$　　　　　$Ma=12$　　　　　$Ma=18$　　　　　$Ma=20$

图 3.22　不同再入马赫数时倒锥体头身部绕流流场的压强 p 等值线云图($H=50$km)

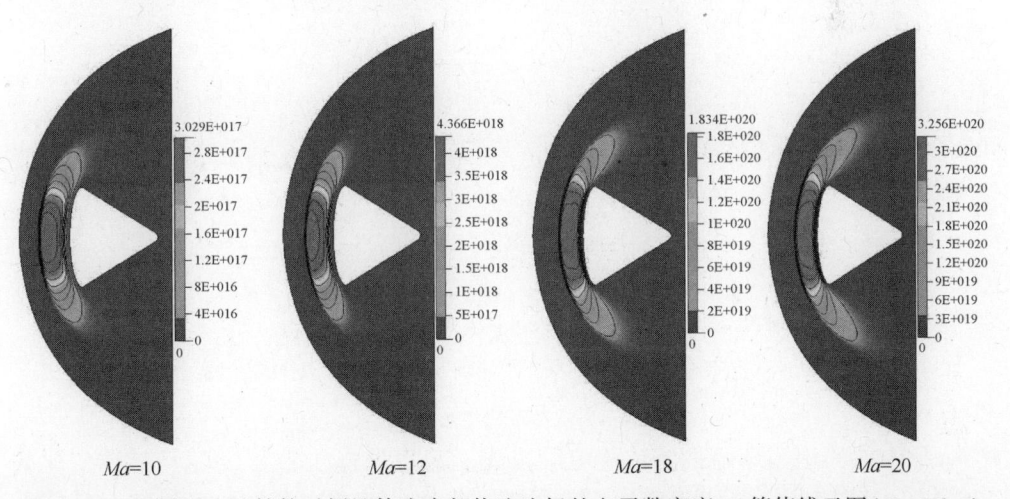

$Ma=10$　　　　　$Ma=12$　　　　　$Ma=18$　　　　　$Ma=20$

图 3.23　不同再入马赫数时倒锥体头身部绕流流场的电子数密度 N_e 等值线云图($H=50$km)

由图 3.20~图 3.23 可知,随着马赫数的增加,气体受压缩强度增加,激波脱体距离减小,气体流场的温度、压强及电子数密度升高。当马赫数较低时,平动温度和振动温度的峰值差距较大,整个流场特别是头部区域的热力学非平衡效应很明显;当马赫数较大时,虽然平动温度峰值和振动温度峰值相差较小,但是两种温度模式在流场身部区域的分布结构及数值大小区别仍较大,热力学非平衡现象仍然显著。

由于温度的大小直接控制着化学反应进行的强度,所以流场中各种组元的分布和温度的分布有着很大的关系。中性粒子浓度和温度的分布影响着再入等离子体的碰撞频率的分布,在后期求解等离子体鞘套特性参数(等离子体频率和碰撞频率)分布状况时占有重要的地位,所以中性粒子的分布状况也是本书所关心的参量。图3.24(见彩插)表示倒锥体绕流模拟结果中组元氧气O_2和氧O随再入马赫数变化的分布云图。由于O_2的分解产物是O,所以O_2和O的分布如出一辙,即当流场某个区域的O_2的分解反应较强时,O_2的质量分数降低,相应的分解产物O的质量分数增加。由图3.24可见,O_2分解最激烈的区域是头部流场区域,相应的O的质量分数最高,这是因为该区域的温度最高,离解、电离等反应最强。沿着飞行器向后O的浓度逐渐降低。在激波层外的流场中O_2的分解很弱,其含量基本与来流中O_2的含量相同。随着马赫数的增加,头身部区域激波层内氧气的分解反应增强,相应的O的质量分数升高,其分布范围也随之增大。

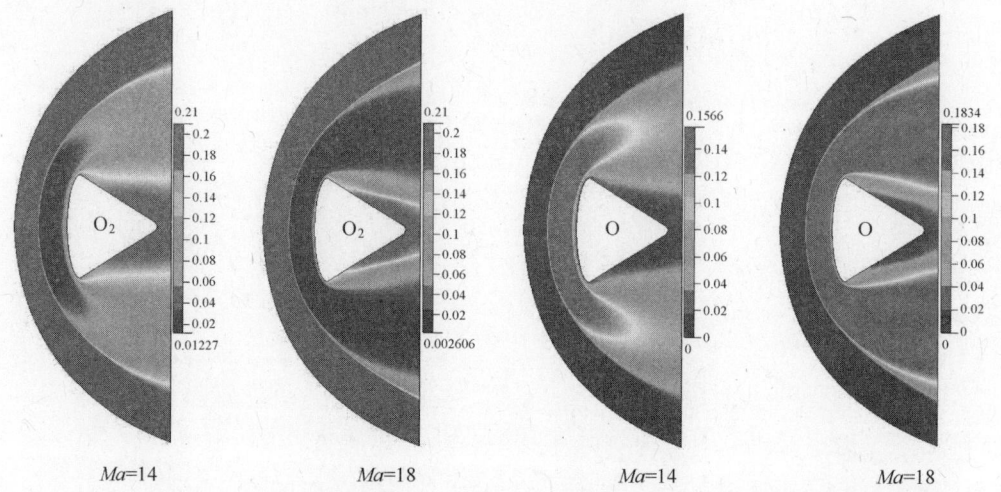

图3.24 不同再入马赫数时倒锥体头身部绕流流场的组元O_2及O的质量分数分布云图
($H=50\text{km}$)

图3.25给出了球冠倒锥体绕流驻点线上温度及电子数密度随马赫数变化的曲线。由图3.25(a)可以清楚地看出再入马赫数的变化对流场头部区热力学非平衡效应的影响。在贴近头部物面的流场区域内,平动温度和振动温度的变化趋势一致,说明该区域的热力学非平衡效应很弱。但随着离开物面距离的增加,流场的热力学非平衡效应逐渐增强。在一定高度上增大马赫数时,头部激波层内热力学非平衡效应主导的区域扩大,且向物面靠近。由图3.25(b)可知,马赫数增大,驻点线上电子数密度峰值增加,头部激波层变薄,相应的等离子体层厚度减小,但当马赫数增大到一定程度后,电子数密度峰值对马赫数的增长率逐渐降低。图3.26表示在50km高度上球冠倒锥体绕流驻点线上组元质量分数随马赫数变化的分布趋势。由图3.26可见,马赫数增大,激波后化学反应增强,分解产物N、O及电离产物NO^+的浓度增加。

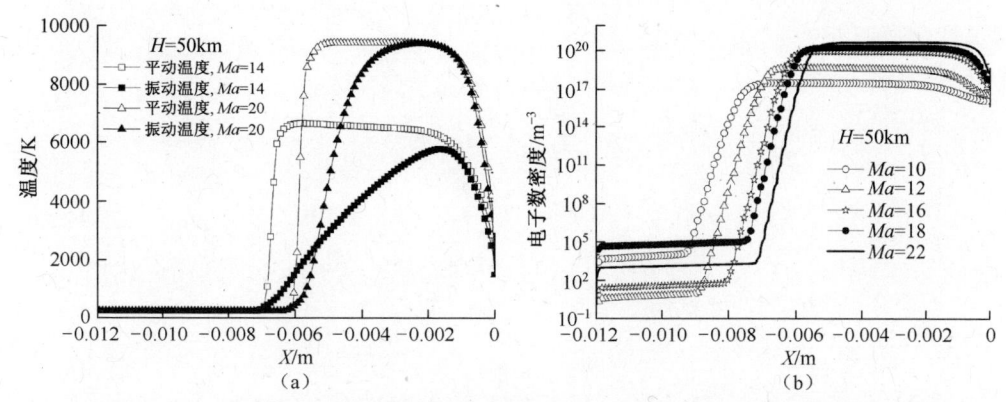

图 3.25　50km 高度不同马赫数时倒锥体绕流驻点线上温度及电子数密度变化曲线
(a)平动温度及振动温度变化趋势;(b)电子数密度变化趋势。

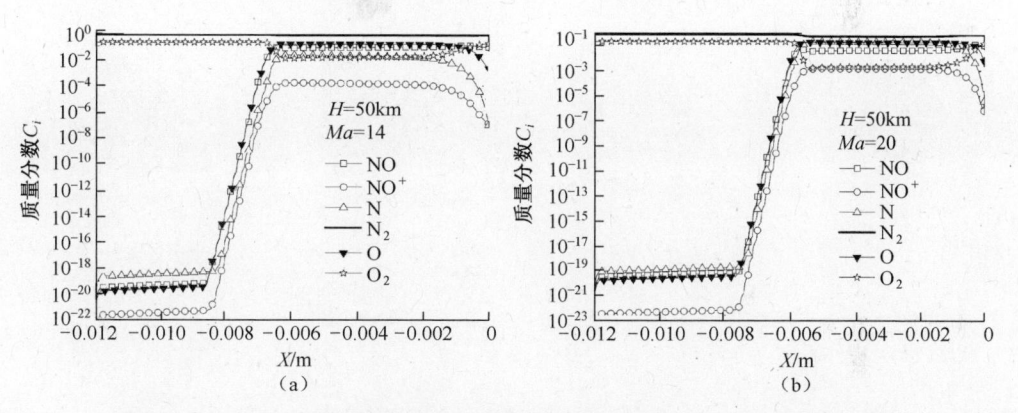

图 3.26　50km 高度不同马赫数时倒锥体绕流驻点线上组元质量分数分布
(a)$Ma=14$ 时驻点线上组元质量分数分布;(b)$Ma=20$ 时驻点线上组元质量分数分布。

设再入马赫数 $Ma=18$,再入高度变化对倒锥体头身部绕流流场参数分布的影响可从图 3.27~图 3.30(见彩插)得到体现。由图 3.27 及图 3.28 可以看出,随着高度的增加,绕流流场的平动温度和振动温度都逐渐降低,但两者的分布结构及数值大小的差异逐渐增大,热力学非平衡效应更加显著。由于高度增加时大气密度降低,导致流场密度、压强降低,因而流场内的电子数密度减小,如图 3.29 所示。由图 3.29 还可发现,当再入高度增加时,头部驻点区(此处电子数密度达到峰值)与物面之间的距离也随之拉大。从图 3.30 可见,再入高度增加,流场中气体分解反应的作用更加显著,因而激波层内 O_2 的含量降低,相应的分解产物 O 的含量升高。

由图 3.27~图 3.30 所示的这些流场参数分布云图可以看出,当飞行马赫数保

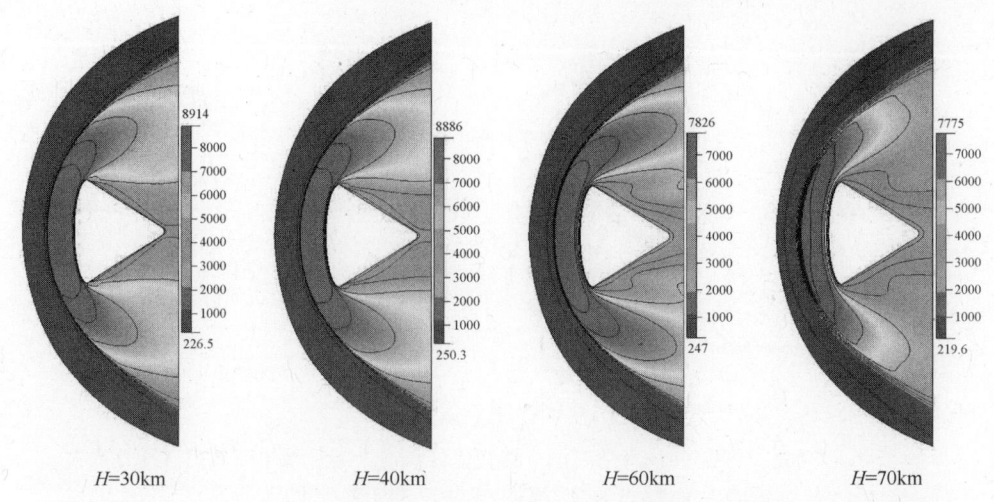

图3.27 不同再入高度时倒锥体头身部绕流流场的平动温度 T 等值线云图($Ma=18$)

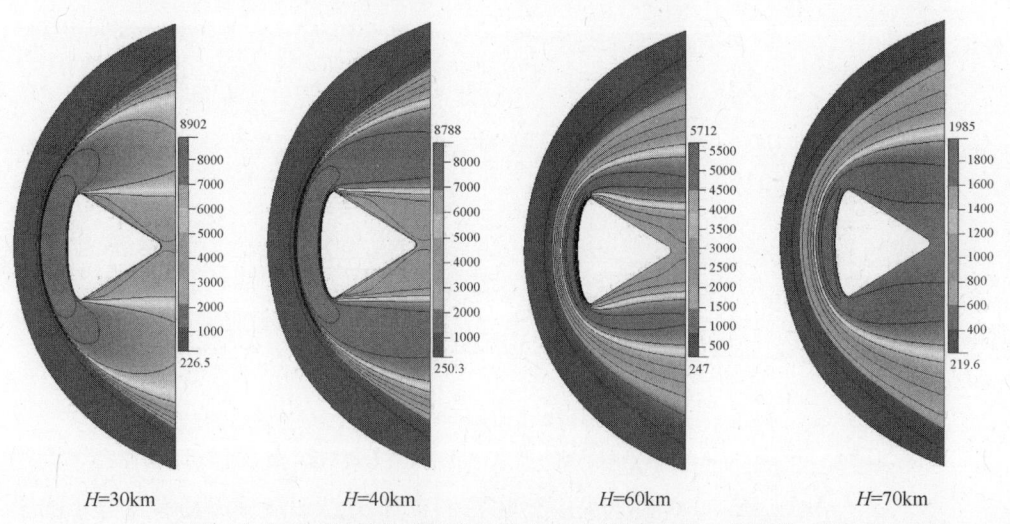

图3.28 不同再入高度时倒锥体头身部绕流流场的振动温度 T_v 等值线云图($Ma=18$)

持相同时,对于每一种流体参数而言,高度变化主要影响绕流流场参数的数值大小,而对流场波系结构的影响较小。

当再入马赫数保持不变时,不同高度对倒锥体绕流驻点线上温度及电子数密度分布趋势的影响如图3.31所示。由图显见,随着高度的增加,绕流流场头部区域的电子数密度和温度都随之降低,但振动温度和平动温度之间的差值明显增大,即其热力学非平衡效应得到显著增强。

下面分析球冠倒锥体本体尺寸的改变对其高超声速绕流流场特性的影响。主要对两个本体尺寸参数即图3.5所示的 R_b 和 θ_b 进行改变,当改变 R_b 或 θ_b 的数值

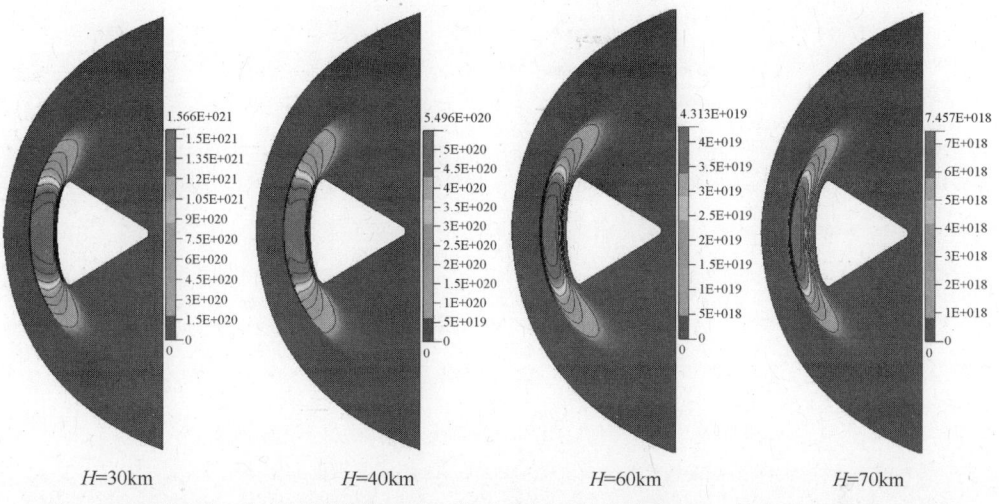

H=30km	H=40km	H=60km	H=70km

图 3.29 不同再入高度时倒锥体头身部绕流流场的电子数密度 N_e 等值线云图（Ma = 18）

H=30km	H=60km	H=30km	H=60km

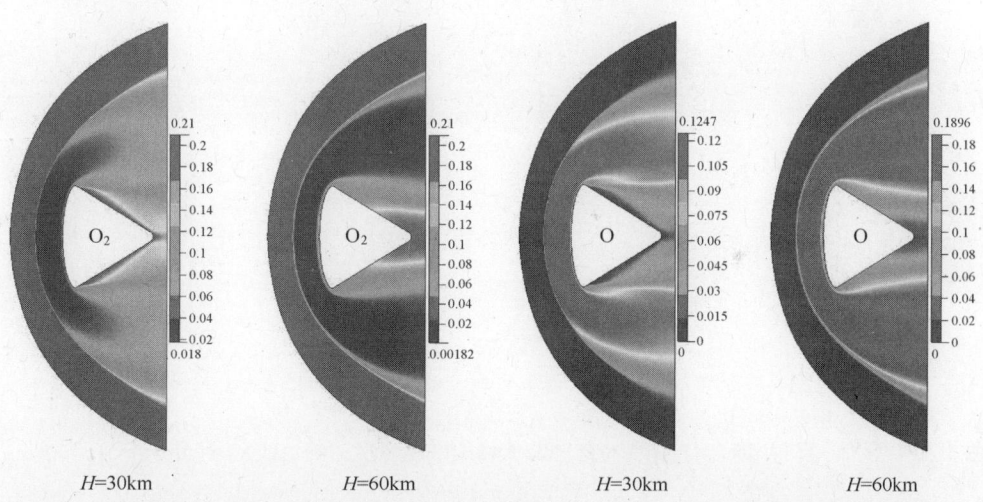

图 3.30 不同再入高度时倒锥体头身部绕流流场的组元 O_2 及 O 的质量分数分布云图
（Ma = 18）

时，倒锥体其他尺寸仍如表 3.2 所列保持不变。本书建立了四种不同尺寸的模型，即 R_b = 8mm 模型、R_b = 16mm 模型、θ_b = 45°模型和 θ_b = 18°模型。通过 CFD-FAN-STRAN 模拟了此四种模型在 60km 高度以马赫数 18 速度飞行时的热化学非平衡绕流流动特性，与上面介绍的初始尺寸模型形成对照。模拟得到的不同本体尺寸的倒锥体绕流流场结果如图 3.32~图 3.34 所示（见彩插）。

从图 3.32~图 3.34 可以看出，在一定高度和再入马赫数条件下，倒锥体半锥角 θ_b 变化对绕流流场任一参数分布的波系结构及数值大小的影响很小，激波层的

51

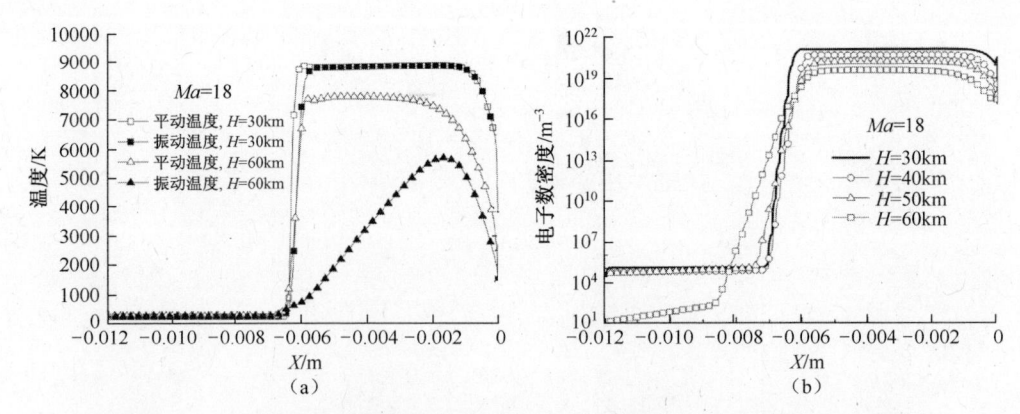

图 3.31 不同再入高度时倒锥体绕流驻点线上温度及电子数密度变化曲线
(a) 平动温度及振动温度变化趋势；(b) 电子数密度变化趋势。

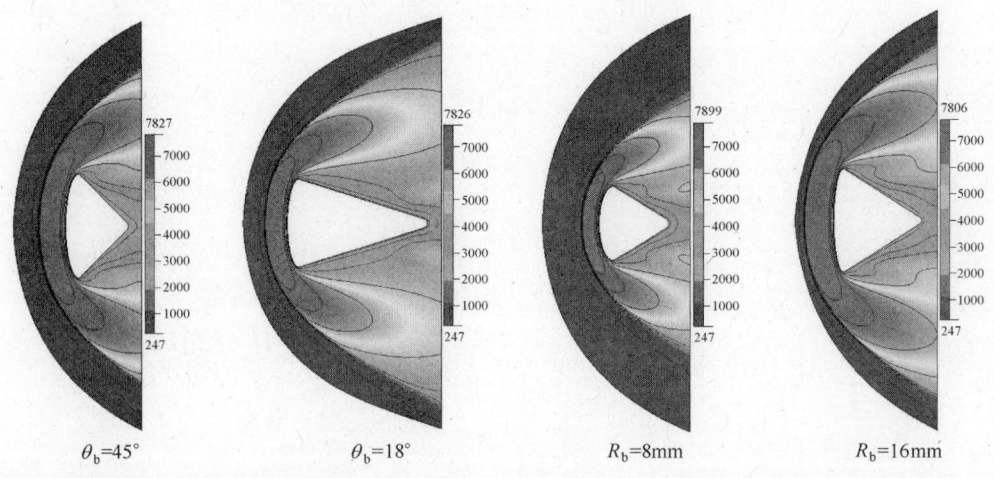

图 3.32 不同本体尺寸时倒锥体头身部绕流流场的平动温度 T 等值线云图（$Ma=18, H=60$ km）

形状和厚度基本保持不变，所得绕流流场参数分布结果与初始尺寸模型的相关结果基本上是一致的。唯一不同的是：θ_b 减小，对应的绕流流场身部区域的长度增长，且身部区域流场的某些参数（如振动温度、O 元素浓度）的分布更加贴近物面，造成这些结果的原因在于再入绕流流场是紧紧包覆本体的气体流场，当 θ_b 减小时，锥身长度增大，锥面斜率变小。R_b 的变化对绕流流场形状的影响较大，因为 R_b 的取值直接影响倒锥体头部的钝度。由图 3.32~图 3.34 可见，当 R_b 增大时，倒锥体头部钝度增大，激波脱体距离增大，激波层厚度及等离子体包覆流场的范围变大。另外，从流场参数分布的波系结构和数值大小方面考虑，在相同再入条件下，R_b 变化对绕流流场不同参数分布的波系结构影响较小，对压强、电子数密度、中性粒子

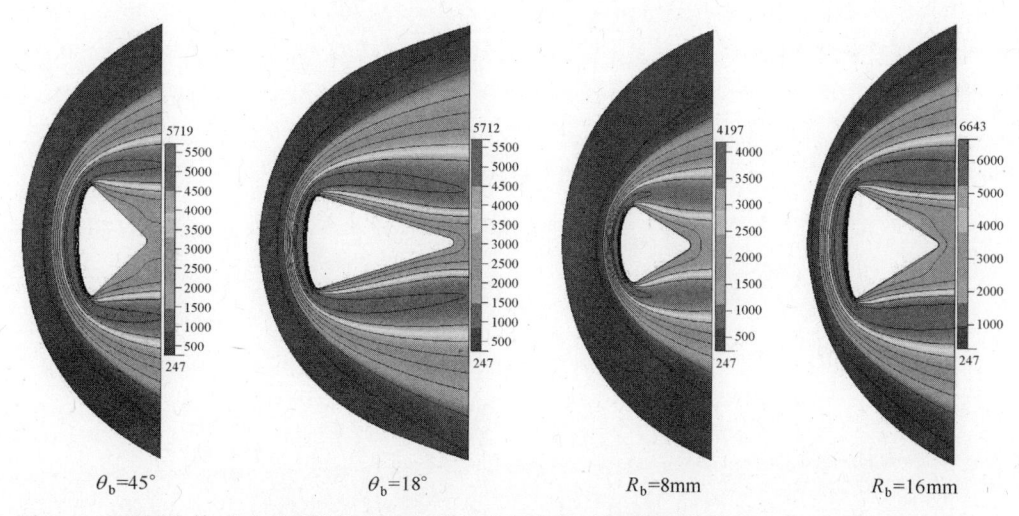

图 3.33　不同本体尺寸时倒锥体头身部绕流流场的振动温度 T_v 等值线云图（$Ma=18,H=60$km）

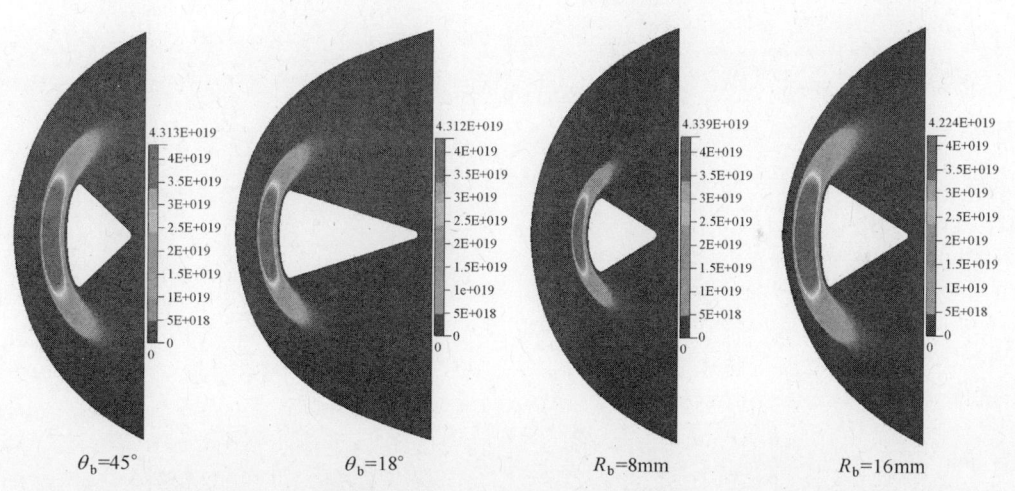

图 3.34　不同本体尺寸时倒锥体头身部绕流流场的电子数密度 N_e 云图（$Ma=18,H=60$km）

浓度、平动温度的数值大小也影响较小（为了节约篇幅，这里没有给出压强及中性粒子浓度分布云图），只是对振动温度的峰值分布较为敏感。当 R_b 增大时，平动温度峰值稍有下降，但振动温度峰值增加明显，使得平动温度和振动温度的差距减小，导致流场的热力学非平衡效应减弱。

3.5.3　高超声速锐头体绕流流动模拟

利用 CFD-FANSTRAN 模拟了 3.4 节所建锐头体模型在不同再入条件及外形尺寸下的热化学非平衡绕流流动特性。计算状况：①锐头体初始尺寸与 3.4 节所述相同,再入高度 H 分别为 30km、40km、50km、60km、70km、80km,针对每个高度,再入马赫数 Ma 分别设为 10、12、14、16、18、20、22;②改变锐头体的头部直径 d,其他尺寸保持不变,考察不同头部直径的模型在一定再入高度和再入速度条件($H=$ 60km,$Ma=18$)下的绕流流动特性。模拟所得绕流流场参数分布结果如图 3.35~图 3.37 所示(见彩插),图中 H 为高度,d 为头部直径。

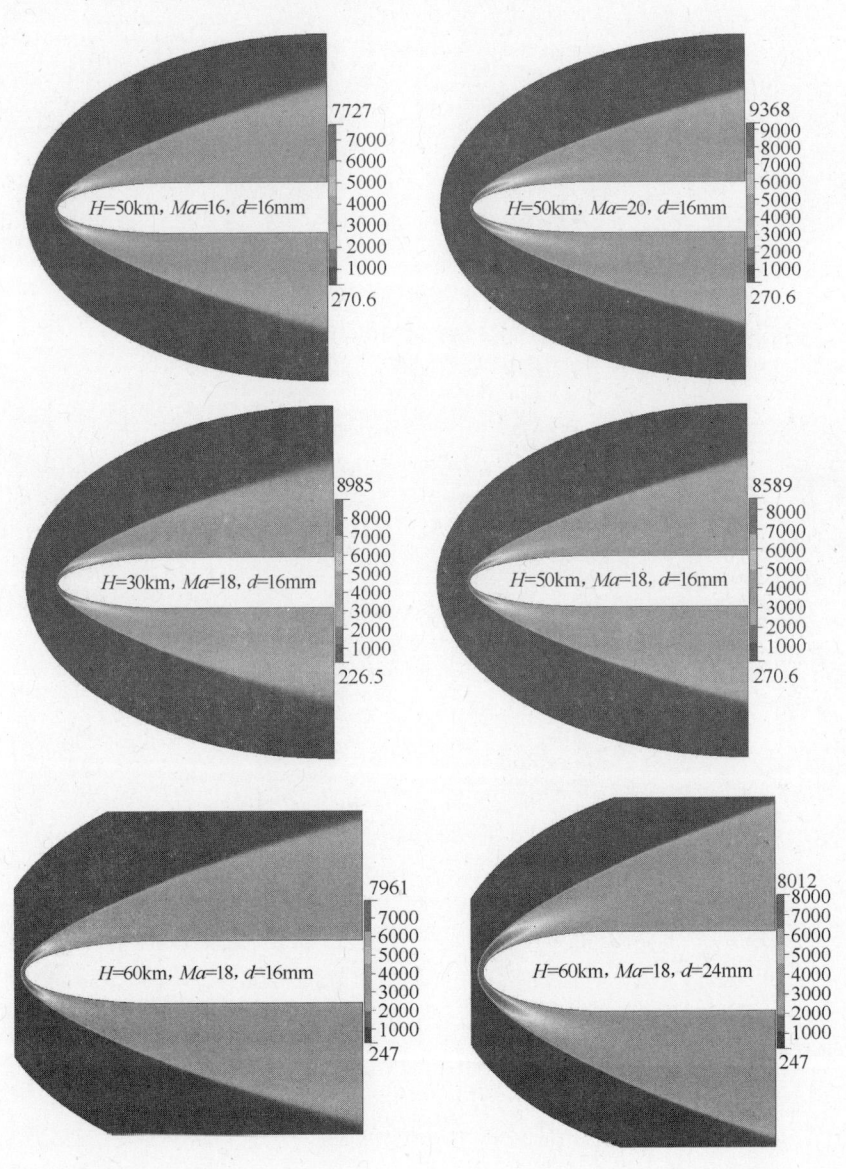

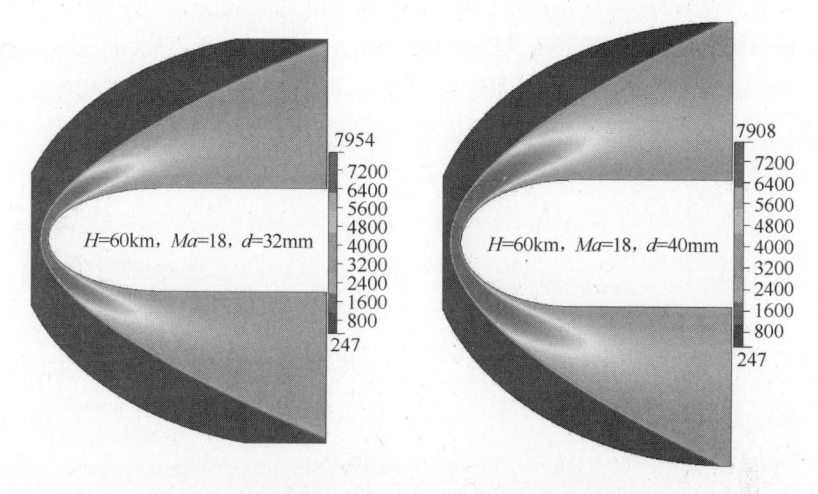

图 3.35　锐头体头身部绕流流场平动温度 T 云图

图 3.35 和图 3.36 分别给出了锐头体绕流流场平动温度和振动温度随再入高度、再入马赫数及头部直径变化的分布特性。由图可知,平动温度分布的波系结构和振动温度分布的波系结构有所不同,平动温度在激波层内头部区域具有较高的数值,但沿流向向后温度迅速降低,而振动温度在头部驻点区、流场身部靠近物面的区域都具有较大的值。再入马赫数增大,激波压缩作用增强,平动温度和振动温度都随之升高。高度变化对平动温度的影响较小,但对振动温度分布特性影响较大。振动温度随着高度的增加而降低得十分剧烈,因此,流场的热力学非平衡效应随高度增加而显著加强。随着头部直径的增大,锐头体头部钝度相应增大,锐头体逐渐向钝头体过渡,相同条件下计算得到的激波脱体距离增大,激波层变厚。另外,当头部直径增大时,平动温度峰值受其影响较小,但由于激波层厚度变大,导致平动温度较高的区域也随之扩大(主要集中在头部附近)。振动温度峰值随头部直径的增大而有明显的增大,总的看来,绕流流场的热力学非平衡效应随头部直径的增大而减小。

电子数密度是体现流场化学反应强度的一个重要参数,它的分布特性从侧面反映了流场的化学反应状态。图 3.37 为不同再入高度、再入马赫数及本体尺寸下锐头体绕流流场电子数密度分布云图。由图 3.37 可知,激波层外电子数密度很低,说明此区域基本没有化学反应,跨越激波,电子数密度存在突越现象,说明激波层内化学反应较强。大量电子聚集在激波与再入体之间的激波层内,主要分布在锐头体头顶物面附近,沿流向向后电子数密度逐渐降低。电子数密度沿流向的变化梯度远小于沿物面法向的变化梯度。激波后电子数密度随再入马赫数增大而增大,随再入高度的增加而减小。对于同一再入高度和再入马赫数,当头部直径 d 增大时,头部驻点区电子数密度峰值增高,但其增长的幅度随 d 的增大而减小。另外,直径 d 的增大导致激波层厚度增大,相应的等离子体覆盖范围变大。

综观图 3.35~图 3.37 所示的流场参数分布结果可知,再入高度、再入马赫数及头部直径变化对绕流流场参数分布的波系结构的影响较小,但对流场参数数值大小分布或激波层厚度的作用比较明显。

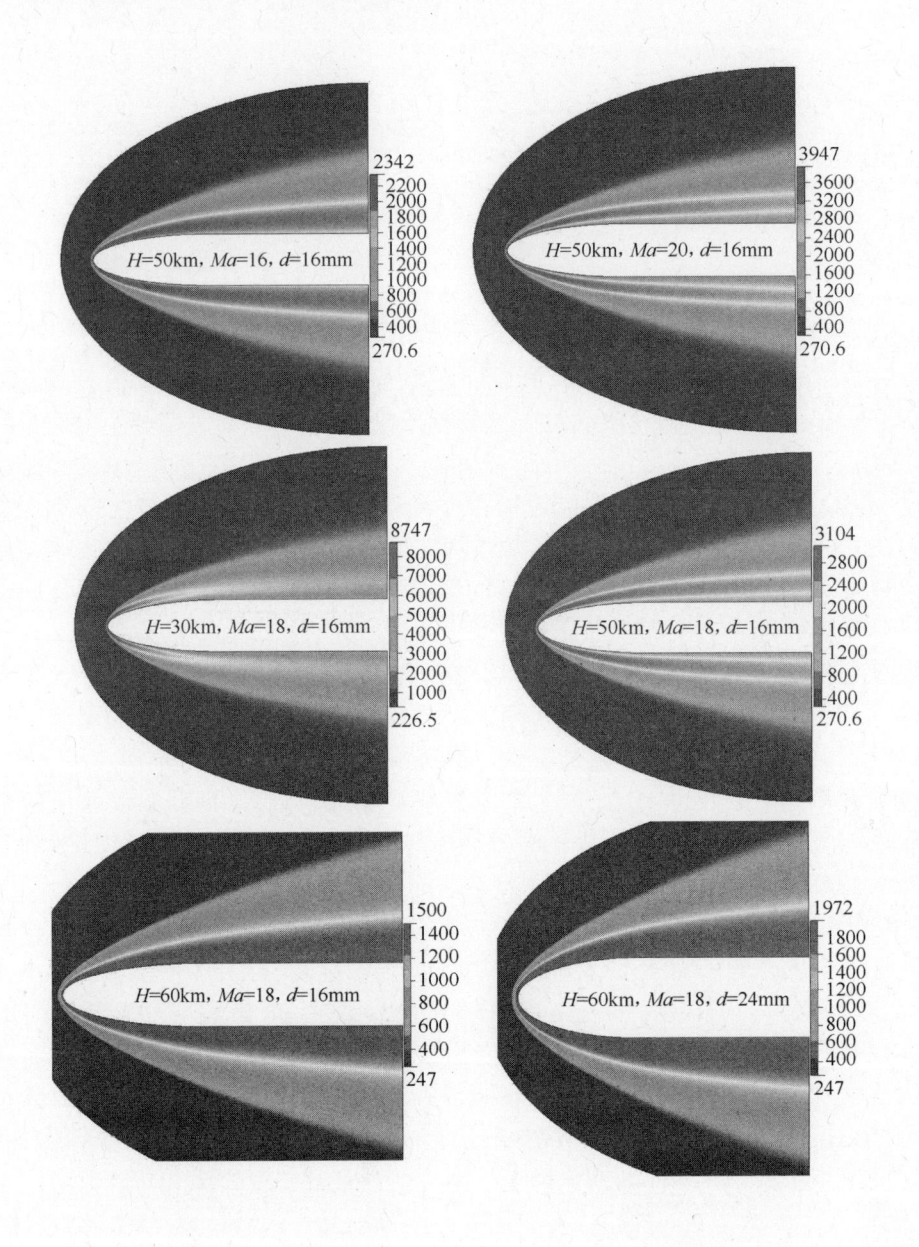

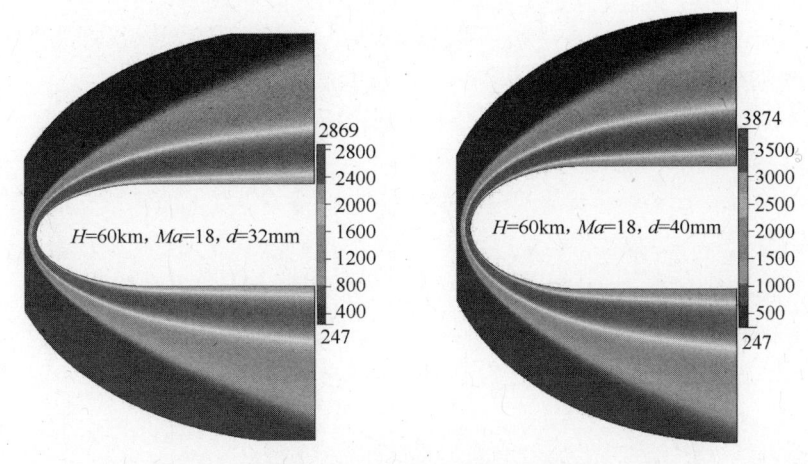

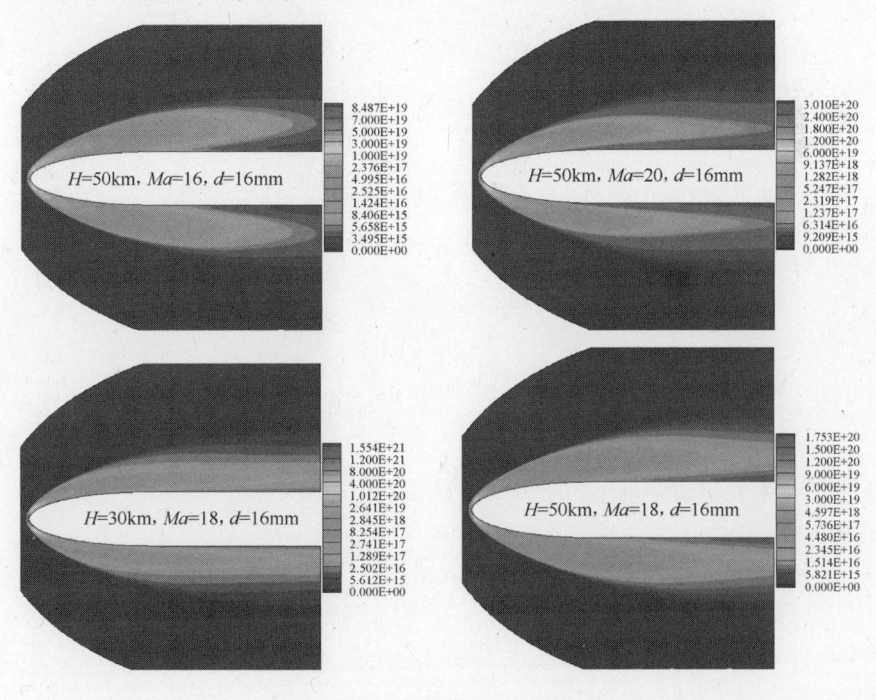

图 3.36　锐头体头身部绕流流场振动温度 T_v 云图

图 3.38 为锐头体绕流流动驻点线上平动温度、振动温度变化曲线。对比图 3.25(a) 和图 3.38(a) 可知，与倒锥体绕流热力学非平衡效应在头部区域物面附近较弱的特点不同，由于锐头体头部钝度较小，不论是较高马赫数还是较低的马赫数，锐头体绕流热力学非平衡效应在激波层内头部区域（包括头部物面附近）都表现得很明显。由图 3.38(b) 可知，高度增加，流场头部区域振动温度明显降低，而平动温度降低幅度不大，总体上热力学非平衡效应显著增强。

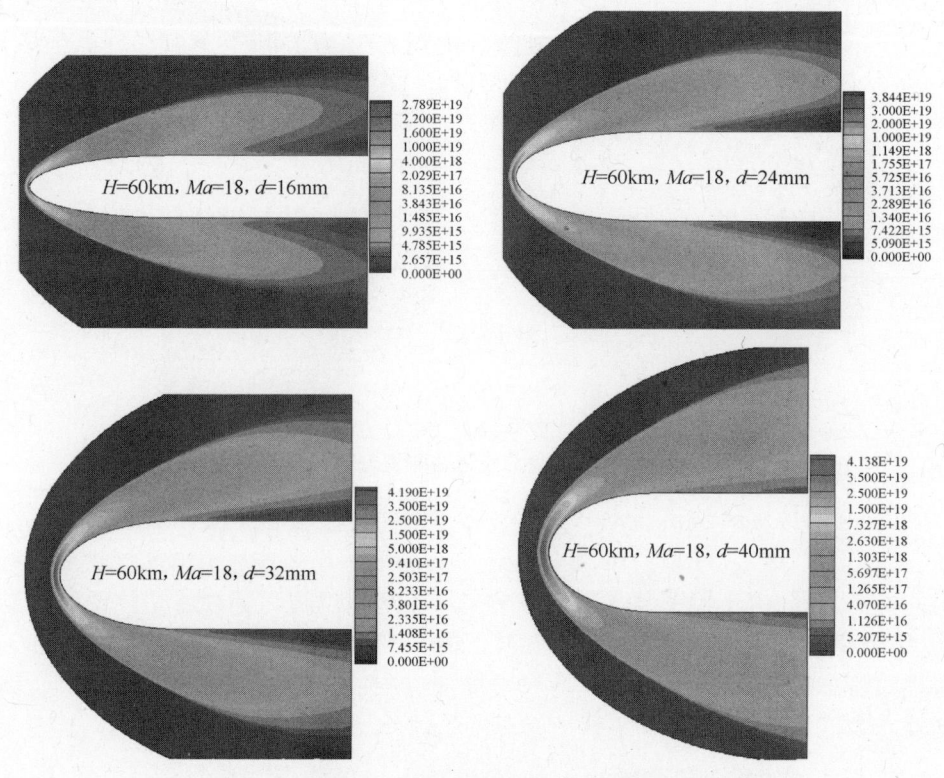

图 3.37 锐头体头身部绕流流场电子数密度 N_e 云图

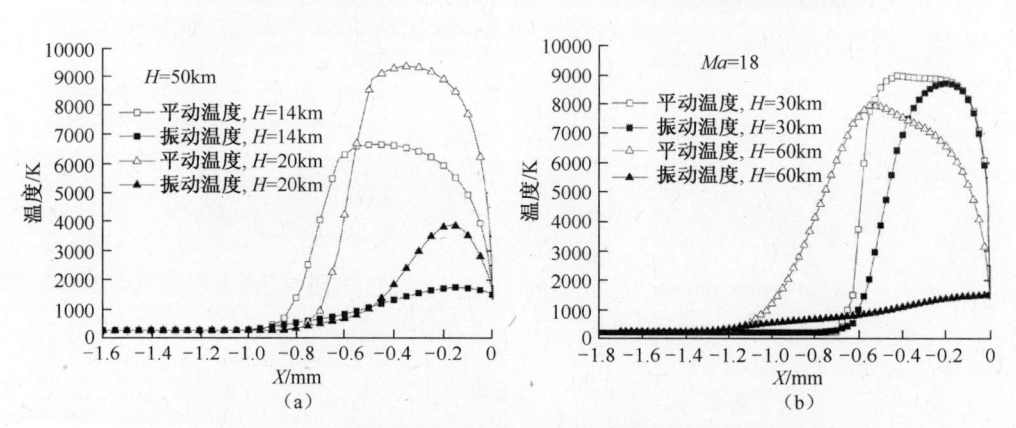

图 3.38 锐头体绕流流场驻点线上平动、振动温度变化曲线
(a)平动、振动温度随马赫数的变化趋势;(b) 平动、振动温度随再入高度的变化趋势。

图 3.39(a)给出了再入高度为 50km 时锐头体绕流流场驻点线上压强随再入马赫数变化曲线。从图 3.39(a)中可以看出,再入马赫数增大,激波脱体距离减

小,波后驻点区压强增大。图 3.39(b)揭示了马赫数为 18 时锐头体绕流驻点线上电子数密度随再入高度变化的分布规律。由图 3.39(b)可见,激波层外电子数密度随离开物面距离的增大而迅速降低,最后趋于稳定,相对而言,激波层内电子数密度很高,与激波层外电子数密度存在数量级上的差别(在激波层外流场的远区,量级的差别可达十几倍以上)。高度降低,激波层内驻点区电子数密度增加。锐头体绕流驻点线上电子数密度分布规律与前面所述的钝锥、球冠倒锥体绕流流场驻点线上电子数密度分布规律相似。

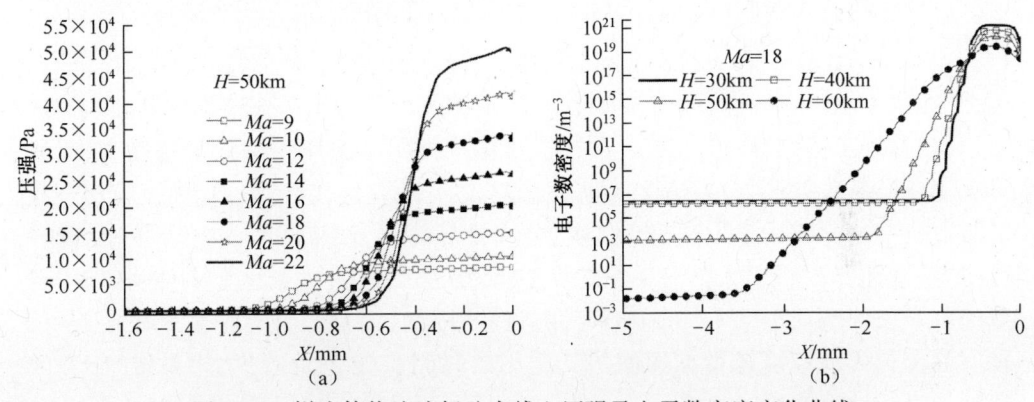

图 3.39　锐头体绕流流场驻点线上压强及电子数密度变化曲线
(a)压强随马赫数的变化趋势;(b)电子数密度随再入高度的变化趋势。

建立微缩尺度模型的依据是气动物理特性相似规律。由于现有的实验条件难以支撑真实尺度模型的非平衡绕流流动的电磁散射计算,所以建立微缩尺度的再入体模型很有必要,这为后续等离子体鞘套散射特性的研究提供了可行性。然而,气动物理特性相似规律(特别是电磁波与再入等离子体相互作用的相似律)的准确性和适用范围还有待进一步确定。另外,要把微缩尺度下的等离子体鞘套电磁响应结果外推到真实尺度下的结果,还必须在很多方面做更深入细致的工作,本书对此不做研究。

第4章 等离子体鞘套电磁特性分析的时域有限差分方法

由于FDTD方法在处理色散介质、各向异性介质时具有独特的优越性[69,72]，因此，在过去20多年的时间里，FDTD方法被扩展用于等离子体这类色散介质的电磁模拟，涌现了很多算法[78-80]。在这些算法中，SO-FDTD方法除了精度高、无须计算复杂的卷积外，还具有诸多优点。首先，该方法在迭代计算过程中没有出现指数或复数变量；其次，该方法概念清晰，公式推导简单，便于编程实现。另外，ADI-FDTD算法也是一种引人格外关注的算法，该方法的最大优点是无条件稳定性，计算时间步长的选择不受Courant稳定性条件的限制，而是由计算精度来决定，从而使时间步长可以成倍地增加而使仿真所用的时间步数大大减少，相对传统FDTD算法提高了计算效率。

4.1 改进的非磁化等离子体FDTD方法

4.1.1 改进的非磁化等离子体SO-FDTD方法

1. 移位算子的概念

设有一时域函数为

$$y(t) = \partial f(t)/\partial t \tag{4.1}$$

上式在 $t = (n + 1/2)\Delta t$ 时刻（n 为整数，Δt 为时间步长）的中心差分近似为

$$(y^{n+1} + y^n)/2 = (f^{n+1} - f^n)/2 \tag{4.2}$$

其中，式(4.2)的左端取平均值近似。定义如下离散时域的移位算子 z_t：

$$z_t f^n = f^{n+1} \tag{4.3}$$

式(4.3)表明移位算子的作用相当于使离散时域函数的 n 时刻值移位到函数在 $n+1$ 时刻的值。将式(4.3)代入式(4.2)，整理后可得

$$y^n = \left(\frac{2}{\Delta t}\frac{z_t - 1}{z_t + 1}\right) f^n \tag{4.4}$$

比较式(4.4)和式(4.1)可得

$$\partial/\partial t \to \left(\frac{2}{\Delta t}\frac{z_t - 1}{z_t + 1}\right) \tag{4.5}$$

式(4.5)便是时间微分算子过渡到离散时域的移位算子。上式是一阶时间导数的移位算子形式,而高阶时间导数的移位算子的表达式为

$$(\partial/\partial t)^n \to \left(\frac{2}{\Delta t}\frac{z_t - 1}{z_t + 1}\right)^n \tag{4.6}$$

关于上式的证明可参见文献[68],此处不再赘述。

2. 由 D 和 E 本构关系得到的改进的 SO-FDTD 方法

对于非磁化等离子体色散介质,麦克斯韦方程组及辅助方程为

$$\nabla \times \boldsymbol{H} = \frac{\partial \boldsymbol{D}}{\partial t} \tag{4.7a}$$

$$\nabla \times \boldsymbol{E} = -\mu_0 \frac{\partial \boldsymbol{H}}{\partial t} \tag{4.7b}$$

$$\boldsymbol{D} = \varepsilon_0 \varepsilon_{\mathrm{pr}}(\omega) \boldsymbol{E} \tag{4.7c}$$

式中:D 为电通量密度;E 为电场强度;H 为磁场强度;非磁化等离子体的等效相对介电常数 $\varepsilon_{\mathrm{pr}}(\omega)$ 的表达式同式(2.16)。

以 x 分量为例,将式(4.7a)、式(4.7b)做差分离散得到 FDTD 的离散格式为

$$D_x^{n+1} = D_x^n + \Delta t \left(\frac{H_z^{n+1/2}(i+1/2, j+1/2, k) - H_z^{n+1/2}(i+1/2, j-1/2, k)}{\Delta y} \right.$$

$$\left. - \frac{H_y^{n+1/2}(i+1/2, j, k+1/2) - H_y^{n+1/2}(i+1/2, j, k-1/2)}{\Delta z} \right) \tag{4.8a}$$

$$H_x^{n+1/2} = H_x^{n-1/2} + \frac{\Delta t}{\mu_0} \left(\frac{E_y^n(i, j+1/2, k+1) - E_y^n(i, j+1/2, k)}{\Delta z} \right.$$

$$\left. - \frac{E_z^n(i, j+1, k+1/2) - E_z^n(i, j, k+1/2)}{\Delta y} \right) \tag{4.8b}$$

式中:$\Delta \eta$ 为 η ($\eta = x, y, z$) 方向的网格步长。

另外,在不引起歧义的情况下,为了书写方便,对于不需要做差分处理的场量,省略了场量的空间坐标(如 $D_x^n(i+1/2, j, k)$ 简写为 D_x^n),除特别说明,文中以下出现的其他场量都做类似处理。式(4.7a)、式(4.7b)其他分量的时域离散求解形式与式(4.8a)、式(4.8b)类似,此处不再写出。

式(4.7c)中的 $\varepsilon_{\mathrm{pr}}(\omega)$ 可写成如下有理分式形式:

$$\varepsilon_{\mathrm{pr}}(\omega) = \sum_{m=0}^{M} g_m (\mathrm{j}\omega)^m \Big/ \sum_{m=0}^{M} s_m (\mathrm{j}\omega)^m \tag{4.9}$$

将式(4.9)代入式(4.7c)可得

$$\sum_{m=0}^{M} s_m (j\omega)^m D = \varepsilon_0 \sum_{m=0}^{M} g_m (j\omega)^m E \qquad (4.10)$$

利用频域到时域的算子转换关系 $j\omega \to \partial/\partial t$,以 x 分量为例,式(4.10)可写为

$$\sum_{m=0}^{M} s_m (\partial/\partial t)^m D_x = \varepsilon_0 \sum_{m=0}^{M} g_m (\partial/\partial t)^m E_x \qquad (4.11)$$

将式(4.5)所示的移位算子应用于上式,得到离散时域的本构关系为

$$\left[\sum_{m=0}^{M} s_m \left(\frac{2}{\Delta t}\frac{z_t-1}{z_t+1}\right)^m\right] D_x^n = \varepsilon_0 \left[\sum_{m=0}^{M} g_m \left(\frac{2}{\Delta t}\frac{z_t-1}{z_t+1}\right)^m\right] E_x^n \qquad (4.12)$$

将上式两边同时乘以 $(z_t+1)^M$,整理后可得(为简化起见,以下令 $\delta = 2/\Delta t$)

$$\left[\sum_{m=0}^{M} s_m \delta^m (z_t-1)^m (z_t+1)^{M-m}\right] D_x^n = \varepsilon_0 \left[\sum_{m=0}^{M} g_m \delta^m (z_t-1)^m (z_t+1)^{M-m}\right] E_x^n \qquad (4.13)$$

上式即是非磁化等离子体的离散时域含移位算子的本构关系。

比较式(2.17)和式(4.9)可知,式(4.9)~式(4.13)中,M 的最小取值为2,将 $M=2$ 代入式(4.13)可得

$$\{[s_0 + s_1\delta + s_2\delta^2]z_t^2 + [2s_0 - 2s_2\delta^2]z_t + [s_0 - s_1\delta + s_2\delta^2]\} D_x^n = \{[g_0 + g_1\delta + g_2\delta^2]z_t^2 + [2g_0 - 2g_2\delta^2]z_t + [g_0 - g_1\delta + g_2\delta^2]\}\varepsilon_0 E_x^n \qquad (4.14)$$

比对式(2.17)和式(4.9)可知上式中的相关系数为

$$\begin{cases} g_0 = \omega_p^2, g_1 = v_{en}, g_2 = 1 \\ s_0 = 0, s_1 = v_{en}, s_2 = 1 \end{cases} \qquad (4.15)$$

依据移位算子 z_t 的运算法则,式(4.14)可进一步化为

$$E_x^{n+1} = \frac{1}{q_0}\left[\frac{1}{\varepsilon_0}(p_0 D_x^{n+1} + p_1 D_x^n + p_2 D_x^{n-1}) - q_1 E_x^n - q_2 E_x^{n-1}\right] \qquad (4.16)$$

式(4.16)给出了由 D 到 E 的递推计算公式,其中

$$\begin{cases} p_0 = s_0 + s_1\delta + s_2\delta^2, p_1 = 2s_0 - 2s_2\delta^2, p_2 = s_0 - s_1\delta + s_2\delta^2, \\ q_0 = g_0 + g_1\delta + g_2\delta^2, q_1 = 2g_0 - 2g_2\delta^2, q_2 = g_0 - g_1\delta + g_2\delta^2 \end{cases} \qquad (4.17)$$

根据以上离散时域公式,可得到非磁化等离子体 SO-FDTD 方法的递推计算步骤如下:

(1)由式(4.8b)得到从 E 到 H 的递推运算;
(2)由式(4.8a)得到从 H 到 D 的递推计算;
(3)由式(4.16)得到从 D 到 E 的递推计算;
(4)按照(1)、(2)、(3)的计算顺序实行下一轮递推计算。

在上述步骤中,步骤(3)很关键,它决定着电磁波与等离子体相互作用的特征,也是FDTD计算中较复杂的一环。如果直接计算式(4.16),那么除了需要两个变量来保存当前时刻的 D_x^{n+1} 和 E_x^{n+1} 外,还需要四个辅助变量来存储备份所有以前时刻的场分量,即 D_x^n、D_x^{n-1}、E_x^n 和 E_x^{n-1},这将增加内存需求。辅助变量是具有与场分量(如电场 E_x)相同维数的数组,在三维电磁问题中,它们是三维数组,在二维电磁问题中,它们是二维数组。为了克服上述缺陷,作者提出一种提高高阶差分方程递推计算效率的内存优化算法(参见4.3节)。引入一个辅助变量 T_x,式(4.16)可被改写为如下两个更新方程:

$$E_x^{n+1} = \frac{1}{\varepsilon_0 q_0}(p_0 D_x^{n+1} + p_1 D_x^n) - \frac{q_1}{q_0} E_x^n + T_x^n \quad (4.18a)$$

$$T_x^{n+1} = \frac{p_2}{\varepsilon_0 q_0} D_x^n - \frac{q_2}{q_0} E_x^n \quad (4.18b)$$

由此可见,采用式(4.18)来完成递推计算只需在等离子体区域增加一个辅助变量即可,比直接迭代计算式(4.16)节约了三个辅助变量。因此,采用式(4.18)编程计算比采用式(4.16)编程计算节约了很多内存。值得注意的是,在计算 D_x^{n+1}(式(4.8a))和 E_x^{n+1}(式(4.18a))之前,D_x^n 和 E_x^n 应分别被临时变量 temp_D_x 和 temp_E_x 备份保存,因为在计算式(4.18b)时还要用到它们。另外,本书提到的临时变量仅占用内存中的一个字,而不是数组;与辅助变量相比,临时变量的内存占用量可忽略不计,尤其是在三维情况下。下面给出在FDTD程序的迭代循环中在等离子体区域实现式(4.18)的伪代码:

temp_D_x = $D_x(i + 1/2, j, k)$;相当于 temp_D_x = $D_x^n(i + 1/2, j, k)$

temp_E_x = $E_x(i + 1/2, j, k)$;相当于 temp_E_x = $E_x^n(i + 1/2, j, k)$

$D_x(i + 1/2, j, k) = D_x(i + 1/2, j, k) + \Delta t [\nabla \times H]_x$;相当于式(4.8a)

$E_x(i + 1/2, j, k) = \frac{1}{\varepsilon_0 q_0}(p_0 D_x(i + 1/2, j, k) + p_1 \cdot \text{temp\_}D_x)$

$- \frac{q_1}{q_0} E_x(i + 1/2, j, k) + T_x(i + 1/2, j, k)$;相当于式(4.18a)

$T_x(i + 1/2, j, k) = \frac{p_2}{\varepsilon_0 q_0} \text{temp\_}D_x - \frac{q_2}{q_0} \text{temp\_}E_x$;相当于式(4.18b)

为讨论方便,本书将上述改进的FDTD方法记为DE-SO-FDTD方法。

3. 由 J 和 E 本构关系得到的改进的SO-FDTD方法

非磁化等离子体电磁问题的麦克斯韦方程组及其辅助方程又可写为

$$\varepsilon_0 \frac{\partial E}{\partial t} + J = \nabla \times H \quad (4.19a)$$

$$-\mu_0 \frac{\partial \boldsymbol{H}}{\partial t} = \nabla \times \boldsymbol{E} \tag{4.19b}$$

$$\frac{\mathrm{d}\boldsymbol{J}}{\mathrm{d}t} + v_{\mathrm{en}}\boldsymbol{J} = \varepsilon_0 \omega_{\mathrm{p}}^2 \boldsymbol{E} \tag{4.19c}$$

式中:$\boldsymbol{J}$ 为极化电流密度。

假定 $\boldsymbol{J}$ 的离散空间坐标与 $\boldsymbol{E}$ 的离散空间坐标相同,$\boldsymbol{E}$ 位于整数时间步,而 $\boldsymbol{J}$ 和 $\boldsymbol{H}$ 的值位于半个时间步,以 x 分量为例,可得式(4.19a)的 FDTD 离散格式为

$$E_x^{n+1} = E_x^n - \frac{\Delta t}{\varepsilon_0} J_x^{n+1/2} + \frac{\Delta t}{\varepsilon_0} \left[\frac{H_z^{n+1/2}(i+1/2, j+1/2, k) - H_z^{n+1/2}(i+1/2, j-1/2, k)}{\Delta y} \right.$$
$$\left. - \frac{H_y^{n+1/2}(i+1/2, j, k+1/2) - H_y^{n+1/2}(i+1/2, j, k-1/2)}{\Delta z} \right]$$
$$\tag{4.20}$$

式(4.19b)的差分离散格式同式(4.8b)。

将式(4.5)所示的移位算子施加在式(4.19c)的左端,按照类似于前面 SO-FDTD 方法的处理方式,经运算整理得到

$$J_x^{n+1/2} = \frac{1}{q_0}(p_0 E_x^n + p_1 E_x^{n-1}) - \frac{q_1}{q_0} J_x^{n-1/2} - \frac{q_2}{q_0} J_x^{n-3/2} \tag{4.21}$$

式中

$$\begin{cases} p_0 = p_1 = 2\varepsilon_0 \omega_{\mathrm{p}}^2 \\ q_0 = v_{\mathrm{en}} + \delta, q_1 = 2v_{\mathrm{en}}, q_2 = v_{\mathrm{en}} - \delta \end{cases} \tag{4.22}$$

式中:$\delta = 2/\Delta t$。本章下面出现的 δ 均代指 $2/\Delta t$。

如果直接计算式(4.21),那么在等离子体区域引入四个辅助变量来存储所有以前时刻的场分量,即 $J_x^{n-1/2}$、$J_x^{n-3/2}$、E_x^n 和 E_x^{n-1},这无疑增加了内存消耗。为克服这一缺陷,运用针对高阶差分方程的内存优化算法来实现式(4.21)的迭代循环。引入一个辅助变量 J_{x1},式(4.21)可改写为下面的两个更新方程:

$$J_x^{n+1/2} = \frac{p_0}{q_0} E_x^n - \frac{q_1}{q_0} J_x^{n-1/2} + J_{x1}^{n-1/2} \tag{4.23a}$$

$$J_{x1}^{n+1/2} = \frac{p_1}{q_0} E_x^n - \frac{q_2}{q_0} J_x^{n-1/2} \tag{4.23b}$$

采用式(4.23)来完成递推计算只需在等离子体区域增加一个辅助变量,比直接迭代计算式(4.21)节约了三个辅助变量,从而节约了很多内存,特别是在三维情况下。需要注意的是,在计算式(4.23a)之前,需将 $J_x^{n-1/2}$ 用一个临时变量备份保存,以避免在计算式(4.23b)的过程中被覆盖丢失。下面展示出在 FDTD 程序的迭代循环中在等离子体区域实现式(4.23)的伪代码:

$\text{temp\_}J_x = J_x(i+1/2,j,k)$；相当于 $\text{temp\_}J_x = J_x^{n-1/2}(i+1/2,j,k)$

$J_x(i+1/2,j,k) = p_0 E_x(i+1/2,j,k)/q_0 - q_1 J_x(i+1/2,j,k)/q_0$
$\qquad + J_{x1}(i+1/2,j,k)$ ；相当于式(4.23a)

$J_{x1}(i+1/2,j,k) = p_1 E_x(i+1/2,j,k)/q_0 - q_2 \cdot \text{temp\_}J_x/q_0$；相当于式(4.23b)

综上所述,概括得到改进的基于 J 和 E 本构关系的非磁化等离子体SO-FDTD方法的迭代循环过程如下:

(1) 由式(4.8a)实现从 E 到 H 的递推运算;

(2) 由式(4.23)实现从 E 到 J 的递推计算;

(3) 由式(4.20)实现从 H、J 到 E 的递推计算;

(4) 按照(1)、(2)、(3)的计算顺序实行下一轮递推计算。

为叙述简便,本书将以上提出的改进的FDTD方法记为JE-SO-FDTD方法。和4.1.1节所提的DE-SO-FDTD方法相比可知,JE-SO-FDTD方法在相关系数的计算上更容易,迭代公式形式更简单。

4.1.2 改进的非磁化等离子体ADI-FDTD方法

关于ADI-FDTD方法的基本原理和实现步骤,很多文献资料都有详细介绍,本书对此不再赘述。ADI-FDTD算法的最大优点是时间步长消除了对Courant条件的依赖,其解具有无条件稳定性,关于该方法的稳定性和数值色散的分析可采用冯·诺依曼方法进行,这方面工作可参考文献[107-110]。针对碰撞非磁化等离子体的电磁问题,本书提出了一种改进的基于辅助差分方程的ADI-FDTD方法,本书称为ADE-ADI-FDTD方法,下面对该方法的关键步骤做具体介绍。

1. 离散时域迭代公式的推导

在碰撞非磁化等离子体介质中,麦克斯韦方程及电流密度旋度辅助方程同式(4.19)。ADI-FDTD算法与传统FDTD算法的主要区别在于对式(4.19)的时间项离散化处理。ADI-FDTD方法中的电磁场分量在空间网格的分布方式与传统FDTD方法一致,但需要将原来一个时间步的计算分成两个均等子时间步来进行。下面从式(4.19)出发,给出三维非磁化等离子体问题的改进型ADI-FDTD迭代公式。以下公式推导中场分量均采用完整形式表达,例如在空间坐标$(i+1/2, j, k)$处第n个时间步的电场x向分量用$E_x|_{i+1/2,j,k}^n$表示。

首先,考察第一分步的电磁场旋度方程的离散格式及计算步骤。从 $t = n\Delta t$ 时刻到 $t = (n+1/2)\Delta t$ 时刻场旋度方程的离散公式为(式(4.19a)左端电场强度的时间导数采用中心差分格式,电流密度采用半步长平均近似格式;右端第一项、第二项分别采用显式、隐式中心差分格式)

$$E_x\big|_{i+1/2,j,k}^{n+1/2} = E_x\big|_{i+1/2,j,k}^{n} + \frac{\Delta t}{2\varepsilon_0}\left(\frac{H_z\big|_{i+1/2,j+1/2,k}^{n} - H_z\big|_{i+1/2,j-1/2,k}^{n}}{\Delta y}\right.$$

$$\left.-\frac{H_y\big|_{i+1/2,j,k+1/2}^{n+1/2} - H_y\big|_{i+1/2,j,k-1/2}^{n+1/2}}{\Delta z}\right) - \frac{\Delta t}{4\varepsilon_0}(J_x\big|_{i+1/2,j,k}^{n+1/2} + J_x\big|_{i+1/2,j,k}^{n})$$

(4.24a)

$$E_y\big|_{i,j+1/2,k}^{n+1/2} = E_y\big|_{i,j+1/2,k}^{n} + \frac{\Delta t}{2\varepsilon_0}\left(\frac{H_x\big|_{i,j+1/2,k+1/2}^{n+1/2} - H_x\big|_{i,j+1/2,k-1/2}^{n}}{\Delta z}\right.$$

$$\left.-\frac{H_z\big|_{i+1/2,j+1/2,k}^{n+1/2} - H_z\big|_{i-1/2,j+1/2,k}^{n+1/2}}{\Delta x}\right) - \frac{\Delta t}{4\varepsilon_0}(J_y\big|_{i,j+1/2,k}^{n+1/2} + J_y\big|_{i,j+1/2,k}^{n})$$

(4.24b)

$$E_z\big|_{i,j,k+1/2}^{n+1/2} = E_z\big|_{i,j,k+1/2}^{n} + \frac{\Delta t}{2\varepsilon_0}\left(\frac{H_y\big|_{i+1/2,j,k+1/2}^{n+1/2} - H_y\big|_{i-1/2,j,k+1/2}^{n}}{\Delta x}\right.$$

$$\left.-\frac{H_x\big|_{i,j+1/2,k+1/2}^{n+1/2} - H_x\big|_{i,j-1/2,k+1/2}^{n+1/2}}{\Delta y}\right) - \frac{\Delta t}{4\varepsilon_0}(J_z\big|_{i,j,k+1/2}^{n+1/2} + J_z\big|_{i,j,k+1/2}^{n})$$

(4.24c)

采用与式(4.24)类似的处理方式，从 $t = n\Delta t$ 时刻到 $t = (n+1/2)\Delta t$ 时刻电场旋度方程的离散公式为

$$H_x\big|_{i,j+1/2,k+1/2}^{n+1/2} = H_x\big|_{i,j+1/2,k+1/2}^{n} + \frac{\Delta t}{2\mu_0}\left(\frac{E_y\big|_{i,j+1/2,k+1}^{n} - E_y\big|_{i,j+1/2,k}^{n}}{\Delta z} - \frac{E_z\big|_{i,j+1,k+1/2}^{n+1/2} - E_z\big|_{i,j,k+1/2}^{n+1/2}}{\Delta y}\right)$$

(4.25a)

$$H_y\big|_{i+1/2,j,k+1/2}^{n+1/2} = H_y\big|_{i+1/2,j,k+1/2}^{n} + \frac{\Delta t}{2\mu_0}\left(\frac{E_z\big|_{i+1,j,k+1/2}^{n} - E_z\big|_{i,j,k+1/2}^{n}}{\Delta x} - \frac{E_x\big|_{i+1/2,j,k+1}^{n+1/2} - E_x\big|_{i+1/2,j,k}^{n+1/2}}{\Delta z}\right)$$

(4.25b)

$$H_z\big|_{i+1/2,j+1/2,k}^{n+1/2} = H_z\big|_{i+1/2,j+1/2,k}^{n} + \frac{\Delta t}{2\mu_0}\left(\frac{E_x\big|_{i+1/2,j+1,k}^{n} - E_x\big|_{i+1/2,j,k}^{n}}{\Delta y} - \frac{E_y\big|_{i+1,j+1/2,k}^{n+1/2} - E_y\big|_{i,j+1/2,k}^{n+1/2}}{\Delta x}\right)$$

(4.25c)

观察式(4.24)可知，极化电流密度 J 同时存在两个时刻的场量值，需要对它做特殊处理。对辅助方程式(4.19c)的时间偏导数采用具有二阶时间和空间精度的中心差分格式进行离散，对其余项采用平均插值近似，得到从 $t = n\Delta t$ 时刻到 $t = (n+1/2)\Delta t$ 时刻的极化电流密度的辅助差分方程为

$$\frac{J_i^{n+1/2} - J_i^n}{\Delta t/2} + v_{en}\frac{J_i^{n+1/2} + J_i^n}{2} = \varepsilon_0\omega_p^2\frac{E_i^{n+1/2} + E_i^n}{2} \quad (4.26)$$

整理后,得

$$J_i^{n+1/2} = \frac{1 - v_{en}\Delta t/4}{1 + v_{en}\Delta t/4} J_i^n + \frac{\varepsilon_0 \omega_p^2 \Delta t/4}{1 + v_{en}\Delta t/4}(E_i^{n+1/2} + E_i^n) \qquad (4.27)$$

式中:$i = x, y, z$。这样,电流密度的更新可直接由电场得到。

将式(4.27)代入式(4.24),经适当整理得

$$E_x\Big|_{i+1/2,j,k}^{n+1/2} = C_a E_x\Big|_{i+1/2,j,k}^n - \frac{C_{e0}}{C_c} J_x\Big|_{i+1/2,j,k}^n$$

$$+ C_b \cdot C_{e0} \cdot \left(\frac{H_z\big|_{i+1/2,j+1/2,k}^n - H_z\big|_{i+1/2,j-1/2,k}^n}{\Delta y} - \frac{H_y\big|_{i+1/2,j,k+1/2}^{n+1/2} - H_y\big|_{i+1/2,j,k-1/2}^{n+1/2}}{\Delta z} \right)$$

$$(4.28a)$$

$$E_y\Big|_{i,j+1/2,k}^{n+1/2} = C_a E_y\Big|_{i,j+1/2,k}^n - \frac{C_{e0}}{C_c} J_y\Big|_{i,j+1/2,k}^n$$

$$+ C_b \cdot C_{e0} \cdot \left(\frac{H_x\big|_{i,j+1/2,k+1/2}^n - H_x\big|_{i,j+1/2,k-1/2}^n}{\Delta z} - \frac{H_z\big|_{i+1/2,j+1/2,k}^{n+1/2} - H_z\big|_{i-1/2,j+1/2,k}^{n+1/2}}{\Delta x} \right)$$

$$(4.28b)$$

$$E_z\Big|_{i,j,k+1/2}^{n+1/2} = C_a E_z\Big|_{i,j,k+1/2}^n - \frac{C_{e0}}{C_c} J_z\Big|_{i,j,k+1/2}^n$$

$$+ C_b \cdot C_{e0} \cdot \left(\frac{H_y\big|_{i+1/2,j,k+1/2}^n - H_y\big|_{i-1/2,j,k+1/2}^n}{\Delta x} - \frac{H_x\big|_{i,j+1/2,k+1/2}^{n+1/2} - H_x\big|_{i,j-1/2,k+1/2}^{n+1/2}}{\Delta y} \right)$$

$$(4.28c)$$

式中

$$\begin{cases} C_{e0} = \Delta t/(2\varepsilon_0), C_a = \dfrac{1 + v_{en}\Delta t/4 - (\omega_p \Delta t/4)^2}{1 + v_{en}\Delta t/4 + (\omega_p \Delta t/4)^2} \\ C_b = \dfrac{1 + v_{en}\Delta t/4}{1 + v_{en}\Delta t/4 + (\omega_p \Delta t/4)^2}, C_c = 1 + v_{en}\Delta t/4 + (\omega_p \Delta t/4)^2 \end{cases} \qquad (4.29)$$

若 v_{en} 或 ω_p 随空间位置而变化,则 C_a、C_b、C_c 是空间坐标的函数。另外,若 $C_a = 1$, $C_b = 1$, $C_c = 1$, $J_x = 0$,则式(4.28)还原为自由空间条件下的磁场旋度方程在第一时间分步的 ADI-FDTD 离散格式。

由于式(4.28)两边具有同一时刻的场分量,不能直接用于数值计算,因此还需进一步推导适于数值计算的迭代公式。将式(4.25b)代入式(4.28a)消去 $H_y^{n+1/2}$,化简得

$$-\frac{C_b C_{e0} C_{h0}}{\Delta z^2}(E_x|_{i+1/2,j,k-1}^{n+1/2} + E_x|_{i+1/2,j,k+1}^{n+1/2}) + \left(1 + \frac{2C_b C_{e0} C_{h0}}{\Delta z^2}\right) E_x|_{i+1/2,j,k}^{n+1/2}$$

$$= C_a E_x|_{i+1/2,j,k}^n + C_b C_{e0} \left(\frac{H_z|_{i+1/2,j+1/2,k}^n - H_z|_{i+1/2,j-1/2,k}^n}{\Delta y}\right)$$

$$- C_b C_{e0} \left(\frac{H_y|_{i+1/2,j,k+1/2}^n - H_y|_{i+1/2,j,k-1/2}^n}{\Delta z}\right) - \frac{C_{e0}}{C_c} J_x|_{i+1/2,j,k}^n$$

$$- \frac{C_b C_{e0} C_{h0}}{\Delta z \cdot \Delta x}(E_z|_{i+1,j,k+1/2}^n - E_z|_{i+1,j,k-1/2}^n - E_z|_{i,j,k+1/2}^n + E_z|_{i,j,k-1/2}^n)$$

(4.30)

式中：$C_{h0} = \Delta t/(2\mu_0)$；$J_x|_{i+1/2,j,k}^n$ 的时间步进由式(4.27)完成。

出现在式(4.30)中的 E_x 是在同一时刻取值,只是它们在沿着 z 方向的三个不同位置上取值。当 k 沿着 z 方向从小到大变化时,由式(4.30)得到一个联立的线性方程组,其系数矩阵是三对角带状矩阵,可用追赶法求解。解该方程组的计算量很小,仅仅正比于沿 z 方向的网格点的个数,且一次计算就可求得该方向上一列网格点上的所有 E_x。通过解联立方程组可得到电场 E_x 在 $t = (n + 1/2)\Delta t$ 时刻的值,然后将其代入式(4.25b)即可得到磁场 H_y 在同一时刻的值。采用相同的方式,由(4.25c)和式(4.28b)可得到 $t = (n + 1/2)\Delta t$ 时刻的 E_y 和 H_z,由(4.25a)和式(4.28c)可得到 $t = (n + 1/2)\Delta t$ 时刻的 E_z 和 H_x。至此,第一分步的全部场量的迭代计算完成。

接下来推导第二分步的电磁场旋度方程的离散格式及计算步骤。对式(4.19a)及式(4.19b)右边的第一项采用隐式差分格式,第二项采用显式差分格式,其余项的处理方式同第一分步,采用与第一分步类似的运算,得到电磁场的时域离散格式如下：

$$E_x|_{i+1/2,j,k}^{n+1} = C_a E_x|_{i+1/2,j,k}^{n+1/2} - \frac{C_{e0}}{C_c} J_x|_{i+1/2,j,k}^{n+1/2}$$

$$+ C_b \cdot C_{e0} \cdot \left(\frac{H_z|_{i+1/2,j+1/2,k}^{n+1} - H_z|_{i+1/2,j-1/2,k}^{n+1}}{\Delta y} - \frac{H_y|_{i+1/2,j,k+1/2}^{n+1/2} - H_y|_{i+1/2,j,k-1/2}^{n+1/2}}{\Delta z}\right)$$

(4.31a)

$$E_y|_{i,j+1/2,k}^{n+1} = C_a E_y|_{i,j+1/2,k}^{n+1/2} - \frac{C_{e0}}{C_c} J_y|_{i,j+1/2,k}^{n+1/2}$$

$$+ C_b \cdot C_{e0} \cdot \left(\frac{H_x|_{i,j+1/2,k+1/2}^{n+1} - H_x|_{i,j+1/2,k-1/2}^{n+1}}{\Delta z} - \frac{H_z|_{i+1/2,j+1/2,k}^{n+1/2} - H_z|_{i-1/2,j+1/2,k}^{n+1/2}}{\Delta x}\right)$$

(4.31b)

$$E_z\Big|_{i,j,k+1/2}^{n+1} = C_a E_z\Big|_{i,j,k+1/2}^{n+1/2} - \frac{C_{e0}}{C_c} J_z\Big|_{i,j,k+1/2}^{n+1/2}$$
$$+ C_b \cdot C_{e0} \cdot \left(\frac{H_y\big|_{i+1/2,j,k+1/2}^{n+1} - H_y\big|_{i-1/2,j,k+1/2}^{n+1}}{\Delta x} - \frac{H_x\big|_{i,j+1/2,k+1/2}^{n+1/2} - H_x\big|_{i,j-1/2,k+1/2}^{n+1/2}}{\Delta y} \right)$$
(4.31c)

$$H_x\Big|_{i,j+1/2,k+1/2}^{n+1} = H_x\Big|_{i,j+1/2,k+1/2}^{n+1/2} + C_{h0}\left(\frac{E_y\big|_{i,j+1/2,k+1}^{n+1} - E_y\big|_{i,j+1/2,k}^{n+1}}{\Delta z} - \frac{E_z\big|_{i,j+1,k+1/2}^{n+1/2} - E_z\big|_{i,j,k+1/2}^{n+1/2}}{\Delta y} \right)$$
(4.32a)

$$H_y\Big|_{i+1/2,j,k+1/2}^{n+1} = H_y\Big|_{i+1/2,j,k+1/2}^{n+1/2} + C_{h0}\left(\frac{E_z\big|_{i+1,j,k+1/2}^{n+1} - E_z\big|_{i,j,k+1/2}^{n+1}}{\Delta x} - \frac{E_x\big|_{i+1/2,j,k+1}^{n+1/2} - E_x\big|_{i+1/2,j,k}^{n+1/2}}{\Delta z} \right)$$
(4.32b)

$$H_z\Big|_{i+1/2,j+1/2,k}^{n+1} = H_z\Big|_{i+1/2,j+1/2,k}^{n+1/2} + C_{h0}\left(\frac{E_x\big|_{i+1/2,j+1,k}^{n+1} - E_x\big|_{i+1/2,j,k}^{n+1}}{\Delta y} - \frac{E_y\big|_{i+1,j+1/2,k}^{n+1/2} - E_y\big|_{i,j+1/2,k}^{n+1/2}}{\Delta x} \right)$$
(4.32c)

由第一分步迭代计算已得到了在 $t = (n + 1/2)\Delta t$ 电磁场各分量及电流密度各分量的值。根据这些已知的场分量,采用和第一分步相同的处理方式,由(4.31a)和式(4.32c)可得到 $t = (n + 1)\Delta t$ 时刻的 E_x 和 H_z,由(4.31b)和式(4.32a)可得到 $t = (n + 1)\Delta t$ 时刻的 E_y 和 H_x,由(4.31c)和式(4.32b)可得到 $t = (n + 1)\Delta t$ 时刻的 E_z 和 H_y。

采用类似于式(4.26)的处理方式,可得从 $t = (n + 1/2)\Delta t$ 时刻到 $t = (n + 1)\Delta t$ 时刻的电流密度辅助差分方程具有与式(4.27)相同的形式,即

$$J_i^{n+1} = \frac{1 - v_{en}\Delta t/4}{1 + v_{en}\Delta t/4} J_i^{n+1/2} + \frac{\varepsilon_0 \omega_p^2 \Delta t/4}{1 + v_{en}\Delta t/4}(E_i^{n+1} + E_i^{n+1/2}) \quad (4.33)$$

式中:$i = x, y, z$。

这样,由 $t = (n + 1)\Delta t$ 时刻的电场可直接更新同时刻的电流密度。

通过上述第一分步和第二分步的执行过程,就完成了一个时间步内全部场量的迭代计算,第一分步和第二分步交替循环,实现了对非磁化等离子体电磁问题的时间步进仿真。从推导过程不难看出,改变电流密度辅助方程的相关系数,仅对 C_a、C_b 及 C_c 的取值产生影响,因而本书算法可以很容易地推广到其他普通或有耗色散介质。例如,令 $C_a = C_b = C_c = 1$,$J_i = 0 (i = x, y, z)$,本书提出的 ADI-FDTD 迭代公式即还原为真空条件下的常规 ADI-FDTD 迭代式。可见,本书提出的算法具有很好的可扩展性。

对于二维和一维的 ADI-FDTD 迭代式,只需在三维迭代式基础上省略相应的无关场量和空间网格标识符即可,本章不再赘述。

2. 吸收边界的推导

由于 ADI-FDTD 把每一时间步的迭代分为两步来进行,需要用新的吸收边界,

近年来关于这方面的研究不少[18,111-113]。文献[18]提出了一种基于辅助差分方程的完全匹配层——ADE-PML,该匹配层不需要在时域分裂场量,而仅在 PML 区为每个场量添加两个辅助变量,可以和完整场量形式的 ADI-FDTD 方法完美结合。然而,文献[18]给出的 ADE-PML 只适合截断无耗介质(如空气),不适于截断非磁化等离子体等有耗色散介质。本章将文献[18]提出的 ADE-PML 加以扩展,使之能够很好地截断非磁化等离子体。

1) 相关公式

假设 FDTD 的计算区域是非磁化等离子体,当用 PML 层截断 FDTD 的计算区域时,PML 区域的频域麦克斯韦方程组可用伸缩坐标系[114]表示为

$$\nabla_s \times \boldsymbol{H} = j\omega\varepsilon_0 \boldsymbol{E} + \boldsymbol{J} \tag{4.34a}$$

$$\nabla_s \times \boldsymbol{E} = -j\omega\mu_0 \boldsymbol{H} \tag{4.34b}$$

式中

$$\nabla_s = \hat{a}_x \frac{1}{s_x}\frac{\partial}{\partial x} + \hat{a}_y \frac{1}{s_y}\frac{\partial}{\partial y} + \hat{a}_z \frac{1}{s_z}\frac{\partial}{\partial z}$$

如果截断的计算区域是色散介质,则 PML 区域中的 s_η($\eta = x, y, z$)应取

$$s_\eta = k_\eta + \frac{\sigma_\eta}{j\omega\varepsilon_0} \quad (\eta = x, y, z; k_\eta \geq 1) \tag{4.35}$$

应该指出的是,在 PML 区域,$\sigma_\eta \geq 0, k_\eta \geq 1$;在 PML 层以外的计算区域,$\sigma_\eta = 0$,$k_\eta = 1$。

以 E_x 分量为例,式(4.34a)可展开为

$$j\omega\varepsilon_0 E_x + J_x = \frac{1}{s_y}\frac{\partial H_z}{\partial y} - \frac{1}{s_z}\frac{\partial H_y}{\partial z} \tag{4.36}$$

而 $1/s_\eta$ 可分解为

$$\frac{1}{s_\eta} = \frac{1}{k_\eta}\left(1 - \frac{\sigma_\eta}{j\omega\varepsilon_0 k_\eta + \sigma_\eta}\right) = \frac{1}{k_\eta}\left(1 - \frac{\sigma_\eta/k_\eta}{j\omega\varepsilon_0 + \sigma_\eta/k_\eta}\right) \tag{4.37}$$

将式(4.37)代入式(4.36)可得

$$j\omega\varepsilon_0 E_x + J_x = \frac{1}{k_y}\frac{\partial H_z}{\partial y} - \frac{1}{k_z}\frac{\partial H_y}{\partial z} - (f_{exy} - f_{exz}) \tag{4.38}$$

式中

$$f_{exy} = \frac{\sigma_y/k_y}{j\omega\varepsilon_0 + \sigma_y/k_y} \cdot \frac{1}{k_y} \cdot \frac{\partial H_z}{\partial y} \tag{4.39}$$

$$f_{exz} = \frac{\sigma_z/k_z}{j\omega\varepsilon_0 + \sigma_z/k_z} \cdot \frac{1}{k_z} \cdot \frac{\partial H_y}{\partial z} \tag{4.40}$$

将式(4.38)转换为时域形式,按照上一小节介绍的改进型 ADI-FDTD 离散迭

代公式,可以得到 PML 区域 ADI-FDTD 第一分步的差分格式为

$$E_x|_{i+1/2,j,k}^{n+1/2} = C_a E_x|_{i+1/2,j,k}^{n} - \frac{C_{e0}}{C_c} J_x|_{i+1/2,j,k}^{n} + \frac{C_{e0}C_b}{k_y(j)\Delta y} \cdot (H_z|_{i+1/2,j+1/2,k}^{n} - H_z|_{i+1/2,j-1/2,k}^{n})$$

$$- \frac{C_{e0}C_b}{k_z(k)\Delta z} \cdot (H_y|_{i+1/2,j,k+1/2}^{n+1/2} - H_y|_{i+1/2,j,k-1/2}^{n+1/2}) - C_{e0}C_b(f_{exy}|_{i+1/2,j,k}^{n+1/2} - f_{exz}|_{i+1/2,j,k}^{n})$$

(4.41)

将式(4.39)转化到时域得

$$\frac{\sigma_y}{k_y} f_{exy} + \varepsilon_0 \frac{\partial f_{exy}}{\partial t} = \frac{\sigma_y}{k_y} \cdot \frac{1}{k_y} \cdot \frac{\partial H_z}{\partial y} \quad (4.42)$$

对上式采用二阶精度的中心差分格式离散可得辅助变量 f_{exy} 的迭代形式为

$$f_{exy}|_{i+1/2,j,k}^{n+1/2} = \frac{4\varepsilon_0 - \sigma_y(j)\Delta t/k_y(j)}{4\varepsilon_0 + \sigma_y(j)\Delta t/k_y(j)} f_{exy}|_{i+1/2,j,k}^{n} + \frac{2\sigma_y(j)\Delta t/k_y(j)}{4\varepsilon_0 + \sigma_y(j)\Delta t/k_y(j)}$$

$$\cdot \frac{1}{k_y(j)\Delta y} \cdot (H_z|_{i+1/2,j+1/2,k}^{n+1/2} - H_z|_{i+1/2,j-1/2,k}^{n+1/2})$$

(4.43)

同理,可得辅助变量 f_{exz} 的离散迭代形式为

$$f_{exz}|_{i+1/2,j,k}^{n+1/2} = \frac{4\varepsilon_0 - \sigma_z(k)\Delta t/k_z(k)}{4\varepsilon_0 + \sigma_z(k)\Delta t/k_z(k)} f_{exz}|_{i+1/2,j,k}^{n} + \frac{2\sigma_z(k)\Delta t/k_z(k)}{4\varepsilon_0 + \sigma_z(k)\Delta t/k_z(k)}$$

$$\cdot \frac{1}{k_z(k)\Delta z} \cdot (H_y|_{i+1/2,j,k+1/2}^{n+1/2} - H_y|_{i+1/2,j,k-1/2}^{n+1/2})$$

(4.44)

由式(4.41)可知,E_x 和 H_y 均是 $n+1/2$ 时间步,不能直接编程计算,还需用到第一分步的 H_y 的表达式。根据式(4.34b)可得 H_y 的第一分步的差分形式为

$$H_y|_{i+1/2,j,k+1/2}^{n+1/2} = H_y|_{i+1/2,j,k+1/2}^{n} + \frac{C_{h0}}{k_x(i+1/2)\Delta x} \cdot (E_z|_{i+1,j,k+1/2}^{n} - E_z|_{i,j,k+1/2}^{n})$$

$$- \frac{C_{h0}}{k_z(k+1/2)\Delta z} \cdot (E_x|_{i+1/2,j,k+1}^{n+1/2} - E_x|_{i+1/2,j,k}^{n+1/2})$$

$$- C_{h0}(f_{hyx}|_{i+1/2,j,k+1/2}^{n+1/2} - f_{hyz}|_{i+1/2,j,k+1/2}^{n}) \quad (4.45)$$

上式中辅助变量 f_{hyx} 和 f_{hyz} 的迭代形式与式(4.43)、式(4.44)类似,这里从略。将式(4.45)代入式(4.41),整理后可得 E_x 的显式表达式为

$$- \frac{C_{e0}C_b}{k_z(k)\Delta z} \cdot \left(\frac{C_{h0}}{k_z(k-1/2)\Delta z} \cdot E_x|_{i+1/2,j,k-1}^{n+1/2} + \frac{C_{h0}}{k_z(k+1/2)\Delta z} \cdot E_x|_{i+1/2,j,k+1}^{n+1/2} \right)$$

$$+ \left[1 + \frac{C_{e0}C_b}{k_z(k)\Delta z} \cdot \left(\frac{C_{h0}}{k_z(k-1/2)\Delta z} + \frac{C_{h0}}{k_z(k+1/2)\Delta z} \right) \right] E_x|_{i+1/2,j,k}^{n+1/2}$$

$$= C_a E_x |_{i+1/2,j,k}^n - \frac{C_{e0}}{C_c} J_x |_{i+1/2,j,k}^n + \frac{C_{e0} C_b}{k_y(j) \Delta y} \cdot (H_z |_{i+1/2,j+1/2,k}^n - H_z |_{i+1/2,j-1/2,k}^n)$$

$$- \frac{C_{e0} C_b}{k_z(k) \Delta z} \cdot (H_y |_{i+1/2,j,k+1/2}^n - H_y |_{i+1/2,j,k-1/2}^n) - C_{e0} C_b (f_{exy} |_{i+1/2,j,k}^n - f_{exz} |_{i+1/2,j,k}^n)$$

$$- \frac{C_{e0} C_b}{k_z(k) \Delta z} \cdot \frac{C_{h0}}{k_x(i+1/2) \Delta x} \cdot (E_z |_{i+1,j,k+1/2}^n - E_z |_{i+1,j,k-1/2}^n - E_z |_{i,j,k+1/2}^n + E_z |_{i,j,k-1/2}^n)$$

$$+ \frac{C_{e0} C_b}{k_z(k) \Delta z} \cdot C_{h0} \cdot (f_{hyx} |_{i+1/2,j,k+1/2}^n - f_{hyz} |_{i+1/2,j,k+1/2}^n - f_{hyx} |_{i+1/2,j,k-1/2}^n + f_{hyz} |_{i+1/2,j,k-1/2}^n)$$

(4.46)

随着 k 的变化,由式(4.46)得到一个联立的线性方程组,可用追赶法求解。解出 E_x 后,将其回代至式(4.45)可求得 $(n+1/2)\Delta t$ 时刻的 H_y。第一分步其他场量的迭代计算式可用类似的方式得到。同样,按照上面提出的 ADI-FDTD 离散迭代公式的实现步骤,采用与第一分步相同的处理方式可得到第二分步全部场量的迭代表达式。

值得注意的是,以上提到的辅助变量仅需在 PML 区域存储,在 PML 区域外为零。这里提出的 ADE-PML 是面提出的非磁化等离子体 ADI-FDTD 公式的简单推广。由于该 PML 不需要在时域分裂场量,而仅仅在 PML 区为每个场量添加两个辅助变量,可以和面提出的 ADI-FDTD 离散迭代公式完美结合。与文献[80]提出的分裂场 PML 相比,本章提出的完整场量形式的 ADE-PML 可以节约更多的计算机内存。与文献[18]给出的 ADE-PML 相比,本书提出的这种 ADE-PML 所需要的辅助变量的个数是一样的,但能很好地截断非磁化等离子体等这类色散介质(包括无耗介质),可以说是文献[18]给出的 ADE-PML 的一种推广(令 $k_\eta = 1, J = 0$, $\omega_p = 0, v_{en} = 0$, 则本章提出的 ADE-PML 与文献[18]给出的 ADE-PML 完全一致)。

2) 数值检验

为检验本书提出的 ADE-PML 截断计算区域的性能,对二维 TM 波在非磁化等离子体中的传播进行了模拟。

考虑一个 200×200 的网格空间(包含 PML 区域,PML 厚度占 9 个网格),网格步长 $\Delta x = \Delta y = 0.25$mm,PML 外侧为理想导体。做了两个测试,分别在计算区域中心和左下角处(距离左边缘和右边缘各 40 个网格)加一正弦波作为激励源,正弦波频率均为 $f = \omega/2\pi = 30$(GHz)。FDTD 计算区域的等离子体参数设为:$\omega_p = 2\pi \times 15 \times 10^9$(rad/s),$v_{en} = 0.5$GHz。PML 层内的 σ_η 及 k_η 为非均匀分布:

$$\sigma_\eta(s) = \frac{\sigma_{\max} |s - s_0|^m}{d^m} (\eta = x, y, z) \quad (4.47a)$$

$$k_\eta(s) = 1 + (k_{\max} - 1)\frac{|s - s_0|^m}{d^m} \quad (\eta = x, y, z) \tag{4.47b}$$

式中:m 为整数;d 为吸收边界层厚度;s_0 为吸收边界靠近入射波一侧的界面位置。

研究表明,当 $m=4$ 时效果最好,而 $\sigma_{\max}$ 的最佳值可取

$$\sigma_{\max} = \sigma_{\text{opt}} \approx \frac{0.8(m+1)}{\Delta s \sqrt{\mu_0/\varepsilon_0 \varepsilon_{\text{p\_r}}}} \tag{4.48}$$

式中:Δs 为 FDTD 网格尺寸;$\varepsilon_{\text{p\_r}}$ 为 FDTD 计算区域的相对介电常数,这里取为等离子体相对介电常数的实部(式(2.16)的实部)。另外,此处取 $k_{\max} = 15$。

对于传统的 FDTD,其时间步长满足 CFL 条件:

$$\Delta t \leq \Delta t_{\max}^{\text{FDTD}} = \Delta s/(\sqrt{n_\text{d}}c)$$

式中:c 为真空光速;对于二维问题,$n_\text{d} = 2$,对于三维问题,$n_\text{d} = 3$;对有耗介质,$\Delta t_{\text{standard}} = \Delta s/(2c)$ [38]。

为了本书后面讨论的方便,现定义 CFLN = $\Delta t/\Delta t_{\text{standard}}$(本书称 CFLN 为时间扩展因子),即有

$$\Delta t = \text{CFLN} \cdot (\Delta s/2c) \tag{4.49}$$

图 4.1(见彩插)给出了在 CFLN = 5 的条件下 ADI-FDTD 分别运行 400 步、1000 步时的 TM 波场分量 E_z 的分布云图,由图 4.1 可见,计算区域呈现非常规则的同心圆,表明本书提出的 ADE-PML 层的吸收效果很好。

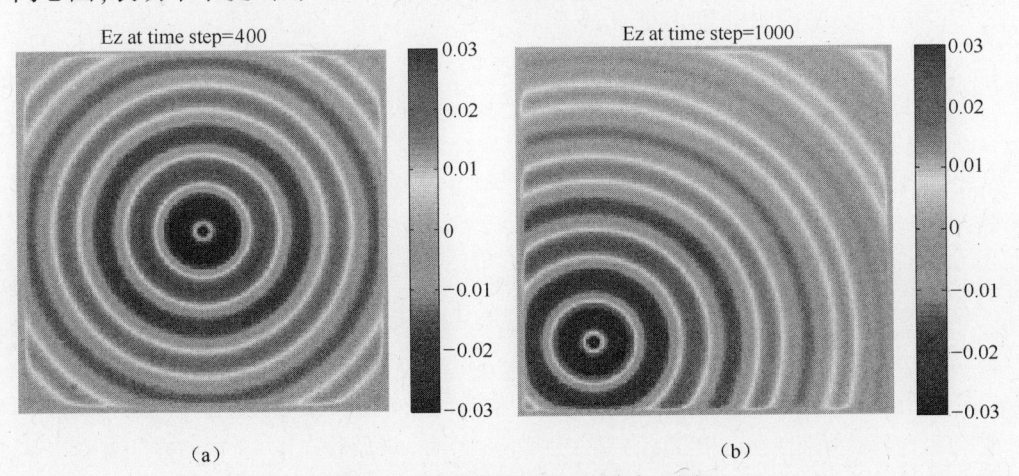

(a)　　　　　　　　　　　　　　　(b)

图 4.1　TM 波场分量 E_z 的分布云图

(a)运行 400 步,激励源位于中心;(b)运行 1000 步,激励源位于左下角。

3. 其他条件的设置

在 ADI-FDTD 方法中,由于需要对每一时间步进行分裂处理,因而总散场连接边界上的电场处理相对传统 FDTD 而言要复杂一些(磁场在总散场连接边界上的

设置与传统 FDTD 相同)。另外,由于时间步长的增大,ADI-FDTD 的入射波激励与传统 FDTD 方法不同。

如果要计算目标的雷达散射截面,那么还需要在 ADI-FDTD 方法中加入近-远场变换方法,以便通过紧邻目标的近场来外推目标的远区散射场。实际上,传统 FDTD 方法中的近远场变换技术可以直接运用于 ADI-FDTD 方法中,只需注意:由于在 ADI-FDTD 方法中每一时刻的电场分量和磁场分量同时存在,实行频域近远场变换时无须像传统 FDTD 那样考虑电场和磁场之间相差 1/2 时间步的问题。本书计算散射采用的频域或时域近-远场变换方法均出自文献[39]介绍的方法,这里不再讨论。

综上所述可知,本书在麦克斯韦方程组的基础上,结合电流密度辅助差分方和一种改进的 ADE-PML,利用交替方向隐式技术提出了一种改进的分析非磁化等离子的时域方法即 ADE-ADI-FDTD 方法。该方法不涉及复杂的卷积运算,也不需将场分量进行分裂处理,因而概念简单,易于编程。相对基于全分裂场的 ADI 技术而言,本书的算法不仅公式推导简单,而且节约近一半的内存占用量,提高了计算效率。另外,仅需对辅助方程的相关系数进行修改,本书提出的 ADE-ADI-FDTD 算法可以很容易地推广到其他普通媒质或有耗色散媒质的电磁模拟中,可扩展性强。

4.1.3 算法验证与分析

为验证本书提出的改进型非磁化等离子体 FDTD 方法的正确性,利用上述方法对电磁波与一维等离子体相互作用的经典模型进行了计算,并与解析方法和其他文献提出的 FDTD 方法做对比,从而验证本书方法的有效性。

假设电磁模型为"空气+非磁化等离子体平板+空气",等离子体平板厚度为 3cm,入射波沿 z 轴正向入射到平板上。利用上述三种改进的非磁化等离子体 FDTD 方法、文献[115]提出的解析方法、文献[15]中的 RC-FDTD 方法以及文献[5]中的 PLJERC-ADI-FDTD 方法对该模型进行了计算。另外,为了和本书提出的 DE-SO-FDTD 方法及 JE-SO-FDTD 方法做性能对比分析,还采用另外两种 SO-FDTD 方法计算了同一模型。其中一种方法是在上面所述的 DE-SO-FDTD 方法中去掉内存优化算法后得到的,为方便起见,将这种方法记为 SO-FDTD-I,SO-FDTD-I 是文献[68]提出的 SO-FDTD 方法。另外一种方法则是在 JE-SO-FDTD 方法中舍弃内存优化算法后得到的,不妨记此方法为 SO-FDTD-II,SO-FDTD-II 也是文献[17]提出的 SO-FDTD 方法。

仿真时选择相关参数:$v_{en} = 50$GHz,$\omega_p = 2\pi \times 30 \times 10^9$rad/s,空间步长 $\Delta s = 75\mu$m。整个空间分为 800 个网格,等离子体平板占据中间 200~600 个网格,其余为空气,两端设为 10 层 PML 吸收边界。PLJERC-ADI-FDTD 方法及 ADE-ADI-

FDTD 方法的吸收边界均采用上面提出的 ADE-PML，PML 的参数设置按照式 (4.47) 及式 (4.48) 进行，由于截断的计算区域是空气，故可令式 (4.47b) 中的 $k_\eta = 1$。对于其他的 FDTD 方法，PML 选为通常所用的 UPML，其设置方式可参阅文献 [39]。仿真时间步长按照式 (4.49) 取值，对于 PLJERC-ADI-FDTD 方法及本书提出的 ADE-ADI-FDTD 方法，取 CFLN=6 以获得较大的时间步长；对于其他 FDTD 方法，令 CFLN=1 以满足 Courant 稳定性条件。入射波源为微分高斯脉冲

$$E_{\text{inc}} = (t - t_0)/\tau \times \exp[-4 \times \pi (t - t_0)^2/\tau^2] \quad (4.50)$$

式中：$t_0 = 1.5\tau$；$\tau = 2/f_{\max}$，$f_{\max}$ 为入射波的最高频点，这里取 $f_{\max} = 100 \times 10^9$ Hz。

图 4.2 给出了解析方法及上述几种 FDTD 方法计算得到的电磁波通过非磁化等离子体平板的反射系数和透射系数的稳态数值解，图中"Exact"表示解析解。其中，RC-FDTD 方法与各种 SO-FDTD 方法各需运行 40000 时间步才能达到较好的收敛状态；如果运行的时间步数太少，入射脉冲的时域响应将达不到稳态收敛，以致傅里叶变换后的频域结果不正确。为证明这一点，图 4.3 给出了 JE-SO-FDTD 方法、RC-FDTD 方法及 SO-FDTD-I 方法各自运行 7000 时间步的透射系数计算结果与解析解的对比，由图 4.3 可知，在 0~20GHz 频带内三种 FDTD 方法的数值计算结果严重偏离解析解。而 ADE-ADI-FDTD 方法及 PLJERC-ADI-FDTD 方法由于选择的时间步长是常规 FDTD 方法的 6 倍，只需运行 7000 时间步就可获得良好的收敛稳态，如图 4.2 所示。由图 4.2 可知，ADE-ADI-FDTD 方法与 PLJERC-ADI-FDTD 方法的计算结果相当一致，而 JE-SO-FDTD 方法与 DE-SO-FDTD 方法的结果也基本一致，且都与解析解吻合得很好。而 RC-FDTD 方法在精度上要逊于上述四种 FDTD 方法，这从图 4.2(c)、图 4.2(d) 不难看出，这是因为 RC-FDTD 存在复杂的卷积近似处理过程，增加了积累误差的产生。为了显示上的清晰，图 4.2 没有给出 SO-FDTD-I 和 SO-FDTD-II 的计算结果，但它们与 DE-SO-FDTD 和 JE-SO-FDTD 的计算结果是一致的。

另外，从图 4.2(a)、图 4.2(c) 还可以看出，当等离子体频率高于入射波频率时，透射系数幅度很小而反射系数幅度很大，入射电磁波主要以反射为主；但随着入射波频率的增大，反射系数幅度越来越小并出现明显的波动，而透射系数幅度逐渐增大并趋于 0dB，这种现象一方面反映了等离子体的高通滤波特性，另一方面反映了其对电磁波的干涉作用。

表 4.1 列出了上述几种 FDTD 方法获得稳态收敛解的平均计算时间。表中的计算时间为各种 FDTD 程序在配置为 Pentium(R) Dual-Core CPU E5800 @ 3.20GHz(内存 1.87GHz)的"联想"计算机上运行 10 次，然后取其统计平均值得到。其中，PLJERC-ADI-FDTD 算法及 ADE-ADI-FDTD 算法各运行 7000 时间步，其他几种 FDTD 方法各运行 40000 时间步。由表 4.1 可知，RC-FDTD 方法由于要

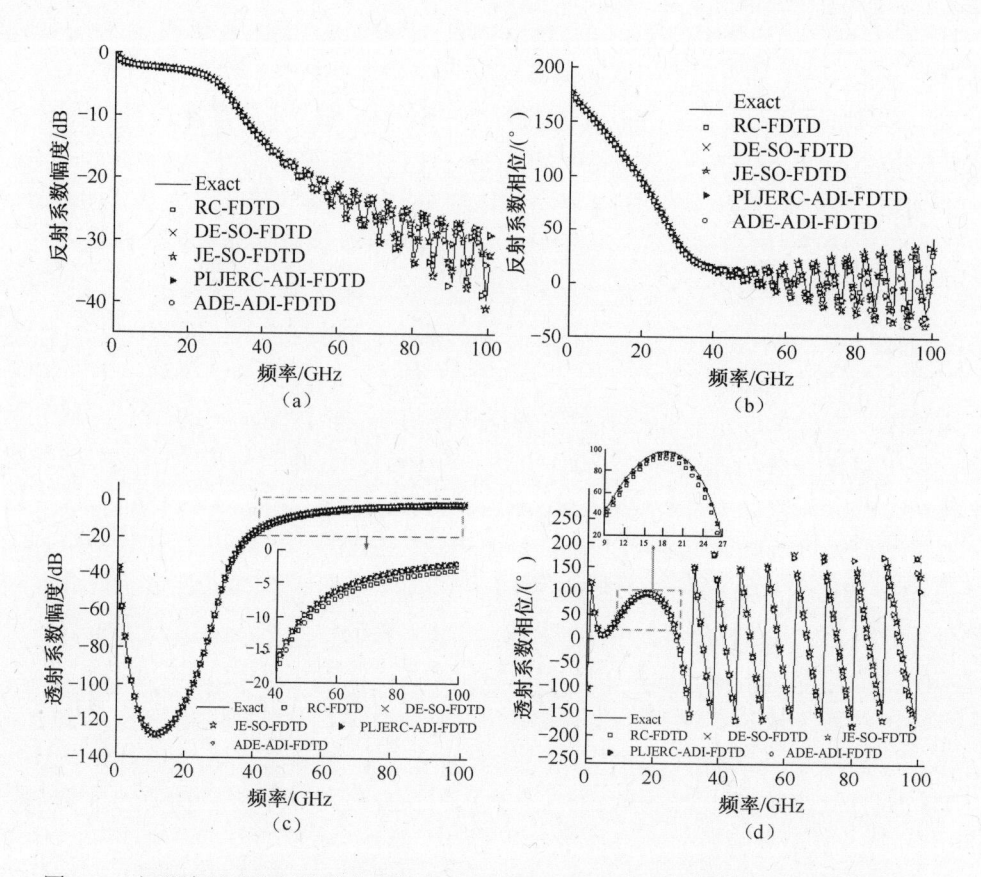

图4.2 电磁波通过非磁化等离子体平板的反射系数及透射系数随入射波频率的变化
（RC-FDTD方法、DE-SO-FDTD方法及JE-SO-FDTD方法各运行40000时间步；
PLJERC-ADI-FDTD方法及ADE-ADI-FDTD方法各运行7000时间步）
(a)反射系数幅度；(b)反射系数相位；(c)透射系数幅度；(d)透射系数相位。

处理复杂的卷积及大量的复数、指数运算，因而其计算时间最长。内存优化算法在DE-SO-FDTD方法与JE-SO-FDTD方法的应用中起到了很好的加速作用，它们的计算效率相对于SO-FDTD-I和SO-FDTD-II都有不同程度的提高。另外，与DE-SO-FDTD方法比较而言，JE-SO-FDTD方法的迭代递推公式更简单，相应的计算效率有较大提高（提高约6.7%）。值得注意的是两种ADI-FDTD方法的计算时间，它们明显小于其他几种FDTD方法的计算时间，这是因为ADI-FDTD方法摆脱了Courant条件的束缚，时间步长可以是常规FDTD方法的数倍，因此，仿真的时间步数可以大大降低，计算效率随之提高。数值试验表明，如果进一步增大CFLN的值，ADI-FDTD方法的仿真步数可进一步减少，计算效率将进一步提高。但是，时间步长过大时会存在较大的数值色散误差和各向异性误差，导致计算结果出现不

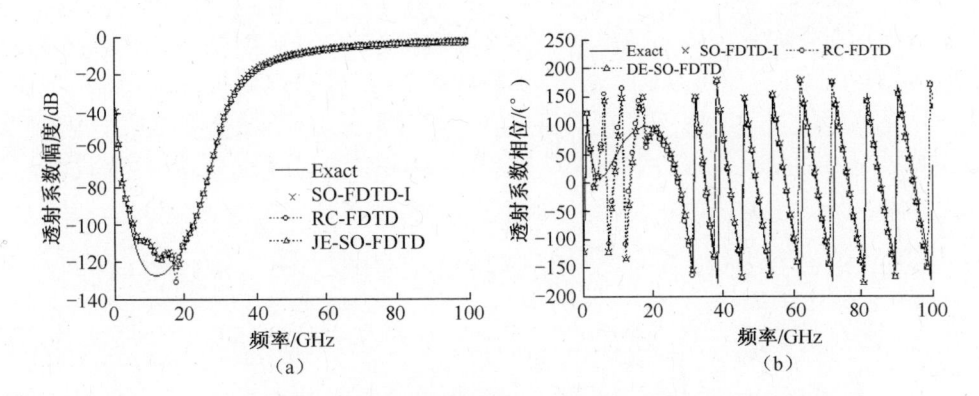

图 4.3 RC-FDTD 方法及两种 SO-FDTD 方法各运行 7000 时间步得到的
透射系数幅度及相位随入射波频率变化的曲线

(a)透射系数幅度；(b)透射系数相位。

应有的波动,所以 CFLN 的取值应慎重(一般不宜超过 6)。另外,本书提出的 ADE-ADI-FDTD 算法由于避免了复杂的卷积运算,因而其计算效率要高于 PLJERC-ADI-FDTD 方法(此处约高 5.5%)。

表 4.1 不同 FDTD 方法程序的平均计算时间(各程序采用 Matlab.10 编写而成)

单位:s

算法	DE-SO-FDTD	JE-SO-FDTD	ADE-ADI-FDTD	RC-FDTD
时间	9.7178	9.0694	3.3550	10.7450
算法	SO-FDTD-I	SO-FDTD-II	PLJERC-ADI-FDTD	
时间	9.9526	9.3921	3.5507	

4.2 改进的磁化等离子体 SO-FDTD 方法

当等离子体受到外磁场的作用时,等离子体的等效介电常数成为张量,此时的等离子体呈现电各向异性的性质。近些年来很多文献提出了分析各向异性等离子体电磁问题的 FDTD 方法,进一步促进了 FDTD 方法在等离子体领域的应用与发展。然而,这些文献大都只考虑了电磁波传播方向平行于外磁场方向时的各向异性等离子体的电磁问题。在很多实际应用中(如研究带电粒子在外加强磁场作用下的运动特性,电磁波在磁暴作用下的电离层中的传播特性),外加磁场方向与电磁波传播方向之间的夹角往往是变化的[116,117]。基于这种研究需求,一些学者将 FDTD 方法扩展到任意磁偏角(一般指外加磁场方向与某一坐标轴方向之间的夹

77

角)情况下各向异性等离子体电磁问题的求解应用中[118-120]。

本书针对各向异性磁化等离子体的电磁问题提出了两种改进的 SO-FDTD 方法:一是对外加磁场方向与某一笛卡儿坐标轴成任意夹角(磁偏角为任意夹角)时的磁化等离子体问题提出了一种改进的 SO-FDTD 方法;二是对磁偏角为 0°时的磁化等离子体问题提出了另一种改进的 SO-FDTD 方法。下面对这两种方法的关键步骤做具体介绍。

4.2.1 改进的基于任意磁偏角的磁化等离子体 SO-FDTD 方法

假设外加磁场位于直角坐标系中的 yOz 平面内,且外磁场的方向与 z 轴正向的夹角为 θ,则此时磁化等离子体的等效介电常数张量可表示为

$$\hat{\boldsymbol{\varepsilon}}(\omega) = \varepsilon_0(\boldsymbol{I} + \hat{\boldsymbol{\chi}}(\omega)) \tag{4.51}$$

式中:$\boldsymbol{I}$ 为单位张量;$\hat{\boldsymbol{\chi}}(=\hat{\boldsymbol{\chi}}(\omega))$ 为电极化张量,且有

$$\hat{\boldsymbol{\chi}}(\omega) = \boldsymbol{T}[\hat{\boldsymbol{\chi}}_{\theta=0°}]\boldsymbol{T}^{-1} \tag{4.52}$$

其中:$\boldsymbol{T}$ 为坐标变换矩阵;$\hat{\boldsymbol{\chi}}_{\theta=0°}$ 为磁偏角 $\theta=0°$ 时的等离子体的等效相对电极化张量。他们可表示为

$$[\boldsymbol{T}] = \begin{bmatrix} 0 & 1 & 0 \\ -\cos\theta & \sin\theta \\ \sin\theta & \cos\theta \end{bmatrix} \tag{4.53}$$

$$\hat{\boldsymbol{\chi}}_{\theta=0°} = \begin{bmatrix} \chi_{11}(\omega) & \chi_{12}(\omega) & 0 \\ \chi_{21}(\omega) & \chi_{22}(\omega) & 0 \\ 0 & 0 & \chi_{33}(\omega) \end{bmatrix} \tag{4.54}$$

$$\chi_{11}(\omega) = \chi_{22}(\omega) = \frac{-j\omega_p^2(j\omega + \nu_{en})}{\omega[(j\omega + \nu_{en})^2 + \omega_b^2]} \tag{4.55a}$$

$$\chi_{12}(\omega) = -\chi_{21}(\omega) = \frac{j\omega_p^2 \omega_b}{\omega[(j\omega + \nu_{en})^2 + \omega_b^2]} \tag{4.55b}$$

$$\chi_{33}(\omega) = \frac{-j\omega_p^2}{\omega(j\omega + \nu_{en})} \tag{4.55c}$$

令 $\chi_{ij}(\omega) = \chi_{ij}$,将式(4.53)及式(4.54)代入式(4.52),整理后可得

$$\hat{\boldsymbol{\chi}}(\omega) = \begin{bmatrix} \chi_{11} & \chi_{12}\cos\theta & -\chi_{12}\sin\theta \\ -\chi_{12}\cos\theta & \chi_{11}\cos^2\theta + \chi_{33}\sin^2\theta & (\chi_{33}-\chi_{11})\cos\theta\sin\theta \\ \chi_{12}\sin\theta & (\chi_{33}-\chi_{11})\cos\theta\sin\theta & \chi_{11}\sin^2\theta + \chi_{33}\cos^2\theta \end{bmatrix} \tag{4.56}$$

在磁化等离子体中,由电场、磁场和极化电流密度表示的麦克斯韦旋度方程组

在形式上仍同式(4.19a)及式(4.19b),现重写如下:

$$\nabla \times \boldsymbol{H} = \varepsilon_0 \frac{\partial \boldsymbol{E}}{\partial t} + \boldsymbol{J} \qquad (4.57\text{a})$$

$$\nabla \times \boldsymbol{E} = -\mu_0 \frac{\partial \boldsymbol{H}}{\partial t} \qquad (4.57\text{b})$$

而极化电流密度和电场强度之间的本构关系可通过电极化率张量表示为

$$\boldsymbol{J} = \mathrm{j}\omega\varepsilon_0 \hat{\boldsymbol{\chi}} \cdot \boldsymbol{E} \qquad (4.58)$$

取 $\boldsymbol{J}$ 和 $\boldsymbol{H}$ 的值位于半个时间步,$\boldsymbol{E}$ 的值位于整数时间步,并使 $\boldsymbol{J}$ 的位置与 $\boldsymbol{E}$ 的位置保持一致。以 x 分量为例对麦克斯韦旋度方程组做 FDTD 离散得到

$$E_x^{n+1} = E_x^n - \frac{\Delta t}{\varepsilon_0} J_x^{n+1/2} + \frac{\Delta t}{\varepsilon_0} \bigg[\frac{H_z^{n+1/2}(i+1/2,j+1/2,k) - H_z^{n+1/2}(i+1/2,j-1/2,k)}{\Delta y}$$

$$- \frac{H_y^{n+1/2}(i+1/2,j,k+1/2) - H_y^{n+1/2}(i+1/2,j,k-1/2)}{\Delta z} \bigg] \qquad (4.59\text{a})$$

$$H_x^{n+1/2} = H_x^{n-1/2} + \frac{\Delta t}{\mu_0} \left(\begin{array}{c} \dfrac{E_y^n(i,j+1/2,k+1) - E_y^n(i,j+1/2,k)}{\Delta z} \\ - \dfrac{E_z^n(i,j+1,k+1/2) - E_z^n(i,j,k+1/2)}{\Delta y} \end{array} \right)$$

$$(4.59\text{b})$$

式(4.57a)、式(4.57b)其他分量的计算过程与式(4.59a)、式(4.59b)类似。

将式(4.56)代入式(4.58),展开后得到 $\boldsymbol{J}$ 的各分量表达式为

$$J_x(\omega) = \mathrm{j}\omega\chi_{11} \cdot \varepsilon_0 E_x(\omega) + \mathrm{j}\omega\chi_{12}\cos\theta \cdot \varepsilon_0 E_y(\omega) - \mathrm{j}\omega\chi_{12}\sin\theta \cdot \varepsilon_0 E_z(\omega)$$

$$(4.60\text{a})$$

$$J_y(\omega) = -\mathrm{j}\omega\chi_{12}\cos\theta \cdot \varepsilon_0 E_x(\omega) + \mathrm{j}\omega(\chi_{11}\cos^2\theta + \chi_{33}\sin^2\theta) \cdot \varepsilon_0 E_y(\omega)$$
$$+ \mathrm{j}\omega(\chi_{33} - \chi_{11})\cos\theta\sin\theta \cdot \varepsilon_0 E_z(\omega) \qquad (4.60\text{b})$$

$$J_z(\omega) = \mathrm{j}\omega\chi_{12}\sin\theta \cdot \varepsilon_0 E_x(\omega) + \mathrm{j}\omega(\chi_{33} - \chi_{11})\cos\theta\sin\theta \cdot \varepsilon_0 E_y(\omega)$$
$$+ \mathrm{j}\omega(\chi_{11}\sin^2\theta + \chi_{33}\cos^2\theta) \cdot \varepsilon_0 E_z(\omega) \qquad (4.60\text{c})$$

将式(4.55)所示的本构参数代入式(4.60),并将式(4.60a)~式(4.60c)右边的系数写成有理分式的形式,经简单运算后得

$$\sum_{n=0}^{N} g_n (\mathrm{j}\omega)^n J_x = \varepsilon_0 \sum_{n=0}^{N} (A_{11\_n}(\mathrm{j}\omega)^n E_x + A_{12\_n}(\mathrm{j}\omega)^n E_y + A_{13\_n}(\mathrm{j}\omega)^n E_z)$$

$$(4.61\text{a})$$

$$\sum_{m=0}^{M} h_m (\mathrm{j}\omega)^m J_y = \varepsilon_0 \sum_{m=0}^{M} (A_{21\_m}(\mathrm{j}\omega)^m E_x + A_{22\_m}(\mathrm{j}\omega)^m E_y + A_{23\_m}(\mathrm{j}\omega)^m E_z)$$

$$(4.61\text{b})$$

$$\sum_{m=0}^{M} h_m (j\omega)^m J_z = \varepsilon_0 \sum_{m=0}^{M} (A_{31\_m} (j\omega)^m E_x + A_{32\_m} (j\omega)^m E_y + A_{33\_m} (j\omega)^m E_z)$$

(4.61c)

式中:$N=2;M=3;g_n$、h_m、A_{1l_n}、A_{2l_m} 及 $A_{3l\_m}(l=1,2,3;n=0,1,\cdots,N;m=0,1,\cdots,M)$ 的表达式为

$$\begin{cases} g_0 = \nu_{en}^2 + \omega_b^2, g_1 = 2\nu_{en}, g_2 = 1 \\ h_0 = \nu_{en}^3 + \nu_{en}\omega_b^2, h_1 = 3\nu_{en}^2 + \omega_b^2, h_2 = 3\nu_{en}, h_3 = 1 \\ A_{11\_0} = \nu_{en}\omega_p^2, A_{11\_1} = \omega_p^2, A_{11\_2} = 0 \\ A_{12\_0} = -\omega_b\omega_p^2\cos\theta, A_{12\_1} = 0, A_{12\_2} = 0 \\ A_{13\_0} = \omega_b\omega_p^2\sin\theta, A_{13\_1} = 0, A_{13\_2} = 0 \\ A_{21\_0} = \nu_{en}\omega_b\omega_p^2\cos\theta, A_{21\_1} = \omega_b\omega_p^2\cos\theta, A_{21\_2} = A_{21\_3} = 0 \\ A_{22\_0} = \nu_{en}^2\omega_p^2 + \omega_b^2\omega_p^2\sin^2\theta, A_{22\_1} = 2\omega_p^2\nu_{en}, A_{22\_2} = \omega_p^2, A_{22\_3} = 0 \\ A_{23\_0} = \omega_b^2\omega_p^2\cos\theta\sin\theta, A_{23\_1} = A_{23\_2} = A_{23\_3} = 0 \\ A_{31\_0} = -\nu_{en}\omega_b\omega_p^2\sin\theta, A_{31\_1} = -\omega_b\omega_p^2\sin\theta, A_{31\_2} = A_{31\_3} = 0 \\ A_{32\_0} = \omega_b^2\omega_p^2\sin\theta\cos\theta, A_{32\_1} = A_{32\_2} = A_{32\_3} = 0 \\ A_{33\_0} = \nu_{en}^2\omega_p^2 + \omega_b^2\omega_p^2\cos^2\theta, A_{33\_1} = 2\omega_p^2\nu_{en}, A_{33\_2} = \omega_p^2, A_{33\_3} = 0 \end{cases}$$

(4.62)

观察式(4.61a)~式(4.61c)可知,电流密度 J 的三个分量相互耦合,需要同时求解。根据 SO-FDTD 方法的基本原理,通过 $j\omega \to \partial/\partial t$ 把方程组(4.61)从频域变换到时域,然后引入移位算子 z_t,将本构关系方程组(4.61)变换为含有移位算子的离散时域差分格式,整理后可得

$$J_x^{n+\frac{1}{2}} = \frac{2\varepsilon_0}{p_0} \left(\sum_{i=0}^{2} B_{11\_i} E_x^{n-i} + \sum_{i=0}^{2} B_{12\_i} E_y^{n-i} + \sum_{i=0}^{2} B_{13\_i} E_z^{n-i} \right)$$
$$- \frac{1}{p_0} \left[(p_0 + p_1) J_x^{n-\frac{1}{2}} + (p_1 + p_2) J_x^{n-\frac{3}{2}} + p_2 J_x^{n-\frac{5}{2}} \right]$$

(4.63a)

$$J_y^{n+\frac{1}{2}} = \frac{2\varepsilon_0}{q_0} \left(\sum_{i=0}^{3} B_{21\_i} E_x^{n-i} + \sum_{i=0}^{3} B_{22\_i} E_y^{n-i} + \sum_{i=0}^{3} B_{23\_i} E_z^{n-i} \right)$$
$$- \frac{1}{q_0} \left[(q_0 + q_1) J_y^{n-\frac{1}{2}} + (q_1 + q_2) J_y^{n-\frac{3}{2}} + (q_2 + q_3) J_y^{n-\frac{5}{2}} + q_3 J_y^{n-\frac{7}{2}} \right]$$

(4.63b)

$$J_z^{n+\frac{1}{2}} = \frac{2\varepsilon_0}{q_0} \left(\sum_{i=0}^{3} B_{31\_i} E_x^{n-i} + \sum_{i=0}^{3} B_{32\_i} E_y^{n-i} + \sum_{i=0}^{3} B_{33\_i} E_z^{n-i} \right)$$
$$- \frac{1}{q_0} \left[(q_0 + q_1) J_z^{n-\frac{1}{2}} + (q_1 + q_2) J_z^{n-\frac{3}{2}} + (q_2 + q_3) J_z^{n-\frac{5}{2}} + q_3 J_z^{n-\frac{7}{2}} \right]$$

(4.63c)

为使上式中的相关系数能以简洁的数学形式表达出来,现定义如下两个矩阵:

$$\hat{N} = \begin{bmatrix} 1 & \delta & \delta^2 \\ 2 & 0 & -2\delta^2 \\ 1 & -\delta & \delta^2 \end{bmatrix}, \hat{M} = \begin{bmatrix} 1 & \delta & \delta^2 & \delta^3 \\ 3 & \delta & -\delta^2 & -3\delta^3 \\ 3 & -\delta & -\delta^2 & 3\delta^3 \\ 1 & -\delta & \delta^2 & -\delta^3 \end{bmatrix} \quad (4.64)$$

式中:$\delta = 2/\Delta t$。

这样一来,出现在方程组(4.63)中的系数 B_{1i_r}、B_{2i_k}、B_{3i_k}、p_r 及 q_k($i = 1, 2, 3; r = 0, 1, 2; k = 0, 1, 2, 3$) 可表示为

$$\begin{cases} \begin{bmatrix} p_0 \\ p_1 \\ p_2 \end{bmatrix} = \hat{N} \cdot \begin{bmatrix} g_0 \\ g_1 \\ g_2 \end{bmatrix}, \begin{bmatrix} B_{1i\_0} \\ B_{1i\_1} \\ B_{1i\_2} \end{bmatrix} = \hat{N} \cdot \begin{bmatrix} A_{1i\_0} \\ A_{1i\_1} \\ A_{1i\_2} \end{bmatrix} \\ \begin{bmatrix} q_0 \\ q_1 \\ q_2 \\ q_3 \end{bmatrix} = \hat{M} \cdot \begin{bmatrix} h_0 \\ h_1 \\ h_2 \\ h_3 \end{bmatrix}, \begin{bmatrix} B_{2i\_0} \\ B_{2i\_1} \\ B_{2i\_2} \\ B_{2i\_3} \end{bmatrix} = \hat{M} \cdot \begin{bmatrix} A_{2i\_0} \\ A_{2i\_1} \\ A_{2i\_2} \\ A_{2i\_3} \end{bmatrix}, \begin{bmatrix} B_{3i\_0} \\ B_{3i\_1} \\ B_{3i\_2} \\ B_{3i\_3} \end{bmatrix} = \hat{M} \cdot \begin{bmatrix} A_{3i\_0} \\ A_{3i\_1} \\ A_{3i\_2} \\ A_{3i\_3} \end{bmatrix} \end{cases} \quad (4.65)$$

由式(4.63)~式(4.65)可以实现由 E 到 J 的递推计算。但需要注意的是,由于在计算电流密度的某一分量时都要用到电场的三个分量,所以需要对其中两个电场分量做空间插值处理。例如式(4.63a)的差分格式,J_x 的迭代求解是以 Yee 元胞中 $J_x(E_x)$ 的节点位置为准进行离散差分的,而 E_y、E_z 的位置均不在这一节点位置上,这时需要按照 Yee 元胞中场分量节点位置对 E_y 及 E_z 做空间插值,即

$$E_y^n(i + 1/2, j, k) = \frac{1}{4}[E_y^n(i, j + 1/2, k) + E_y^n(i, j - 1/2, k)$$
$$+ E_y^n(i + 1, j + 1/2, k) + E_y^n(i + 1, j - 1/2, k)]$$
(4.66a)

$$E_z^n(i, j, k + 1/2) = \frac{1}{4}[E_z^n(i, j, k + 1/2) + E_z^n(i + 1, j, k + 1/2)$$
$$+ E_z^n(i, j, k - 1/2) + E_z^n(i + 1, j, k - 1/2)]$$
(4.66b)

式(4.63b)中的 E_x、E_z 及式(4.63c)中的 E_x、E_y 需要做类似的空间插值转换。

综上所述可知,按照式(4.59b)→方程组(4.63)→式(4.59a)的顺序实行计算即可实现 FDTD 的一轮迭代计算,但是对方程组(4.63)实施直接的递推计算需要额外采用多达 23 个辅助变量(数组)来备份保存以前时刻的场分量值,即 E_x^{n-i}、E_y^{n-i}、E_z^{n-i}、$J_y^{n-1/2-i}$、$J_z^{n-1/2-i}$、$J_x^{n-1/2-l}$($i = 0, 1, 2, 3; l = 0, 1, 2$),无疑增大了计算的内存开销。为本书后面讨论的简便,不妨称这种直接依靠辅助变量来递推计

算方程组(4.63)进而完成上述FDTD迭代循环的方法为原始的基于任意磁偏角的SO-FDTD方法。

为了解决直接迭代计算方程组(4.63)所带来的内存消耗大的问题,运用4.3节提到的内存优化算法来实现方程组(4.63)的迭代循环。引入两个辅助变量J_{x1}和J_{x2}(J_{x1}和J_{x2}都是与J_x相同维数的数组),式(4.63a)可改写为以下三个更新方程:

$$J_x^{n+\frac{1}{2}} = \frac{2\varepsilon_0}{p_0}(B_{11\_0}E_x^n + B_{12\_0}E_y^n + B_{13\_0}E_z^n) - \frac{p_0+p_1}{p_0}\text{temp\_}J_x + J_{x1}^{n-\frac{1}{2}}$$
(4.67a)

$$J_{x1}^{n+\frac{1}{2}} = \frac{2\varepsilon_0}{p_0}(B_{11\_1}E_x^n + B_{12\_1}E_y^n + B_{13\_1}E_z^n) - \frac{p_1+p_2}{p_0}\text{temp\_}J_x + J_{x2}^{n-\frac{1}{2}}$$
(4.67b)

$$J_{x2}^{n+\frac{1}{2}} = \frac{2\varepsilon_0}{p_0}(B_{11\_2}E_x^n + B_{12\_2}E_y^n + B_{13\_2}E_z^n) - \frac{p_2}{p_0}\text{temp\_}J_x \quad (4.67c)$$

式中:temp_J_x(=$J_x^{n-1/2}$)是一个临时变量(不是数组,仅占内存中的一个字),用以在计算式(4.67)之前备份存储$J_x^{n-1/2}$。采用类似于4.1.1节中FDTD伪代码所展示的方法,在FDTD的每一轮迭代计算中依次实现式(4.67a)~式(4.67c)就实现了对式(4.63a)的迭代循环,并且这种实现式(4.63a)的方式只需要两个辅助变量,比直接迭代计算式(4.63a)节约了很多(10个)辅助变量。

类似的,采用内存优化算法可以实现对式(4.63b)、式(4.63c)的迭代循环。例如,引入临时变量temp_$J_y = J_y^{n-1/2}$和三个辅助变量J_{y1}、J_{y2}、J_{y3}(J_{y1}、J_{y2}和J_{y3}都是与J_y相同维数的数组),式(4.63b)的更新可由以下四个方程依次计算来完成:

$$J_y^{n+\frac{1}{2}} = \frac{2\varepsilon_0}{q_0}(B_{21\_0}E_x^n + B_{22\_0}E_y^n + B_{23\_0}E_z^n) - \frac{q_0+q_1}{q_0}\text{temp\_}J_y + J_{y1}^{n-\frac{1}{2}}$$
(4.68a)

$$J_{y1}^{n+\frac{1}{2}} = \frac{2\varepsilon_0}{q_0}(B_{21\_1}E_x^n + B_{22\_1}E_y^n + B_{23\_1}E_z^n) - \frac{q_1+q_2}{q_0}\text{temp\_}J_y + J_{y2}^{n-\frac{1}{2}}$$
(4.68b)

$$J_{y2}^{n+\frac{1}{2}} = \frac{2\varepsilon_0}{q_0}(B_{21\_2}E_x^n + B_{22\_2}E_y^n + B_{23\_2}E_z^n) - \frac{q_2+q_3}{q_0}\text{temp\_}J_y + J_{y3}^{n-\frac{1}{2}}$$
(4.68c)

$$J_{y3}^{n+\frac{1}{2}} = \frac{2\varepsilon_0}{q_0}(B_{21\_3}E_x^n + B_{22\_3}E_y^n + B_{23\_3}E_z^n) - \frac{q_3}{q_0}\text{temp\_}J_y \quad (4.68d)$$

由此可见,采用本书所提的内存优化算法来实现方程组(4.63)可以大大降低 SO-FDTD 方法本身引起的内存开销,为改进计算效率提供了一条可行的途径。综合上述公式,总结得到改进的基于任意磁偏角的磁化等离子体 SO-FDTD 方法递推计算过程如下:

(1) 由式(4.59b)得到 E 到 H 的递推计算;

(2) 由式(4.67a)~式(4.67c)和式(4.68a)~式(4.68d)得到 E 到 J 的递推计算;

(3) 由式(4.59a)得到 J、H 到 E 的递推计算;

(4) 按照(1)、(2)、(3)顺序进行下一次迭代计算。

为了更好地说明本书提出的改进的基于任意磁偏角的磁化等离子体 SO-FDTD 方法在节约内存方面的优势,我们比较了三种不同 FDTD 方法在计算三维(3D)磁化等离子体问题时所使用的数组类型变量的数目(这些变量用于在 FDTD 迭代循环中存储相关电磁场量在整个网格空间的值),如表4.2所列。表中,改进的基于任意磁偏角的磁化等离子体 SO-FDTD 方法和原始的基于任意磁偏角的磁化等离子体 SO-FDTD 方法均是本书此处提出的算法,只是前者结合了内存优化算法,而后者没有采用内存优化算法;文献中的 SO-FDTD 方法是指文献[71]提出的基于 kDB 坐标系的 SO-FDTD 方法(该方法可计算入射波方向与外磁场矢量成任意夹角时的磁化等离子体的电磁特性)。为了对比的一致性,对本书提出的 SO-FDTD 方法构造了与文献[71]一致的计算条件:电磁波传播方向平行于 z 轴,外加偏置磁场与 z 轴成任一 θ 角度——相当于入射波方向与外磁场矢量成任意夹角。在此前提下,对于建立在笛卡儿坐标系上的 SO-FDTD 方法来说没有必要计算磁场的 H_z 分量。由表4.2可知,与其他两种 FDTD 方法相比,本书提出的改进的基于任意磁偏角的磁化等离子体 SO-FDTD 方法在 FDTD 迭代计算中所消耗的数组类型变量是最少的。从变量数目对比可以看出,本书提出的改进型算法与文献[71]中的 FDTD 算法相比,在三维问题上可节约一半以上的内存需求。通过简单的推导

表4.2 在三维(3D)磁化等离子体问题的迭代计算过程中,不同 FDTD 方法所使用的存储电磁场量的数组类型变量的数目

FDTD 方法		改进的基于任意磁偏角的 SO-FDTD 方法 (结合了内存优化算法)							原始的基于任意磁偏角的 SO-FDTD 方法 (没有采用内存优化算法)							文献中的 SO-FDTD 方法 (基于 kDB 坐标系)						
3D	场量	J_x	J_y	J_z	E_x	E_y	E_z	H_x	H_y	J_x	J_y	J_z	E_x	E_y	E_z	H_x	H_y	D_1	D_2	E_1	E_2	E_3	H_1	H_2
	每个场量所需的三维变量(数组)的数量	3	4	4	1	1	1	1	1	4	5	5	5	5	5	1	1	7	7	5	7	7	1	1
	三维变量(数组)的总数量	16								31								35						

同样可以发现,在二维或一维磁化等离子体问题上,本书提出的改进型算法相对其他两种方法而言也具有最小的变量数量需求。

4.2.2 改进的基于0°磁偏角的磁化等离子体SO-FDTD方法

在磁化碰撞等离子体中,麦克斯韦旋度方程组仍同式(4.57a)、式(4.57b),而极化电流密度辅助方程可表示为

$$\frac{d\boldsymbol{J}}{dt} + v_{en}\boldsymbol{J} = \varepsilon_0\omega_p^2\boldsymbol{E} + \omega_b \times \boldsymbol{J} \tag{4.69}$$

假设外磁场方向位于z轴正向(磁偏角为0°),则式(4.69)可分解为

$$\frac{dJ_x}{dt} + v_{en}J_x = \varepsilon_0\omega_p^2 E_x - \omega_b J_y \tag{4.70a}$$

$$\frac{dJ_y}{dt} + v_{en}J_y = \varepsilon_0\omega_p^2 E_y + \omega_b J_x \tag{4.70b}$$

$$\frac{dJ_z}{dt} + v_{en}J_z = \varepsilon_0\omega_p^2 E_z \tag{4.70c}$$

利用式(4.3)、式(4.5)所示的移位算子特性,式(4.70a)、式(4.70b)可直接从时域转换至离散时域,整理后得

$$(v_{en} + 2/\Delta t)J_x^{n+1/2} + 2v_{en}J_x^{n-1/2} + (v_{en} - 2/\Delta t)J_x^{n-3/2}$$
$$= 2\varepsilon_0\omega_p^2(E_x^n + E_x^{n-1}) - \omega_b(J_y^{n+1/2} + 2J_y^{n-1/2} + J_y^{n-3/2}) \tag{4.71a}$$

$$(v_{en} + 2/\Delta t)J_y^{n+1/2} + 2v_{en}J_y^{n-1/2} + (v_{en} - 2/\Delta t)J_y^{n-3/2}$$
$$= 2\varepsilon_0\omega_p^2(E_y^n + E_y^{n-1}) + \omega_b(J_x^{n+1/2} + 2J_x^{n-1/2} + J_x^{n-3/2}) \tag{4.71b}$$

由式(4.71a)、式(4.71b)可知,电流密度的分量J_x和J_y相互耦合,FDTD方程需要同时求解。结合式(4.71a)和式(4.71b),经过简单的代数运算后,可得J_x和J_y的更新方程为

$$J_x^{n+1/2} = \frac{1}{d_0}\Big(a\sum_{i=0}^{N}E_x^{n-i} - b\sum_{i=0}^{N}E_y^{n-i} - c\sum_{i=0}^{N}J_y^{n-1/2-i}\Big) - \frac{1}{d_0}\sum_{i=1}^{2}d_i J_x^{n+1/2-i}$$
$$\tag{4.72a}$$

$$J_y^{n+1/2} = \frac{1}{d_0}\Big(a\sum_{i=0}^{N}E_y^{n-i} + b\sum_{i=0}^{N}E_x^{n-i} + c\sum_{i=0}^{N}J_x^{n-1/2-i}\Big) - \frac{1}{d_0}\sum_{i=1}^{2}d_i J_y^{n+1/2-i}$$
$$\tag{4.72b}$$

式中:$N = 1$;a、b、c、$d_i(i = 0, 1, 2)$可表示为

$$\begin{cases} a = 2\varepsilon_0\omega_p^2(v_{en} + 2/\Delta t), b = 2\varepsilon_0\omega_b\omega_p^2, c = 4\omega_b/\Delta t \\ d_0 = (2/\Delta t + v_{en})^2 + \omega_b^2, d_1 = 2v_{en}(2/\Delta t + v_{en}) + 2\omega_b^2 \\ d_2 = v_{en}^2 + \omega_b^2 - x(2/\Delta t)^2 \end{cases} \tag{4.73}$$

J_z 的计算不涉及其他方向的场分量的相互耦合,可按常规 SO-FDTD 方法处理。将式(4.3)、式(4.5)代入式(4.70c),整理后得 J_z 的一般形式的迭代方程为

$$J_z^{n+\frac{1}{2}} = \frac{q}{p_0} \sum_{i=0}^{1} E_z^{n-i} - \frac{1}{p_0} \sum_{i=1}^{2} p_i J_z^{n+\frac{1}{2}-i} \qquad (4.74)$$

式中:q 和 $p_i(i=0, 1, 2)$ 的表达式为

$$q = 2\varepsilon_0 \omega_p^2, p_0 = \nu_{en} + 2/\Delta t, p_1 = 2\nu_{en}, p_2 = \nu_{en} - 2/\Delta t \qquad (4.75)$$

由式(4.72)和式(4.74)可以实现由 E 到 J 的递推计算。然而,在 FDTD 程序中直接实现式(4.72)和式(4.74)需要补充多个辅助变量来存储过去时刻的电场值和电流密度值。例如,对方程组(4.72)实行直接迭代计算,至少需要四个辅助变量来备份保留 E_x^{n-1}、E_y^{n-1}、$J_x^{n-3/2}$ 和 $J_y^{n-3/2}$。由于这些辅助变量实质上是与 J、E 同维数的数组,直接对式(4.72)、式(4.74)实施迭代计算将增加内存需求。为了克服上述不足,使用针对高阶差分方程的内存优化算法(参见 4.3 节)来实现式(4.72)和式(4.74)。引入一个辅助变量 J_{x1},式(4.72a)可改写为以下两个更新方程:

$$J_x^{n+\frac{1}{2}} = \frac{1}{d_0}(a \cdot E_x^n - b \cdot E_y^n - c \cdot \text{temp}J_y) - \frac{d_1}{d_0}\text{temp}J_x + J_{x1}^{n-\frac{1}{2}} \qquad (4.76a)$$

$$J_{x1}^{n+\frac{1}{2}} = \frac{1}{d_0}(a \cdot E_x^n - b \cdot E_y^n - c \cdot \text{temp}J_y) - \frac{d_2}{d_0}\text{temp}J_x \qquad (4.76b)$$

同理,引入一个辅助变量 J_{y1},式(4.72b)的迭代可由如下两个方程代替:

$$J_y^{n+\frac{1}{2}} = \frac{1}{d_0}(a \cdot E_y^n + b \cdot E_x^n + c \cdot \text{temp}J_x) - \frac{d_1}{d_0}\text{temp}J_y + J_{y1}^{n-\frac{1}{2}} \qquad (4.77a)$$

$$J_{y1}^{n+\frac{1}{2}} = \frac{1}{d_0}(a \cdot E_y^n + b \cdot E_x^n + c \cdot \text{temp}J_x) - \frac{d_2}{d_0}\text{temp}J_y \qquad (4.77b)$$

在式(4.76)、式(4.77)中,$\text{temp}J_x$ 和 $\text{temp}J_y$ 是临时变量(仅占内存中的一个个字),它们分别用来备份存储 $J_x^{n-1/2}$ 和 $J_y^{n-1/2}$($\text{temp}J_x = J_x^{n-1/2}$,$\text{temp}J_y = J_y^{n-1/2}$)。在 FDTD 的每一轮迭代计算中依次实现式(4.76a)、式(4.76b)和式(4.77a)~式(4.77b)就实现了对 J_x 和 J_y 的迭代循环,并且这种实现方式只需要两个辅助变量,比对式(4.72a)、式(4.72b)执行直接迭代节约了一半以上的辅助变量。

类似的,引入一个占 1B 的临时变量 $\text{temp}J_z = J_z^{n-1/2}$ 和一个与 J_z 同维数的辅助变量 J_{z1},式(4.74)的迭代计算可由以下两式依次更新来实现:

$$J_z^{n+\frac{1}{2}} = \frac{q}{p_0}E_z^n - \frac{p_1}{p_0}\text{temp}J_z + J_{z1}^{n-\frac{1}{2}} \qquad (4.78a)$$

$$J_{z1}^{n+\frac{1}{2}} = \frac{q}{p_0}E_z^n - \frac{p_2}{p_0}\text{temp}J_z \qquad (4.78b)$$

综上所述,得到改进的基于0°磁偏角的磁化等离子体SO-FDTD方法的计算过程如下:

(1) 由式(4.59b)得到 E 到 H 迭代;
(2) 由式(4.76)~式(4.78)得到 E 到 J 迭代;
(3) 由式(4.59a)得到 J、H 到 E 迭代;
(4) 按照(1)、(2)、(3)顺序进行下一次迭代。

为了说明上述改进的基于0°磁偏角的磁化等离子体SO-FDTD方法在减少计算内存上的优势,我们比较了三种不同SO-FDTD方法在模拟一维(1D)磁化等离子体电磁问题上所使用的数组类型变量的数目(这些变量用于在FDTD迭代循环中存储相关电磁场量在整个网格空间的值),如表4.3所列。这三种SO-FDTD方法分别是本节提出的改进的基于0°磁偏角的磁化等离子体SO-FDTD方法、4.2.1节提出的改进的基于任意磁偏角的磁化等离子体SO-FDTD方法和文献[70]提出的SO-FDTD方法。为对这三种FDTD方法构造相同的计算条件,这里假设电磁波传播方向和外加偏置磁场方向均平行于 z 轴。在此条件下,这三种SO-FDTD方法在一维磁化等离子体问题中都不需计算 E_z、J_z 和 H_z 这三个分量。

表4.3 在模拟一维(1D)磁化等离子体的迭代计算过程中,不同SO-FDTD方法用以存储电磁场量所使用的数组类型变量的数目

	J_x	J_y	E_x	E_y	H_x	H_y
改进的基于0°磁偏角的磁化等离子体SO-FDTD方法	2	2	1	1	1	1
改进的基于任意磁偏角的磁化等离子体SO-FDTD方法	3	4	1	1	1	1
文献[70]提出的SO-FDTD方法	4	4	4	4	1	1

由表4.3显然易见:改进的基于0°磁偏角的磁化等离子体SO-FDTD算法相对其他两种SO-FDTD算法而言能够明显降低在FDTD迭代计算中所使用的变量(数组)数目。至于二维(2D)或三维(3D)磁化等离子体问题,通过简单的推理同样可以发现,本节提出的改进的SO-FDTD方法在节省内存开支方面的优势是最大的,关于这方面分析此处从略。另外,和文献[66]和文献[73]提出的基于 D 和 E 本构关系的磁化等离子体SO-FDTD方法相比较,无论是公式推导还是编程计算的方面,本节提出的改进型SO-FDTD方法不仅内存占用量少,而且相对简单,使用更方便。

4.2.3 算法验证与分析

通过"空气+等离子体平板+空气"的一维电磁模型,对以上提到的改进的磁化

等离子体 SO-FDTD 算法进行验证和分析。假设等离子体平板的法向平行于 z 轴，平板的厚度 $d=9\text{mm}$，电磁波沿 z 轴方向入射到等离子体平板上，相应的电磁问题模型如图 4.4 所示，图中 $\boldsymbol{B}_0$ 表示外加磁场。以下分两种情况进行讨论。

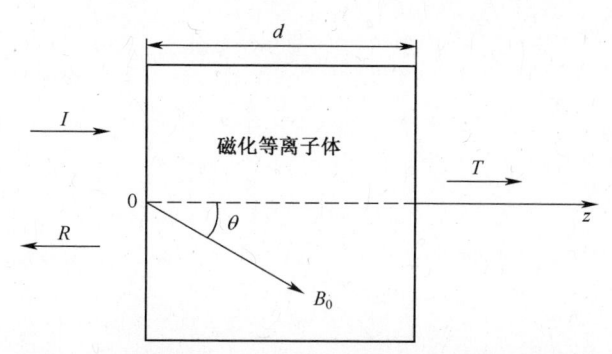

图 4.4 电磁波垂直入射到磁化等离子体平板的电磁模型

1. 电磁波与外磁场方向成 45°角或 65°角入射到磁化等离子体平板

由电动力学理论可知，当磁偏角 θ 介于 0°~90°之间时，在等离子体中传播的电磁波演变为两个特征波，即 Ⅰ 型波（左旋椭圆极化波）和 Ⅱ 型波（右旋椭圆极化波）。设置磁化等离子体的参数：$\omega_p = 2\pi \times 50 \times 10^9 \text{ rad/s}, v_{en} = 2 \times 10^{10} \text{Hz}, \omega_b = 3 \times 10^{11} \text{ rad/s}$。FDTD 仿真时设置相关参数：空间步长 $\Delta s = 75\mu\text{m}$；时间步长 $\Delta t = 0.125\text{ps}$；入射波源为式(4.50)所示的微分高斯脉冲源，其中 $t_0 = 70\Delta t, \tau = 140\Delta t$；计算空间取 450 个空间步长，其中等离子体占据 200~320 的网格，其余网格为空气介质；计算空间两端设为 Mur 吸收边界。

θ 取 45°或 65°，采用 4.2.1 节提出的改进型 SO-FDTD 算法、文献[157]提出的基于 kDB 坐标系的 SO-FDTD 算法（这里不妨称为 kDB-SO-FDTD 算法）以及解析方法对图 4.4 中的问题模型进行了计算，得到 Ⅰ 型波、Ⅱ 型波的反射系数和透射系数随频率变化的趋势如图 4.5 和图 4.6 所示，图中改进的 SO-FDTD 方法即指改进的基于任意磁偏角的磁化等离子体 SO-FDTD 方法。Ⅰ 型波或 Ⅱ 型波反射、透射系数的计算公式在文献[35,75]中有详细推导，此处从略。

由图 4.5 和图 4.6 可知，总体上两种 SO-FDTD 方法都与解析解吻合得很好，然而，在某些频段内 Ⅱ 型波透射系数的 FDTD 数值解与解析解之间存在明显的差异，这是因为这些频带正好处于 Ⅱ 型波的阻带范围内。另外，从图 4.6(b)不难看出，相对于 kDB-SO-FDTD 方法而言，改进的 SO-FDTD 方法计算得到的 Ⅱ 型波透射系数在阻带附近与解析解吻合的程度更高，对阻带的预测更准确，这说明改进的 SO-FDTD 方法在精度上要高于 kDB-SO-FDTD 方法。

为了比较不同 SO-FDTD 方法的计算效率，针对上述电磁模型做了一个测试。假设电磁波传播方向与外加磁场方向夹角为 45°，FDTD 仿真参数及磁化等离子体

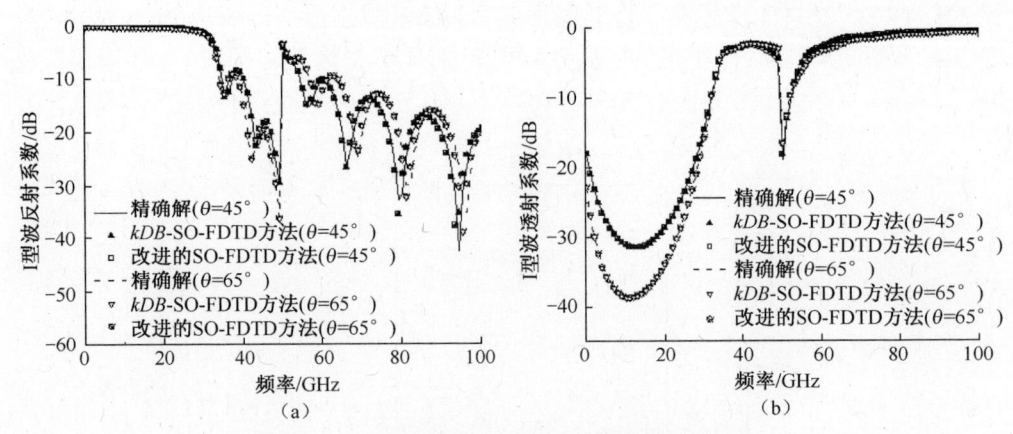

图4.5 Ⅰ型波的反射系数幅度和透射系数幅度
(a)反射系数;(b)透射系数。

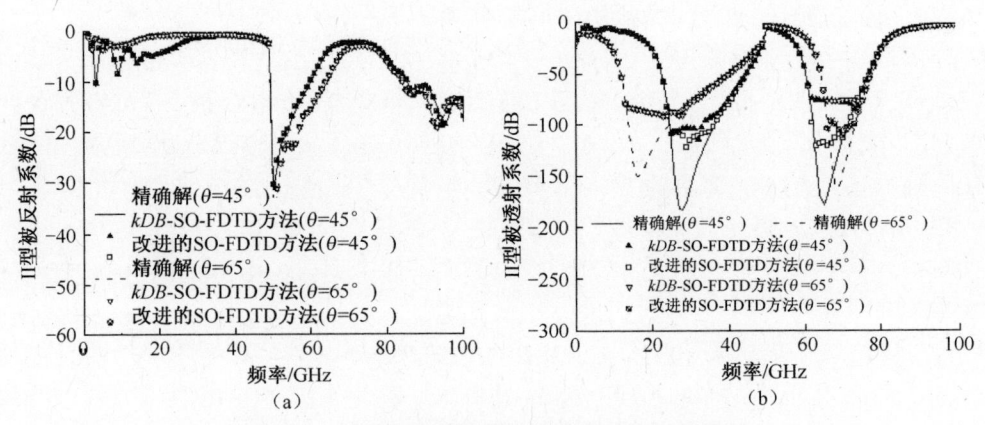

图4.6 Ⅱ型波的反射系数幅度和透射系数幅度
(a)反射系数;(b)透射系数。

的参数同上,但等离子体厚度及相应的计算空间长度取不同的大小,现分三种情形来进行测试:情形1,整个计算空间剖分为450个网格步长,其中等离子体占据200~320的网格(与上述电磁问题的空间规模一致);情形2,整个计算空间取为1000个空间步长,等离子体占据其中200~800的网格,即等离子体厚度为45mm;情形3,整个计算空间分为1600个空间步长,等离子体占据其中200~1400的网格,相当于等离子体厚度为90mm。采用4.2.1节提出的改进型SO-FDTD方法和kDB-SO-FDTD方法对上述三种情形下的一维等离子体电磁问题进行了计算,运行时间步数设为10000步。两种FDTD方法的程序皆用Matlab 10.0编写而成,并运行在同一计算机上(CPU类型:Intel(R) Core(TM) i5-2400 CPU @ 3.10 GHz)。表4.4对比给出了两种SO-FDTD方法在计算上述三种情形的等离子体电磁问题时所消耗的平均时间。这里所指的平均时间为各种 FDTD 程序针对同一问题在同一计算机上运行 6 次的统计平均值。由表 4.4 可知,对于任一情形的等离子体问题而言,4.2.1 节提出的改进型 SO-FDTD 方法的计算时间均小于 kDB-SO-FDTD 方法的计算时间,并且随着计算空间规模的增大,改进型 SO-FDTD 方法相对 kDB-SO-FDTD 方法的计算效率也逐渐提高(相应的计算时间缩减量由情形 1 的 1.67% 提高到情形 3 的 15.31%)。

表 4.4 在三种不同情形的磁化等离子体电磁问题中,4.2.1 节提出的改进型 SO-FDTD 方法和文献[71]提出的 kDB-SO-FDTD 方法的平均计算时间(单位:s)

	情形 1	情形 2	情形 3
改进的基于任意磁偏角的磁化等离子体 SO-FDTD 方法	1.7120	3.5448	5.7983
kDB-SO-FDTD 方法	1.7411	4.0371	6.8468

综合以上分析可知,改进的基于任意磁偏角的磁化等离子体 SO-FDTD 方法不论在精度上还是在效率上均高于文献[71]提出的 kDB-SO-FDTD 方法。造成这一事实的原因主要是:对于本书改进的 SO-FDTD 算法,其本构关系差分方程的阶数比较低(本构关系方程组(4.61)中 $j\omega$ 的阶数为 $N=2$ 及 $M=3$,致使后面的离散时域差分方程组(4.63)的阶数也比较低),并且采用了内存优化算法来提高差分方程的迭代效率;而文献[71]中的本构关系差分方程具有较高的阶数(D 和 E 的本构方程中 $j\omega$ 的阶数分别为 4 和 6),并且文献[71]对高阶差分方程的迭代计算是直接展开的,没有采取任何措施来改进其计算效率。因此,改进的基于任意磁偏角的磁化等离子体 SO-FDTD 算法相比 kDB-SO-FDTD 方法能够减少积累误差的产生,并降低计算时耗。

2. 电磁波平行于外磁场方向入射到磁化等离子体平板

由文献[95]可知,此时的等离子体呈横电各向异性,故 $E_z=0$,$D_z=0$($J_z=0$),$H_z=0$;并且在等离子体中传播的特征波为 LCP 波和 RCP 波。磁化等离子体的各项参数:$\omega_p=2\pi\times28.7\times10^9$ rad/s,$v_{en}=2\times10^{10}$ Hz,$\omega_b=8.8\times10^{10}$ rad/s。FDTD 仿真参数的设置同 4.2.3 节中"1. 电磁波与外磁场成 45°角或 65°角入射到等离子板"。采用本章提出的改进的基于任意磁偏角的磁化等离子体 SO-FDTD 算法、改进的基于 0°磁偏角的磁化等离子体 SO-FDTD 算法、文献[70]提出的改进的基于 J 和 E 本构关系的 SO-FDTD 算法以及解析方法[115]对图 4.4 所示问题模型进行了计算,得到 LCP 波、RCP 波的反射系数和透射系数随频率变化的趋势如图 4.7 和图 4.8 所示。其中,LCP 波、RCP 波反射及透射系数的计算公式取自文献[74]。由图 4.7 和图 4.8 可知,三种 SO-FDTD 方法的计算结果相当一致,且在整个频带上都与解析解吻合得很好。对比图 4.2 和图 4.7 可以发现,LCP 波与非磁化等离子体中电磁波的传播特性相似,而 RCP 波的传播现象却与之相差甚远,这主要是由它们各自的传播机理的不同决定的。

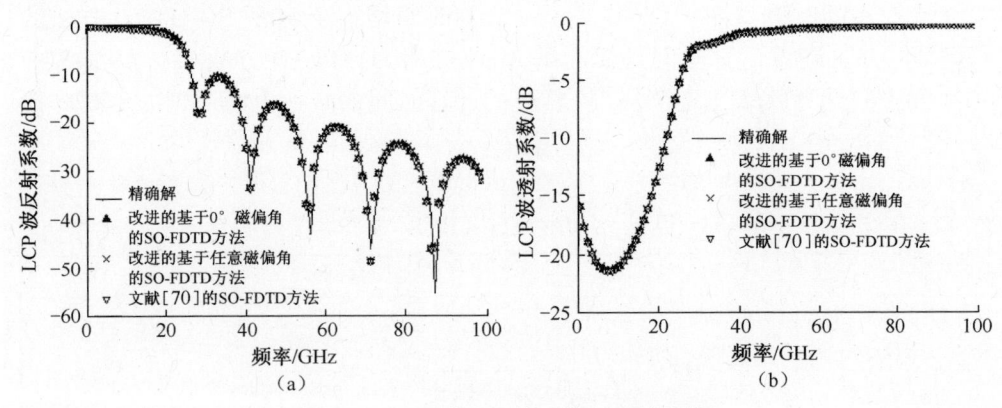

图 4.7 LCP 波的反射系数和透射系数
(a)反射系数;(b)透射系数。

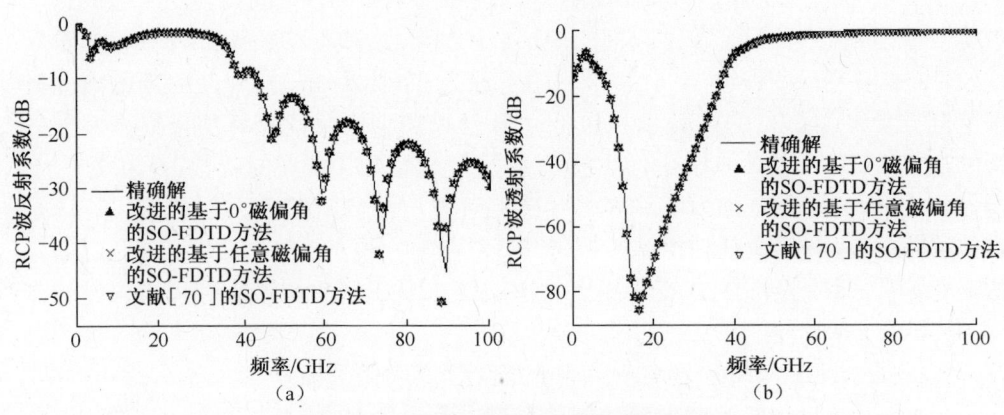

图 4.8 RCP 波的反射系数和透射系数
(a)反射系数;(b)透射系数。

为了考察不同 SO-FDTD 方法的计算效率,我们将上述电磁模型改成三种情形下的电磁问题并做了一个测试。这三种情形与 4.2.3 节第一部分所述完全相同,只是前提条件发生改变而已。这里的前提条件是电磁波传播方向平行于外加磁场方向,FDTD 仿真参数及磁化等离子体的参数同 4.2.3 节第二部分。采用上述提到的三种 SO-FDTD 方法对不同情形下的等离子体电磁问题进行了计算,运行时间步数均设为 10000 步。各种 FDTD 方法的程序皆用 Matlab 10.0 编写而成,并运行在同一计算机(相关配置:Intel(R) Core(TM) i5-2400 CPU @ 3.10GHz)上。表 4.5 对比给出了三种 SO-FDTD 方法在计算上述三种情形的等离子体电磁问题时所消耗的平均时间。这里所说的平均时间为各种 FDTD 程序针对同一问题在同一计算机上运行 10 次的统计平均值。

由表 4.5 可以看出,对于任一情形的等离子体问题而言,改进的基于 0° 磁偏角的磁化等离子体 SO-FDTD 方法的计算时间均小于其他两种 SO-FDTD 方法的计算时间,并且随着计算空间规模的增大,该方法相对其他两种 FDTD 方法能够节约更多的计算时间。因此,改进的基于 0° 磁偏角的磁化等离子体 SO-FDTD 方法的计算效率优于其他两种 SO-FDTD 方法。造成这一现象的主要原因有两点:首先,在这三种方法中,改进的基于 0° 磁偏角的磁化等离子体 SO-FDTD 方法在迭代循环中用来存储电磁场量的变量(数组)数目是最少的,可以节约大量内存;其次,该方法具有比其他两种 FDTD 方法更简单的递推公式(如 J 和 E 之间的递推公式比其他两种方法中对应的递推公式更简单)。

表 4.5　在三种不同规模的 0° 磁偏角磁化等离子体问题中,
不同 SO-FDTD 方法的平均计算时间 (单位:s)

	情形 1	情形 2	情形 3
改进的基于 0° 磁偏角的磁化等离子体 SO-FDTD 方法	1.4404	2.4320	3.5801
改进的基于任意磁偏角的磁化等离子体 SO-FDTD 方法	1.5967	3.0841	4.8685
文献[70]中的 SO-FDTD 方法	1.5775	3.0107	4.7545

由表 4.5 还可以发现,改进的基于任意磁偏角的磁化等离子体 SO-FDTD 方法的计算效率稍逊于文献[70]的方法。这是因为该方法(改进的基于任意磁偏角的磁化等离子体 SO-FDTD 方法)的递推公式要相对复杂一些。另外,考虑到程序应用的一般化,作者没有对该方法的程序做修改,程序仍然对 J_z 和 E_z 进行了计算,而其他两种方法没有对这两个分量进行求解。但是,该方法可以计算磁偏角为任意角度的磁化等离子体问题,这种优势是其他两种 SO-FDTD 方法无法比拟的。

4.3　提升高阶差分方程迭代计算效率的内存优化算法

SO-FDTD 方法在仿真等离子体等色散介质的电磁问题时容易产生高阶差分方程,例如:

$$J_\xi^{n+\frac{1}{2}} = \sum_{m=0}^{M_1} a_m J_\xi^{n-\frac{1}{2}-m} + \sum_{m=0}^{M_2} b_m E_\xi^{n-m} \quad (\xi = x, y, z) \qquad (4.79\text{a})$$

或

$$E_\xi^{n+1} = \sum_{m=0}^{M_1} c_{m+1} E_\xi^{n-m} + \sum_{m=0}^{M_2} d_{m+1} D_\xi^{n-m} + d_0 D_\xi^{n+1} \quad (\xi = x, y, z) \quad (4.79b)$$

式中：a_m、b_m、c_m、d_m为系数；M_1、$M_2 \geq 1$；极化电流密度J_ξ、电场强度E_ξ和电位移矢量$\boldsymbol{D}_\xi$采用数组存储（例如，在三维情况下它们是三维数组，在二维情况下它们是二维数组）。类似于式（4.79）的高阶差分方程通常产生于对色散介质本构关系方程的移位算子离散[121]。由于高阶差分方程的迭代计算需要很多辅助变量（数组）来保存以前时刻的场变量（J_ξ、E_ξ、D_ξ）值，所以高阶差分方程的出现增加了SO-FDTD仿真的内存负担，特别是在三维情况下。如果直接计算式（4.79），即引入额外的辅助变量来备份保留所有以前时刻的场变量值，那么需要的辅助变量将是最多的，为M_1+M_2+2个。如果是对电大尺寸物体进行仿真，这种由辅助变量带来的内存消耗将大大降低FDTD应用的效率。

本书借鉴文献[122]提出的一种加快FDTD吸收边界迭代计算速度的算法，提出了一种提升SO-FDTD方法中高阶差分方程计算效率的算法——内存优化算法，该算法的关键是削减迭代更新高阶差分方程（类似于式（4.79））所需的辅助数组变量，降低计算机仿真时的内存消耗。通过运用内存优化算法，式（4.79）可转换为$(\max(M_1, M_2)+1)$个一阶差分方程来计算（$\max(M_1, M_2)$表示取M_1和M_2中最大的一个），且一阶差分方程中的系数与式（4.79）一样而无须重新计算，从而使所需的辅助变量数目最少，即由直接计算式（4.79）所需的M_1+M_2+2个变为$\max(M_1, M_2)$个。该算法概念清晰，推导过程简单。下面对此做具体介绍。

考虑一般情况，为简单起见，假设在FDTD方法中出现了如下包括三个输入一个输出系统的高阶差分方程：

$$J_\xi^{n+\frac{1}{2}} = \sum_{m=0}^{M_1} a_m J_\xi^{n-\frac{1}{2}-m} + \sum_{m=0}^{M_2} b_m S_\xi^{n-m} + \sum_{m=0}^{M_3} g_m P_\xi^{n-m} + \sum_{m=0}^{M_4} r_m T_\xi^{n-m} \quad (4.80)$$

式中：S_ξ、P_ξ和T_ξ是具有与J_ξ相同维数的数组，一般都是具有物理意义的场分量。进一步假设$M_1 = M_2 = M_3 = M_4 = M > 2$。在计算机程序中，对高阶差分方程式（4.80）的迭代循环计算可转换为如下多个一阶差分方程来完成，即

$$J_\xi^{n+1/2} = a_0 J_\xi^{n-1/2} + b_0 S_\xi^n + g_0 P_\xi^n + r_0 T_\xi^n + W_1^{n-1/2} \quad (4.81a)$$

$$W_1^{n+1/2} = a_1 J_\xi^{n-1/2} + b_1 S_\xi^n + g_1 P_\xi^n + r_1 T_\xi^n + W_2^{n-1/2} \quad (4.81b)$$

……

$$W_i^{n+1/2} = a_i J_\xi^{n-1/2} + b_i S_\xi^n + g_i P_\xi^n + r_i T_\xi^n + W_{i+1}^{n-1/2} \quad (4.81c)$$

……

$$W_M^{n+1/2} = a_M J_\xi^{n-1/2} + b_M S_\xi^n + g_M P_\xi^n + r_M T_\xi^n \quad (4.81d)$$

式中：W_i为使用的辅助数组变量（$i=1, 2, \cdots, M$）。

式（4.81）中的系数与式（4.80）中的系数完全一样。因为计算$W_i^{n+1/2}$的过程

需要用到 $J_\xi^{n-1/2}$，所以在计算 $J_\xi^{n+1/2}$（式(4.81a)）之前，需将 $J_\xi^{n-1/2}$ 用一个临时变量备份存储。该临时变量仅占用内存中的一个字，而非数组。如此一来，在 FDTD 的每个时间步进过程中，按照按式(4.81a)~式(4.81d)的顺序来完成一阶差分方程的计算就可以实现对式(4.80)的迭代循环，该循环过程只需要 M 个辅助变量（而直接迭代式(4.80)需 $4M+4$ 个变量）。以上便是本书提出的内存优化算法的关键步骤。采用类似的方法，可以将所提出的针对高阶差分方程的内存优化算法扩展到 $M_1 \neq M_2 \neq M_3 \neq M_4$ 的情况以及其他多输入单输出系统。可以推断，这种内存优化算法也可用于其他数值计算仿真中。

第 5 章 电磁波在等离子体鞘套中的传播特性

等离子体鞘套对电磁波的吸收、折射损耗会干扰飞行器与地面站之间的正常通信或测控,严重时会出现"黑障"现象,为消除这一不利影响,就必须掌握电磁波在等离子体鞘套中的传播特性。因此,研究电磁波在等离子体鞘套中的传播特性对于掌控飞行器再入通信、高超声速飞行器制导及测控等都具有十分重要的意义。

目前国内外研究实际高超声速流场下的等离子体鞘套电波传播特性的报道比较少,相关报道提出的计算方法无外乎是解析(半解析)方法和数值方法[123],其中,数值方法又以 FDTD 方法为主要方法。本章从第 3 章模拟的高超声速钝锥绕流流场结果出发,提炼出钝锥模型的等离子体鞘套电磁参数分布特性,建立了钝锥等离子体鞘套电磁模型。在此基础上,运用本章推导的传播矩阵法(Propagator Matrix Method,PMM)和第 4 章提出的改进的 FDTD 方法计算了电磁波在等离子体鞘套中的传播特性。对等离子体鞘套中电磁波传播计算分两部分进行:一是对电磁波在不同条件(如再入高度、再入马赫数、入射角等)下的非磁化等离子体鞘套中的传播特性进行计算;二是对电磁波在不同条件下的局部磁化等离子体鞘套中的传播特性进行计算。

由第 3 章等离子体鞘套的流场分析可知,等离子体鞘套的特征参数分布具有明显的非均匀性,且沿某些方向具有的一定的分层性,因而电磁波在等离子体鞘套中的传播问题可以等效为电磁波在非均匀层状等离子体中的传播问题。很多解析方法如 WKB 方法、波阻抗匹配法等用来分析电磁波在非均匀分层等离子体中的传播特性,但这些方法或多或少存在一些固有的缺点。例如,WKB 方法只适合求解缓变介质中电磁波传播问题,当入射波频率较低时存在较大误差;而波阻抗匹配法难以处理电磁波通过磁化等离子体的变极化传播问题。另外,这些方法一次求解只能处理一种极化波(如 TE 波或 TM 波)入射下的电磁波传播问题。

5.1 电磁波在等离子体鞘套中传播的理论分析方法

5.1.1 传播矩阵法

1. 各向异性介质中的状态矢量和本征波

在各向异性介质(如磁化等离子体)中存在两种类型的本征波——Ⅰ型波和

Ⅱ型波[86],这两种波在介质界面是相互耦合的,也就是说,Ⅰ型波会产生Ⅰ型和Ⅱ型的反射波和透射波。因此,各向异性介质中的波动问题必须作为矢量场问题来处理。考虑最一般的情况,设各向异性介质中的介电常数和磁导率均用张量表示,无源各向异性介质中的麦克斯韦方程组为

$$\nabla \times \boldsymbol{E} = -\mathrm{j}\omega\overline{\overline{\boldsymbol{\mu}}} \cdot \boldsymbol{H} \tag{5.1a}$$

$$\nabla \times \boldsymbol{H} = \mathrm{j}\omega\overline{\overline{\boldsymbol{\varepsilon}}} \cdot \boldsymbol{E} \tag{5.1b}$$

在笛卡儿坐标系中,当介电张量 $\overline{\overline{\boldsymbol{\varepsilon}}}$ 和磁导率张量 $\overline{\overline{\boldsymbol{\mu}}}$ 仅沿某一方向变化时,以上方程组可以实现分解。假设 $\overline{\overline{\boldsymbol{\varepsilon}}}$ 和 $\overline{\overline{\boldsymbol{\mu}}}$ 仅沿 z 轴方向变化,则可将旋度算子和场变量分解为 $\nabla = \nabla_s + \hat{z}\partial/\partial z$ ($\hat{z}$ 为 z 方向上的单位矢量), $\boldsymbol{E} = \boldsymbol{E}_s + \boldsymbol{E}_z$, $\boldsymbol{H} = \boldsymbol{H}_s + \boldsymbol{H}_z$, 而张量 $\overline{\overline{\boldsymbol{\varepsilon}}}$ 和 $\overline{\overline{\boldsymbol{\mu}}}$ 分解为

$$\overline{\overline{\boldsymbol{\varepsilon}}} = \begin{bmatrix} \overline{\overline{\boldsymbol{\varepsilon}}}_s & \overline{\boldsymbol{\varepsilon}}_{sz} \\ \overline{\boldsymbol{\varepsilon}}_{zs} & \overline{\boldsymbol{\varepsilon}}_{zz} \end{bmatrix}, \overline{\overline{\boldsymbol{\mu}}} = \begin{bmatrix} \overline{\overline{\boldsymbol{\mu}}}_s & \overline{\boldsymbol{\mu}}_{sz} \\ \overline{\boldsymbol{\mu}}_{zs} & \overline{\boldsymbol{\mu}}_{zz} \end{bmatrix} \tag{5.2}$$

式中:角标 s 表示对 z 的横向; $\overline{\overline{\boldsymbol{\varepsilon}}}_s$ 为 2×2 的矩阵, $\overline{\boldsymbol{\varepsilon}}_{sz}$ 为 2×1 的矩阵; $\overline{\boldsymbol{\varepsilon}}_{zs}$ 为 1×2 的矩阵; $\overline{\boldsymbol{\varepsilon}}_{zz}$ 为 1×1 的矩阵。对 $\overline{\overline{\boldsymbol{\mu}}}$ 也有类似的分解。

将上述分解量代入式(5.1a),让横向分量和纵向分量分别对应相等,得到

$$\frac{\partial}{\partial z}(\hat{z} \times \boldsymbol{E}_s) = -\mathrm{j}\omega\overline{\overline{\boldsymbol{\mu}}}_s \cdot \boldsymbol{H}_s - \mathrm{j}\omega\overline{\boldsymbol{\mu}}_{sz} \cdot \boldsymbol{H}_z - \nabla_s \times \boldsymbol{E}_z \tag{5.3a}$$

$$\nabla_s \times \boldsymbol{E}_s = -\mathrm{j}\omega\overline{\boldsymbol{\mu}}_{zs} \cdot \boldsymbol{H}_s - \mathrm{j}\omega\overline{\boldsymbol{\mu}}_{zz} \cdot \boldsymbol{H}_z \tag{5.3b}$$

由二重性原理,式(5.1b)可展开为

$$\frac{\partial}{\partial z}(\hat{z} \times \boldsymbol{H}_s) = \mathrm{j}\omega\overline{\overline{\boldsymbol{\varepsilon}}}_s \cdot \boldsymbol{E}_s + \mathrm{j}\omega\overline{\boldsymbol{\varepsilon}}_{sz} \cdot \boldsymbol{E}_z - \nabla_s \times \boldsymbol{H}_z \tag{5.4a}$$

$$\nabla_s \times \boldsymbol{H}_s = \mathrm{j}\omega\overline{\boldsymbol{\varepsilon}}_{zs} \cdot \boldsymbol{E}_s + \mathrm{j}\omega\overline{\boldsymbol{\varepsilon}}_{zz} \cdot \boldsymbol{E}_z \tag{5.4b}$$

联立式(5.3)和式(5.4),消去 $\boldsymbol{E}_z$ 和 $\boldsymbol{H}_z$,可得

$$\frac{\partial}{\partial z}(\hat{z} \times \boldsymbol{E}_s) = -\mathrm{j}\omega\overline{\overline{\boldsymbol{\mu}}}_s \cdot \boldsymbol{H}_s + \overline{\boldsymbol{\mu}}_{sz} \cdot v_{zz}\nabla_s \times \boldsymbol{E}_s + \mathrm{j}\omega\overline{\boldsymbol{\mu}}_{sz} \cdot \overline{\boldsymbol{\mu}}_{zs} \cdot v_{zz}\boldsymbol{H}_s \\ - \frac{1}{\mathrm{j}\omega}\nabla_s \times k_{zz}\nabla_s \times \boldsymbol{H}_s + \nabla_s \times k_{zz}\overline{\boldsymbol{\varepsilon}}_{zs} \cdot \boldsymbol{E}_s \tag{5.5a}$$

$$\frac{\partial}{\partial z}(\hat{z} \times \boldsymbol{H}_s) = \mathrm{j}\omega\overline{\overline{\boldsymbol{\varepsilon}}}_s \cdot \boldsymbol{E}_s + \overline{\boldsymbol{\varepsilon}}_{sz} \cdot k_{zz}\nabla_s \times \boldsymbol{H}_s - \mathrm{j}\omega\overline{\boldsymbol{\varepsilon}}_{sz} \cdot \overline{\boldsymbol{\varepsilon}}_{zs} \cdot k_{zz}\boldsymbol{E}_s \\ + \frac{1}{\mathrm{j}\omega}\nabla_s \times k_{zz}\nabla_s \times \boldsymbol{E}_s + \nabla_s \times v_{zz}\overline{\boldsymbol{\mu}}_{zs} \cdot \boldsymbol{H}_s \tag{5.5b}$$

式中: $k_{zz} = \varepsilon_{zz}^{-1}$; $v_{zz} = \mu_{zz}^{-1}$。

考虑到相位匹配,假定场量 $\boldsymbol{E}_s$ 和 $\boldsymbol{H}_s$ 在所有 z 值的横向场有 $\mathrm{e}^{\mathrm{j}\boldsymbol{k}_s \cdot \boldsymbol{r}_s}$ 的函数关系 ($\boldsymbol{k}_s$ 为垂直于 z 向的传播矢量),将式(5.5a)和式(5.5b)两边同时与 $-\hat{z}$ 叉乘,可得

$$\frac{\mathrm{d}}{\mathrm{d}z}\boldsymbol{E}_s = \left[(\mathrm{j}\omega\hat{z} \times \overline{\boldsymbol{\mu}}_s \cdot) - \mathrm{j}\omega\hat{z} \times \overline{\boldsymbol{\mu}}_{sz} \cdot \overline{\boldsymbol{\mu}}_{zs} \cdot v_{zz} + \left(\frac{\mathrm{j}\hat{z}}{\omega} \times \boldsymbol{k}_s \times \boldsymbol{k}_{zz}\boldsymbol{k}_s \times \right) \right]\boldsymbol{H}_s$$
$$+ \left[(\mathrm{j}\hat{z} \times \overline{\boldsymbol{\mu}}_{sz} \cdot v_{zz}\boldsymbol{k}_s \times) + \mathrm{j}\hat{z} \times \boldsymbol{k}_s \times k_{zz}\overline{\boldsymbol{\varepsilon}}_{zs} \cdot \right]\boldsymbol{E}_s \tag{5.6a}$$

$$\frac{\mathrm{d}}{\mathrm{d}z}\boldsymbol{H}_s = \left[(-\mathrm{j}\omega\hat{z} \times \overline{\boldsymbol{\varepsilon}}_s \cdot) + \mathrm{j}\omega\hat{z} \times \overline{\boldsymbol{\varepsilon}}_{sz} \cdot \overline{\boldsymbol{\varepsilon}}_{zs} \cdot k_{zz} - \left(\frac{\mathrm{j}\hat{z}}{\omega} \times \boldsymbol{k}_s \times v_{zz}\boldsymbol{k}_s \times \right) \right]\boldsymbol{E}_s$$
$$+ \left[(\mathrm{j}\hat{z} \times \overline{\boldsymbol{\varepsilon}}_{sz} \cdot k_{zz}\boldsymbol{k}_s \times) + \mathrm{j}\hat{z} \times \boldsymbol{k}_s \times v_{zz}\overline{\boldsymbol{\mu}}_{zs} \cdot \right]\boldsymbol{H}_s \tag{5.6b}$$

式中：∇_s 已由 $-\mathrm{j}\boldsymbol{k}_s$ 代替。式(5.6a)和式(5.6b)可以写出矩阵形式，即状态方程

$$\frac{\mathrm{d}}{\mathrm{d}z}\boldsymbol{V} = \overline{\boldsymbol{C}} \cdot \boldsymbol{V} \tag{5.7}$$

式中：$\overline{\boldsymbol{C}}$ 为 4×4 矩阵即本征矩阵；$\boldsymbol{V} = [\boldsymbol{E}_s \quad \boldsymbol{H}_s]^\mathrm{T} = [E_x \quad E_y \quad H_x \quad H_y]^\mathrm{T}$ 为状态矢量，用以描述系统的状态。

令 ε_{ij} 和 $\mu_{ij}(i,j = x,y,z)$ 是 $\overline{\boldsymbol{\varepsilon}}$ 和 $\overline{\boldsymbol{\mu}}$ 中的元素，并满足

$$\overline{\boldsymbol{\varepsilon}} = \begin{bmatrix} \varepsilon_{xx} & \varepsilon_{xy} & \varepsilon_{xz} \\ \varepsilon_{yx} & \varepsilon_{yy} & \varepsilon_{yz} \\ \varepsilon_{zx} & \varepsilon_{zy} & \varepsilon_{zz} \end{bmatrix}, \overline{\boldsymbol{\mu}} = \begin{bmatrix} \mu_{xx} & \mu_{xy} & \mu_{xz} \\ \mu_{yx} & \mu_{yy} & \mu_{yz} \\ \mu_{zx} & \mu_{zy} & \mu_{zz} \end{bmatrix} \tag{5.8}$$

那么，本征矩阵 $\overline{\boldsymbol{C}}$ 中各元素 $c_{ij}(i,j = 1,2,3,4)$ 的表达式可由式(5.6)推导出：

$$\begin{cases} c_{11} = \mathrm{j}\left(\dfrac{k_x \varepsilon_{zx}}{\varepsilon_{zz}} + \dfrac{\mu_{yz} k_y}{\mu_{zz}}\right), c_{12} = \mathrm{j}\left(\dfrac{k_x \varepsilon_{zy}}{\varepsilon_{zz}} - \dfrac{\mu_{yz} k_x}{\mu_{zz}}\right) \\ c_{13} = \mathrm{j}\left(-\dfrac{k_x k_y}{\omega \varepsilon_{zz}} - \omega\mu_{yx} + \dfrac{\omega\mu_{yz}\mu_{zx}}{\mu_{zz}}\right), c_{14} = \mathrm{j}\left(\dfrac{k_x^2}{\omega \varepsilon_{zz}} - \omega\mu_{yy} + \dfrac{\omega\mu_{yz}\mu_{zy}}{\mu_{zz}}\right) \\ c_{21} = \mathrm{j}\left(\dfrac{k_y \varepsilon_{zx}}{\varepsilon_{zz}} - \dfrac{\mu_{xz} k_y}{\mu_{zz}}\right), c_{22} = \mathrm{j}\left(\dfrac{k_y \varepsilon_{zy}}{\varepsilon_{zz}} + \dfrac{\mu_{xz} k_x}{\mu_{zz}}\right) \\ c_{23} = \mathrm{j}\left(-\dfrac{k_y^2}{\omega \varepsilon_{zz}} + \omega\mu_{xx} - \dfrac{\omega\mu_{xz}\mu_{zx}}{\mu_{zz}}\right), c_{24} = \mathrm{j}\left(\dfrac{k_x k_y}{\omega \varepsilon_{zz}} + \omega\mu_{xy} - \dfrac{\omega\mu_{xz}\mu_{zy}}{\mu_{zz}}\right) \\ c_{31} = \mathrm{j}\left(\dfrac{k_x k_y}{\omega \mu_{zz}} + \omega\varepsilon_{yx} - \dfrac{\omega\varepsilon_{yz}\varepsilon_{zx}}{\varepsilon_{zz}}\right), c_{32} = \mathrm{j}\left(-\dfrac{k_x^2}{\omega \mu_{zz}} + \omega\varepsilon_{yy} - \dfrac{\omega\varepsilon_{yz}\varepsilon_{zy}}{\varepsilon_{zz}}\right) \\ c_{33} = \mathrm{j}\left(\dfrac{k_y \varepsilon_{yz}}{\varepsilon_{zz}} + \dfrac{k_x \mu_{zx}}{\mu_{zz}}\right), c_{34} = \mathrm{j}\left(-\dfrac{k_x \varepsilon_{yz}}{\varepsilon_{zz}} + \dfrac{k_x \mu_{zy}}{\mu_{zz}}\right) \\ c_{41} = \mathrm{j}\left(\dfrac{k_y^2}{\omega \mu_{zz}} - \omega\varepsilon_{xx} + \dfrac{\omega\varepsilon_{xz}\varepsilon_{zx}}{\varepsilon_{zz}}\right), c_{42} = \mathrm{j}\left(-\dfrac{k_x k_y}{\omega \mu_{zz}} - \omega\varepsilon_{xy} + \dfrac{\omega\varepsilon_{xz}\varepsilon_{zy}}{\varepsilon_{zz}}\right) \\ c_{43} = \mathrm{j}\left(-\dfrac{k_y \varepsilon_{xz}}{\varepsilon_{zz}} + \dfrac{k_y \mu_{zx}}{\mu_{zz}}\right), c_{44} = \mathrm{j}\left(\dfrac{k_x \varepsilon_{xz}}{\varepsilon_{zz}} + \dfrac{k_y \mu_{zy}}{\mu_{zz}}\right) \end{cases} \tag{5.9}$$

式中：k_x、k_y 分别是波矢量的 x 分量和 y 分量，它们由入射波的波矢量决定。当电磁波平行于 z 轴入射时，$k_x = k_y = 0$；而当电磁波与 z 轴成一定角度斜入射时，k_x 和 k_y 不完全为 0。

令 $V = V_0 e^{\lambda z}$，状态方程式(5.7)可转化为对于本征值 λ 的本征方程，即

$$(\overline{C} - \lambda \overline{I}) \cdot V_0 = 0 \tag{5.10}$$

当表征各向异性介质本构属性的本征矩阵 $\overline{C}$ 为已知量时，通过对式(5.10)进行矩阵初等变换，可求得式(5.10)的通解即状态矢量为

$$V(z) = B_1 \boldsymbol{a}_1 e^{-j\beta_1 z} + B_2 \boldsymbol{a}_2 e^{-j\beta_2 z} + B_3 \boldsymbol{a}_3 e^{j\beta_3 z} + B_4 \boldsymbol{a}_4 e^{j\beta_4 z} = \overline{\boldsymbol{a}} \cdot e^{j\overline{\beta} z} \cdot \boldsymbol{B} \tag{5.11}$$

式中：$\overline{\boldsymbol{a}} = [\boldsymbol{a}_1, \boldsymbol{a}_2, \boldsymbol{a}_3, \boldsymbol{a}_4]$ 为 4×4 矩阵，$\boldsymbol{a}_i (i=1,2,3,4)$ 是对应于矩阵 $\overline{C}$ 的第 i 个本征值的本征矢量，$j\overline{\beta}$ ($= \text{diag}(-j\beta_1 \ -j\beta_2 \ j\beta_3 \ j\beta_4)$) 是对角矩阵，对角矩阵上第 i 个对角元素对应于矩阵 $\overline{C}$ 的第 i 个本征值；$\boldsymbol{B} = [B_1 \ B_2 \ B_3 \ B_4]^T$，是一个包含 4 个元素的列矢量，其中，$B_1$、$B_2$ 分别代表上行(沿 z 轴正向传播)的 I 型波和 II 型波的振幅，B_3、B_4 则分别表示下行(沿 z 轴负向传播)的 I 型波和 II 型波的振幅；β_1(或 β_3)对应于上行(或下行)的 I 型波波矢量的 z 分量，而 β_2(或 β_4)则对应于上行(或下行)的 II 型波波矢量的 z 分量。

根据矩阵函数的定义，$e^{j\overline{\beta} z}$ 可表示为

$$e^{j\overline{\beta} z} = \begin{bmatrix} e^{-j\beta_1 z} & & & \\ & e^{-j\beta_2 z} & & \\ & & e^{j\beta_3 z} & \\ & & & e^{j\beta_4 z} \end{bmatrix} \tag{5.12}$$

以式(5.11)表达的状态矢量 $V(z)$ 的意义在于：它反映了各向异性介质中本征波的传播状态，式(5.11)中等号中间的第一和第三项代表沿 z 轴正、负向传播的 I 型波，而第二和第四项代表沿 z 轴正、负向传播的 II 型波。

对于同一各向异性介质，I 型波沿 z 轴两个方向传播的波矢量的大小对应相等，沿 z 轴两个方向传播的 II 型波波矢量的大小也是如此，即在式(5.11)和式(5.12)中有 $\beta_1 = \beta_3, \beta_2 = \beta_4$[124]。当考虑的介质是各向同性介质(如非磁化等离子体、空气等)时，显然有 $\beta_1 = \beta_2 = \beta_3 = \beta_4$，即 I 型波和 II 型波沿 z 轴两个方向传播的波矢量的大小都是相等的，且 I 型波和 II 型波退化为通常所说的 TE 波和 TM 波。

2. 等离子体鞘套的电磁波传播模型

当电磁波沿某一方向入射到等离子体鞘套时，可以将电磁波入射方向上的等离子体鞘套环境等效为非均匀的层状等离子体(图 5.1)，即将具有一定空间范围的等离子体沿一定方向(这里是沿 z 轴方向)分成很多层，每一层内的等离子体特性参数(如等离子体频率、碰撞频率等)都是相同且均匀分布的，但不同层内的等

离子体特性参数是不同的,整体沿该方向呈非均匀性。由于只是将电磁波入射方向上的等离子体看成是非均匀的,所以在图 5.1 所示的传播模型中只需考虑电磁波正入射的情形。

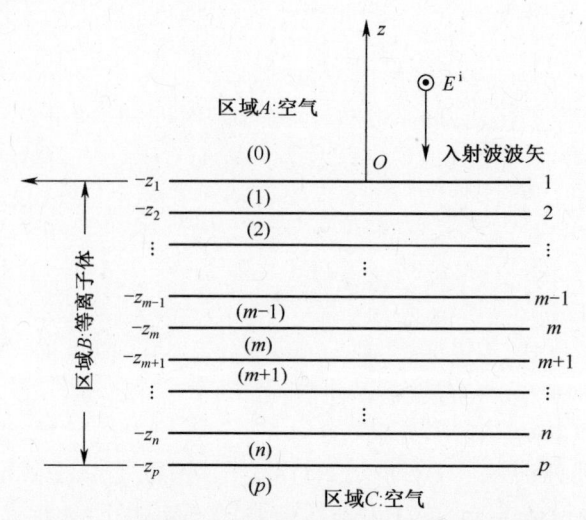

图 5.1 电磁波入射到非均匀等离子体的传播模型

在图 5.1 中,等离子体区域共分成 n 层,第 m 层和最后一层的厚度分别为 $z_{m+1}-z_m$ 和 z_p-z_n。显然在图 5.1 所示模型中,无论是在等离子体区域 B 还是在等离子体两侧的空气区域 A 和 C 中,磁导率张量都退化为标量,即 $\bar{\boldsymbol{\mu}} = \mu_0 \bar{\boldsymbol{I}}$ ($\bar{\boldsymbol{I}}$ 为单位矩阵)。另外,在空气区域 A 和 C 中,介电张量也退化为标量($\bar{\boldsymbol{\varepsilon}} = \varepsilon_0 \bar{\boldsymbol{I}}$)。

不失一般性,首先讨论图 5.1 所示等离子体区域为磁化等离子体时的每一层的频域本构属性。记第 m 层的频域介电张量为 $\bar{\boldsymbol{\varepsilon}}_{p,m}$,假设恒定外加磁场矢量 $\boldsymbol{B}_0$ 在 xOz 平面内并与 z 轴成 θ_B 角度,此时由式(2.6)可知任一等离子体层内的回旋频率 ω_b 均相同,根据文献[74]的推导,第 m 层的 $\bar{\boldsymbol{\varepsilon}}_{p,m}$ 为

$$\bar{\boldsymbol{\varepsilon}}_{p,m} = \begin{bmatrix} \varepsilon_{xx,m} & \varepsilon_{xy,m} & \varepsilon_{xz,m} \\ \varepsilon_{yx,m} & \varepsilon_{yy,m} & \varepsilon_{yz,m} \\ \varepsilon_{zx,m} & \varepsilon_{zy,m} & \varepsilon_{zz,m} \end{bmatrix} \tag{5.13}$$

式中:元素 $\varepsilon_{ij,m}$ ($i,j = x, y, z$) 的表达式为

$$\begin{cases} \varepsilon_{xx,m} = \varepsilon_0 + K(U^2 + N^2), \varepsilon_{xy,m} = -KUM, \varepsilon_{xz,m} = KMN \\ \varepsilon_{yx,m} = -\varepsilon_{xy,m}, \varepsilon_{yy,m} = \varepsilon_0 + KU^2, \varepsilon_{yz,m} = -KUN \\ \varepsilon_{zx,m} = \varepsilon_{xz,m}, \varepsilon_{zy,m} = -\varepsilon_{yz,m}, \varepsilon_{zz,m} = \varepsilon_0 + K(U^2 + M^2) \end{cases} \tag{5.14}$$

其中:$U = j\omega + \nu_{en,m}, M = \omega_b \cos\theta_B, N = \omega_b \sin\theta_B, K = \dfrac{\varepsilon_0 \omega_{p,m}^2}{j\omega U(U^2 + \omega_b^2)}$

其中:ω 为电磁波角频率;$\omega_{p,m}$ 为第 m 层的等离子体角频率;$v_{en,m}$ 为第 m 层的等离子体碰撞频率。

如果外加磁场矢量 $\boldsymbol{B}_0$ 在 yOz 平面内并与 z 轴成 θ_B 角度,则第 m 层的 $\overline{\varepsilon}_{p,m}$ 可由文献[75]给出,在此不再赘述。如果没有外加磁场即等离子体区域 B 是非磁化等离子体时,那么第 m 层的 $\overline{\varepsilon}_{p,m}$ 退化为标量介电常数 $\varepsilon_{p,m}$:

$$\varepsilon_{p,m} = \varepsilon_0 \left(1 - \frac{\omega_{p,m}^2}{\omega^2 + v_{en,m}^2} - j \frac{v_{en,m}}{\omega} \frac{\omega_{p,m}^2}{\omega^2 + v_{en,m}^2} \right) \tag{5.15}$$

如果图 5.1 所示等离子体区域 B 中每一层的等效介电张量 $\overline{\varepsilon}_{p,m}$ 是已知的,那么每一层等离子体介质的本征矩阵 $\overline{C}$ 也是已知的,相应的每一层的状态矢量 $\boldsymbol{V}(z)$ 可由式(5.10)和式(5.11)确定。

3. 电磁波传播特性的计算公式

注意到 $\overline{a}^{-1} \cdot \overline{a} = \overline{I}$,式(5.11)可以写为

$$\boldsymbol{V}(z) = \overline{a} \cdot e^{j\overline{\beta}(z-z')} \cdot \overline{a}^{-1} \cdot \overline{a} \cdot e^{j\overline{\beta}z'} \cdot \boldsymbol{B} = \overline{P}(z,z') \cdot \boldsymbol{V}(z') \tag{5.16}$$

式中

$$\overline{P}(z,z') = \overline{a} \cdot e^{j\overline{\beta}(z-z')} \cdot \overline{a}^{-1} \tag{5.17}$$

$\overline{P}(z,z')$ 为传播矩阵,它描述了介质中两点 z 和 z' 处场量(状态矢量)的传播特性。

由于状态矢量中的各元素仅与电磁场的横向场分量(相对介质界面而言即是切向分量)相关,因此,状态矢量 $\boldsymbol{V}(z)$ 在跨越介质界面时仍然是连续的。基于这一事实,图 5.1 所示整个分层等离子体区域 B 的总的传播矩阵可看作各层传播矩阵的乘积。记图 5.1 中各区域 $X(X=A,B,C)$ 的状态矢量为 $\boldsymbol{V}_X(z)$,则有

$$\begin{aligned}
\boldsymbol{V}_C(z=-z_p) &= \boldsymbol{V}_B(-z_p) = \overline{P}(-z_p, -z_n) \cdot \boldsymbol{V}_B(-z_n) \\
&= \overline{P}(-z_p, -z_n) \cdot \overline{P}(-z_n, -z_{n-1}) \cdot \boldsymbol{V}_B(-z_{n-1}) \\
&= \left[\prod_{i=n}^{1} \overline{P}(-z_{i+1}, -z_i) \right] \cdot \boldsymbol{V}_B(0) \\
&= \overline{P}_B(-z_p, 0) \cdot \boldsymbol{V}_B(0) = \overline{P}_B(-z_p, 0) \cdot \boldsymbol{V}_A(0)
\end{aligned} \tag{5.18}$$

式中:$z_{n+1} = z_p$;$z_1 = 0$;$\overline{P}_B(-z_p, 0) = \left[\prod_{i=n}^{1} \overline{P}(-z_{i+1}, -z_i) \right]$。$\overline{P}_B$ 即是等离子体区域 B 的总的传播矩阵。

为求解电磁波通过图 5.1 所示等离子体区域后的传播及极化特性,先定义如下反射系数矩阵 $\overline{R}$ 和透射系数矩阵 $\overline{T}$:

$$\begin{bmatrix} B_{1A} \\ B_{2A} \end{bmatrix} = \overline{R} \cdot \begin{bmatrix} B_{3A} \\ B_{4A} \end{bmatrix}, \quad \begin{bmatrix} B_{3C} \\ B_{4C} \end{bmatrix} = \overline{T} \cdot \begin{bmatrix} B_{3A} \\ B_{4A} \end{bmatrix} \tag{5.19a}$$

$$\bar{R} = \begin{bmatrix} R_{11} & R_{12} \\ R_{21} & R_{22} \end{bmatrix}, \quad \bar{T} = \begin{bmatrix} T_{11} & T_{12} \\ T_{21} & T_{22} \end{bmatrix} \tag{5.19b}$$

式中：B_{1A}、B_{2A} 分别为区域 A 中上行的 TE 波（图 5.1 所示坐标系内电场仅含 E_y 分量）振幅和 TM 波（图 5.1 所示坐标系内磁场仅含 H_y 分量）振幅；$B_{3A}(B_{3C})$、$B_{4A}(B_{4C})$ 分别为区域 $A(C)$ 中下行的 TE 波振幅和 TM 波振幅。在图 5.1 所示的电磁问题模型中，B_{3A} 和 B_{4A} 相当于入射波振幅，是已知量，而反射系数矩阵 $\bar{R}$ 和透射系数矩阵 $\bar{T}$ 则是所要求的未知量。

由式(5.11)和式(5.19)可将区域 A 中的状态矢量写为

$$V_A(z) = \bar{a}_A \cdot e^{j\bar{\beta}_A z} \cdot \begin{bmatrix} \bar{R} \\ \bar{I} \end{bmatrix} \cdot \begin{bmatrix} B_{3A} \\ B_{4A} \end{bmatrix} \tag{5.20}$$

式中：角标 A 表示相关的量是区域 A 中的量，下面推导的公式中也存在类似的标识。由于区域 C 只存在下行波，因而可用透射系数矩阵 $\bar{T}$ 来表示区域 C 中的状态矢量：

$$V_C(z) = \bar{a}_C \cdot e^{j\bar{\beta}_C(z+z_p)} \cdot \begin{bmatrix} \bar{0} \\ \bar{T} \end{bmatrix} \cdot \begin{bmatrix} B_{3A} \\ B_{4A} \end{bmatrix} \tag{5.21}$$

将式(5.20)及式(5.21)代入式(5.18)，可得

$$\bar{a}_C^{-1} \cdot \bar{P}_B(-z_p, 0) \cdot \bar{a}_A \cdot \begin{bmatrix} \bar{R} \\ \bar{I} \end{bmatrix} = \begin{bmatrix} \bar{0} \\ \bar{T} \end{bmatrix} \tag{5.22}$$

如果图 5.1 中每层等离子体介质的电磁特性参数（等离子体频率、碰撞频率、回旋频率等）是已知的，那么图 5.1 中任意一层介质的状态矢量和传播矩阵均可由式(5.11)和式(5.17)得到，相应的 $\bar{R}$ 和 $\bar{T}$ 便可由式(5.22)解得。值得注意的是，为了使 $\bar{R}$ 和 $\bar{T}$ 的定义是唯一的，需将各层介质中的本征矢量 a_i（$i=1,2,3,4$）归一化。

对于图 5.1 所示电磁波传播模型而言，$\bar{R}$（$\bar{T}$）中的四个元素反映了反射（透射）波中 TE 波和 TM 波的耦合关系，揭示了磁化等离子体这类各向异性介质对电磁波的变极化效应。换句话说，一个 TE 波从空气入射到图 5.1 所示的一定厚度的磁化等离子体上可能产生两种反射波和透射波，一种波是 TE 波即同极化波，另一种波则是 TM 波即交叉极化波。$\bar{R}$ 和 $\bar{T}$ 中各元素的含义充分体现了这一点。例如，$R_{21}(T_{21})$ 表示 TE 波入射时反射（透射）为 TM 波的反射（透射）系数，而 $T_{11}(T_{22})$ 表示 TE 波（TM 波）入射时透射仍为 TE 波（TM 波）的透射系数，因此，$R_{21}(T_{21})$ 可视为交叉极化反射（透射）系数，而 $T_{11}(T_{22})$ 即为同极化透射系数。对 $\bar{R}$ 和 $\bar{T}$ 中的其

他元素也有类似的含义,在此不再讨论。由此可见,传播矩阵法一次运算就能解出 TE 波和 TM 波入射到非均匀等离子体的反射及透射系数。如果图 5.1 所示的区域 B 为非磁化等离子体,则交叉极化反射和透射系数均为 0,即 $R_{21} = R_{12} = 0$,$T_{21} = T_{12} = 0$。

当 $\overline{R}$ 和 $\overline{T}$ 求出后,可进一步求出同极化或交叉极化功率传播系数、传输衰减及相移等传播特性参量。例如,当图 5.1 所示的非均匀区域 B 为磁化等离子体时,TE 波正入射时产生的归一化频域功率反射、透射系数及传输衰减(包括同极化和交叉极化)如下:

同极化功率反射系数 $\qquad P_{r\_co} = |R_{11}|^2$ $\qquad$ (5.23a)

交叉极化功率反射系数 $\qquad P_{r\_cross} = |R_{21}|^2$ $\qquad$ (5.23b)

同极化功率透射系数 $\qquad P_{t\_co} = |T_{11}|^2$ $\qquad$ (5.23c)

交叉极化功率透射系数 $\qquad P_{t\_cross} = |T_{21}|^2$ $\qquad$ (5.23d)

同极化传输衰减 $\qquad \text{Att}_{co} = |10\lg P_{t\_co}|$ $\qquad$ (5.23e)

交叉极化传输衰减 $\qquad \text{Att}_{cross} = |10\lg P_{t\_cross}|$ $\qquad$ (5.23f)

当上述功率反射、透射系数已知时,可求得相应的归一化功率吸收系数为

$$P_a = 1 - P_{r\_co} - P_{r\_cross} - P_{t\_co} - P_{t\_cross} \qquad (5.23g)$$

当图 5.1 所示的区域 B 为非磁化等离子体时,由于其各向同性的介质属性,显然有 $P_{r\_cross} = 0, P_{t\_cross} = 0$。

另外,$\overline{R}$ 和 $\overline{T}$ 中的各元素本身都是频域复数,包含幅度和相位信息。例如 $T_{11} = |T_{11}|e^{j\varphi_T}$,$|T_{11}|$ 为同极化透射系数幅值,φ_T 为同极化传输相移。

5.1.2 FDTD 方法

本章同时采用第 4 章提出的改进型 FDTD 方法来计算图 5.1 所示的电磁波传播问题模型。图 5.1 所示传播问题可由一维 FDTD 方法来解决,而第 4 章提出的改进型 FDTD 公式推导都是基于三维模型的,因此,只需在第 4 章三维 FDTD 迭代公式基础上省略相应的无关场量和空间网格标识符即可得到一维 FDTD 迭代公式。以第 4 章提出的 ADE-ADI-FDTD 方法为例,参照图 5.1 所示的传播问题模型,当非均匀区域 B 为非磁化等离子体时,考虑 TM 波入射情形,一维情况下第一分步的 ADE-ADI-FDTD 离散公式为

$$E_x\Big|_k^{n+1/2} = C_a E_x\Big|_k^n - C_b C_{e0}\left(\frac{H_y\Big|_{k+1/2}^{n+1/2} - H_y\Big|_{k-1/2}^{n+1/2}}{\Delta z}\right) - \frac{C_{e0}}{C_c} J_x\Big|_k^n \qquad (5.24a)$$

$$H_y\Big|_{k+1/2}^{n+1/2} = H_y\Big|_{k+1/2}^n - C_{h0}\left(\frac{E_x\Big|_{k+1}^{n+1/2} - E_x\Big|_k^{n+1/2}}{\Delta z}\right) \qquad (5.24b)$$

上式中省略了空间网格标识符 i,j，Δz 为 z 方向的离散网格大小，C_a、C_b、C_c、C_{e0}、C_{h0} 的表达式同第 4 章所述，因每一层介质的介电特性是沿 z 轴方向变化的，故 C_a、C_b、C_c 是空间网格标识符 k 的函数。

式(5.24a)是隐式的，不能直接求解。联立式(5.24a)和式(5.24b)得到电场的显式迭代格式为

$$-\frac{C_b(k)C_{e0}C_{h0}}{\Delta z^2}(E_x|_{k-1}^{n+1/2}+E_x|_{k+1}^{n+1/2})+\left(1+\frac{2C_b(k)C_{e0}C_{h0}}{\Delta z^2}\right)E_x|_k^{n+1/2}$$

$$=C_a(k)E_x|_k^n-C_b(k)C_{e0}\left(\frac{H_y|_{k+1/2}^n-H_y|_{k-1/2}^n}{\Delta z}\right)-\frac{C_{e0}}{C_c}J_x|_k^n$$

(5.25)

当 k 沿着 z 方向从小到大变化时，式(5.25)可用追赶法求解。至此，通过式(5.24b)和式(5.25)可求得 $n+1/2$ 时间步的电磁场量 E_x 和 H_y。

第二分步的 ADE-ADI-FDTD 离散公式为

$$E_x|_k^{n+1}=C_aE_x|_k^{n+1/2}-C_bC_{e0}\left(\frac{H_y|_{k+1/2}^{n+1/2}-H_y|_{k-1/2}^{n+1/2}}{\Delta z}\right)-\frac{C_{e0}}{C_c}J_x|_k^{n+1/2}$$

(5.26a)

$$H_y|_{k+1/2}^{n+1}=H_y|_{k+1/2}^{n+1/2}-C_{h0}\left(\frac{E_x|_{k+1}^{n+1/2}-E_x|_k^{n+1/2}}{\Delta z}\right)$$

(5.26b)

式(5.26)是显式的，因而 $n+1$ 时间步的全部电磁场量可直接求解。

在以上两个分步中，$J_x|_k^n$ 和 $J_x|_k^{n+1/2}$ 的时间步进迭代公式与式(4.27)和式(4.33)完全相同，此处没有给出，只需注意其中的系数是空间网格标识符 k 的函数。

第 4 章提出的其他改进型 SO-FDTD 方法在一维情形下的离散迭代公式可通过上述类似的方法(省略相应的无关场量和空间网格标识符)推导出，不再赘述。总之，图 5.1 中的区域 B 不论是非磁化等离子体还是磁化等离子体，都可用相应的第 4 章提出的改进型 FDTD 方法来求解图 5.1 所示的传播问题。

由于 FDTD 方法直接计算的是时域场量，要得到如式(5.19b)所示的 $\overline{R}$ 和 $\overline{T}$ 中的反射系数和透射系数，还需进行一定的后处理。下面给出处理方法。考虑一般情形，令图 5.1 中的区域 B 为磁化等离子体，TE 波从空气区域 A 垂直入射到区域 B，此时在区域 $A(C)$ 中将存在两种极化波——TE 波和 TM 波。在 FDTD 每一时间步进中，在区域 $A(C)$ 中贴近介质界面的网格单元上记录电场 x 分量和 y 分量的时域值，分别记为 $E_{A\_x}(t)(E_{C\_x}(t))$ 和 $E_{A\_y}(t)(E_{C\_y}(t))$，同时在区域 A 中相同的网格单元上记录入射波电场时域值：$E_{A\_yi}(t)$。显然，$E_{A\_y}(t)$ 是总场(同时包含反射和入射电场分量)，$E_{A\_x}(t)$ 是反射场(仅含反射电场分量)，而 $E_{C\_x}(t)$ 和 $E_{C\_y}(t)$ 是

透射场(仅有透射电场分量)。在 FDTD 时间步进过程中,对所记录的时域电场进行离散傅里叶变换:

$$E_{xr}(\omega) = \text{DFT}[E_{A\_x}(t)]\ ;\ E_{yr}(\omega) = \text{DFT}[E_{A\_y}(t) - E_{A\_yi}(t)] \quad (5.27\text{a})$$

$$E_{xt}(\omega) = \text{DFT}[E_{C\_x}(t)]\ ,\ E_{yt}(\omega) = \text{DFT}[E_{C\_y}(t)] \quad (5.27\text{b})$$

$$E_{yi}(\omega) = \text{DFT}[E_{A\_yi}(t)] \quad (5.27\text{c})$$

式中:DFT 表示离散傅里叶变换。

由上式所得的频域电场值可求得 TE 波入射时的同极化和交叉极化反射、透射系数:

$$R_{11} = E_{yr}(\omega)/E_{yi}(\omega)\ ,\ R_{21} = E_{xr}(\omega)/E_{yi}(\omega)\ ,$$
$$T_{11} = E_{yt}(\omega)/E_{yi}(\omega)\ ,\ T_{21} = E_{xt}(\omega)/E_{yi}(\omega) \quad (5.28)$$

式中:R_{11}、R_{21}、T_{11}、T_{21} 的含义与 5.1.1 节所述相同。

当入射波是 TM 波时,入射波电场仅有 E_x 分量,在区域 A 中的相同网格单元上记录入射电场的时域值,记为 $E_{A\_xi}(t)$。采用与上述类似的处理方式,可得 TM 波入射时的同极化和交叉极化反射、透射系数为

$$R_{22} = E_{xr}(\omega)/E_{xi}(\omega)\ ,\ R_{12} = E_{yr}(\omega)/E_{xi}(\omega)\ ,$$
$$T_{22} = E_{xt}(\omega)/E_{xi}(\omega)\ ,\ T_{12} = E_{yt}(\omega)/E_{xi}(\omega) \quad (5.29)$$

式中:$E_{xr}(\omega) = \text{DFT}[E_{A\_x}(t) - E_{A\_xi}(t)]$;$E_{yr}(\omega) = \text{DFT}[E_{A\_y}(t)]$;$E_{xi}(\omega) = \text{DFT}[E_{A\_xi}(t)]$;$E_{xt}(\omega)$ 和 $E_{yt}(\omega)$ 的计算同式(5.27b)。上式中 R_{22}、R_{12}、T_{22}、T_{12} 的含义也与 5.2.1 节中 $\overline{R}$ 和 $\overline{T}$ 中的相应元素的含义相同。

当得到上述同极化和交叉极化反射、透射系数后,采用和 5.1.1 节类似的方式(如式(5.23)所示),可进一步求出其他所要求的传播特性参量。

5.1.3 有效性分析

为验证本书提出的几种改进型 FDTD 方法和 PMM 在计算等离子体鞘套电磁波传播问题上的有效性,下面通过两个简单算例来检验所编制的程序(所有程序均用 Matlab 编写)。

1. 算例验证 1

计算模型来自于文献[123]的等离子体鞘套分层模型,该文献取飞行器表面外法线方向为 z 轴方向,电磁波从等离子体鞘套外沿 z 轴负方向垂直入射,经反射和衰减后,透射波到达飞行器表面。电子数密度沿 z 轴方向呈双指数分布,按照图 5.1 所示坐标系,其分布函数为

$$n_e(z) = \begin{cases} n_{e0} e^{-\frac{z+L_1}{z_{10}}} & (-L_1 \leqslant z \leqslant 0) \\ n_{e0} e^{\frac{z+L_1}{z_{20}}} & (-L_2 \leqslant z \leqslant -L_1) \end{cases} \quad (5.30)$$

取 $L_1 = 1\text{cm}, L_2 = 6\text{cm}, z_{10} = 0.1\text{cm}, z_{20} = 0.5\text{cm}, n_{e0} = 10^{18}\ \text{m}^{-3}$。本书采用本章推导的 PMM、第 4 章提出的 ADE-ADI-FDTD 方法和 JE-SO-FDTD 方法以及文献[68]提出的基于 D 和 E 本构关系的非磁化等离子体 SO-FDTD 方法对该非均匀等离子体模型的功率反射/透射系数进行了计算,所得结果如图 5.2 所示,图中的解析解为文献[123]所提供。采用 PMM 计算时将等离子体区域剖分为 300 层,每层厚度 $d_z = 0.2\text{mm}$;而采用其他三种 FDTD 方法计算时,整个问题空间剖分为 700 个网格,等离子体占据其中 200~500 个网格,其余网格为空气区域,两端设为吸收边界,网格步长 $\Delta d = 0.2\text{mm}$。激励源采用式(4.50)所示的微分高斯脉冲,式中取 $t_0 = 70\Delta t, \tau_0 = 140\Delta t, \Delta t$ 为时间步长。ADE-ADI-FDTD 方法的时间步长按式(4.49)取值,这里取 CFLN=3。其他两种 SO-FDTD 方法的时间步长取为: $\Delta t = \Delta d/(2c)$ (c 为真空光速)。ADE-ADI-FDTD 方法在网格空间两端设置了 7 层 ADE-PML 吸收层,而 SO-FDTD 方法在网格空间两端采用 Mur 吸收边界。ADE-ADI-FDTD 方法和其他两种 SO-FDTD 方法分别运行 1000 时间步和 3000 时间步以达到稳态。

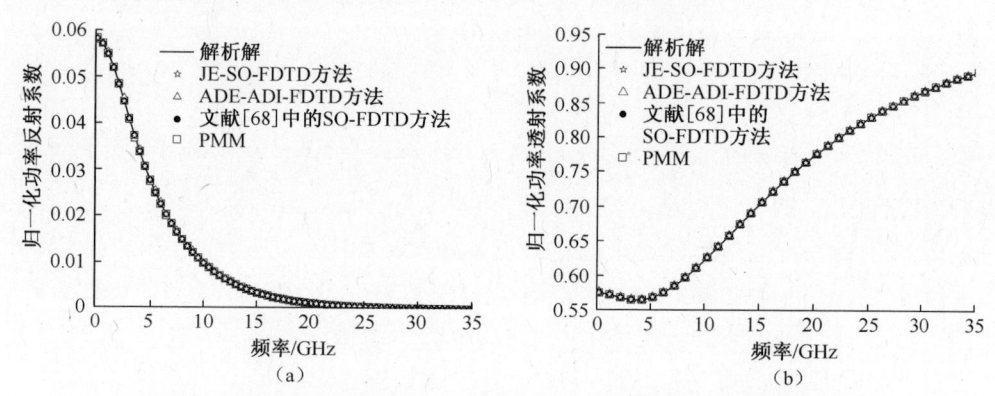

图 5.2 不同方法计算的归一化功率反射及透射系数随频率变化关系
(a)归一化功率反射系数的频响曲线;(b)归一化功率透射系数的频响曲线。

图 5.2 所示结果表明几种方法的运行结果均与解析解吻合很好。几种方法的计算时耗如表 5.1 所列,表中各方法的计算时间为对应的方法程序运行 10 次的平均值。程序运行的电脑为基于 Intel(R) Core(TM) i5-2400 CPU @ 3.10 GHz 处理器的"联想"计算机,下同。由表 5.1 可知,PMM 的运行时间比其他几种 FDTD 方法要少很多,而本书提出的 ADE-ADI-FDTD 方法和 JE-SO-FDTD 方法的计算效率均高于文献[68]提出的 SO-FDTD 方法。

表 5.1 算例 1 中 PMM 和其他 FDTD 方法平均计算时间的对比

	PMM	ADE-ADI-FDTD	文献[68]中的 SO-FDTD 方法	JE-SO-FDTD 方法
计算时间/s	2.569058	3.012240	4.165194	3.951834

2. 算例验证2

计算模型为厚度为9mm的磁化等离子体平板。平板中等离子体参数均匀分布，等离子体角频率 $\omega_p = 2\pi \times 28.7 \times 10^9$ rad/s，回旋频率 $\omega_b = 8.8 \times 10^{10}$ rad/s，碰撞频率 $\nu_{en} = 2 \times 10^{10}$ Hz。电磁波与外加磁场成90°角垂直入射到该等离子体平板，此时等离子体中存在两种本征波，一种是寻常波（O波），另一种则是非常波（X波）。采用本章推导的PMM、4.2.1节提出的基于任意磁偏角的磁化等离子体SO-FDTD方法以及文献[115]提出的解析方法对该模型进行了计算。采用PMM计算时，参照图5.1所示传播问题模型，设外加磁场 $\boldsymbol{B}_0$ 平行于 x 轴，由于平板较薄且其中的等离子体参数是均匀分布的，因而与平板对应的等离子体区域 $\boldsymbol{B}$ 剖分为1层即可。另外，由于X波和O波之间互不耦合，所以X波（O波）的反射和透射系数可分别由5.1.1节所述的 $R_{11}(R_{22})$ 和 $T_{11}(T_{22})$ 得到。而采用SO-FDD方法计算时，为保证结果不发散，选取网格步长 $\Delta d = 75\mu m$，计算空域网格总数为450，等离子体占据中间200~320网格，时间步长 $\Delta t = \Delta d/(2c)$，运行时间步数为8000步，激励脉冲函数与算例1相同。计算所得O波和X波的反射及透射系数幅度如图5.3及图5.4所示。

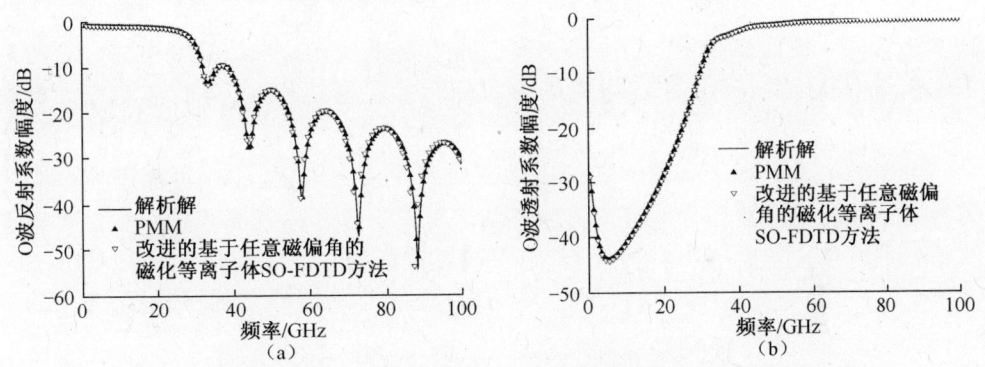

图5.3 不同方法计算的O波反射及透射系数幅度随频率的变化关系
(a)反射系数幅度；(b)透射系数幅度。

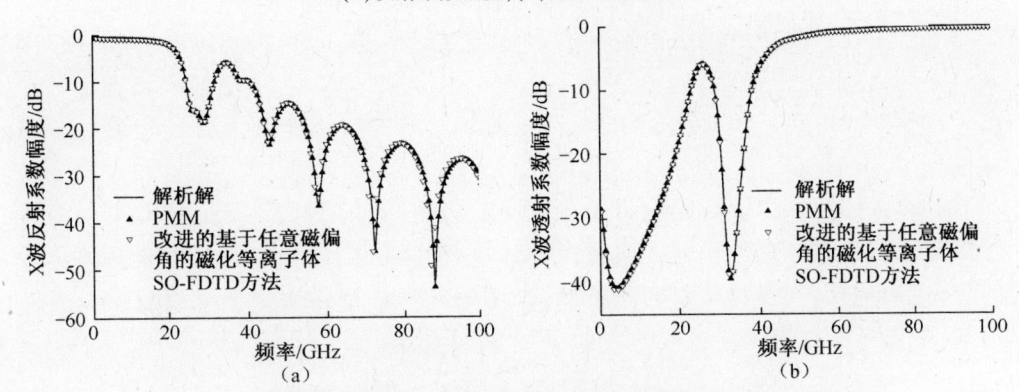

图5.4 不同方法计算的X波反射及透射系数幅度随频率的变化关系
(a)反射系数幅度；(b)透射系数幅度。

由图 5.3 及图 5.4 可知,PMM 和 FDTD 方法的计算结果在整个频带上与解析解基本一致。表 5.2 列出了 PMM 和 FDTD 方法对该模型的计算时耗。由表 5.2 显然可见,由于 PMM 将磁化等离子体平板剖分为 1 层,大大降低了循环迭代次数,因而其计算效率明显高于 SO-FDTD 方法。

表 5.2　算例 2 中 PMM 和改进的基于任意磁偏角的磁化等离子体 SO-FDTD 方法平均计算时间的对比

	PMM	改进的基于任意磁偏角的磁化等离子体 SO-FDTD 方法
计算时间/s	0.395083	1.390169

注:表中各计算时间是相应的方法程序运行 10 次的平均值

5.2　等离子体鞘套电磁模型

表征等离子体鞘套电磁特性的参数主要有等离子体特征频率(简称等离子体频率)、等离子体碰撞频率、介电常数等,这些参数的分布特性决定着电磁波在等离子体鞘套中的传播特性,并且与流场参数分布特性密切相关,可看作流场参数的函数。

由于钝头飞行器是高超声飞行器中的典型代表,而电磁波在等离子体鞘套中的传播特性与飞行器形状无直接关联,因此,本章不过多强调再入体形状对等离子体鞘套中电磁波传播的影响,而是着眼于第 3 章模拟的真实尺度钝锥模型的高超声速绕流流场,提炼出不同再入条件下的电磁参数分布特性,为后续电磁波传播计算和分析提供等离子体鞘套电磁模型。

5.2.1　等离子体鞘套电磁特性参数的提取

基于第 3 章模拟的高超声速钝锥绕流流场结果,输出所需流场参数在各个网格点上的数值,并根据相关公式对它们进行一定的计算处理,求出各网格点上的等离子体频率和等离子体碰撞频率,从而得到钝锥等离子体鞘套电磁特性参数分布特性。

等离子体频率的计算比较简单,由式(2.4)进行计算就行,下面重点关注等离子体碰撞频率的计算公式。碰撞频率的计算公式有很多种,考虑到再入等离子体的热力学非平衡效应及其弱电离特性,采用下式来计算碰撞频率可以获得较高的精度,是相对较好的选择,即

$$v_{en} = 6.3 \times 10^{-9} n_m \sqrt{\frac{T}{300}} \tag{5.31}$$

式中:T为气体温度(K);n_m为气体中的中性粒子数密度(cm^{-3}),对于本书使用的7组元空气化学模型,中性气体粒子为O_2、N_2、O、N、NO。

本章对钝锥等离子体鞘套中碰撞频率分布的提取均按式(5.31)进行,而对等离子体频率分布的提取按式(2.4)进行。

5.2.2 等离子体鞘套电磁特性参数的分布

等离子体频率和等离子体碰撞频率是体现等离子体鞘套电磁性质的最重要参数,再入高度、再入速度、攻角等再入条件变化对其分布特性有明显的影响。下面基于第3章模拟的高超声速钝锥绕流流场,分析再入条件变化对等离子体鞘套电磁参数分布特性的影响。

图5.5、图5.6(见彩插)分别为高超声速钝锥绕流流场等离子体特征频率及等离子体碰撞频率随再入马赫数变化的分布云图,图中钝锥再入高度$H=50km$。由图可见,随着马赫数的增加,激波后等离子体特征频率、碰撞频率随之增大,这是因为再入马赫数增加促使激波后温度升高,化学作用增强,电子数密度增加。另外,由于激波压缩作用随着马赫数的增加而增强,因而激波脱体距离及激波层厚度随马赫数的增加而减小(从图5.6所示的碰撞频率分布云图可明显看出)。

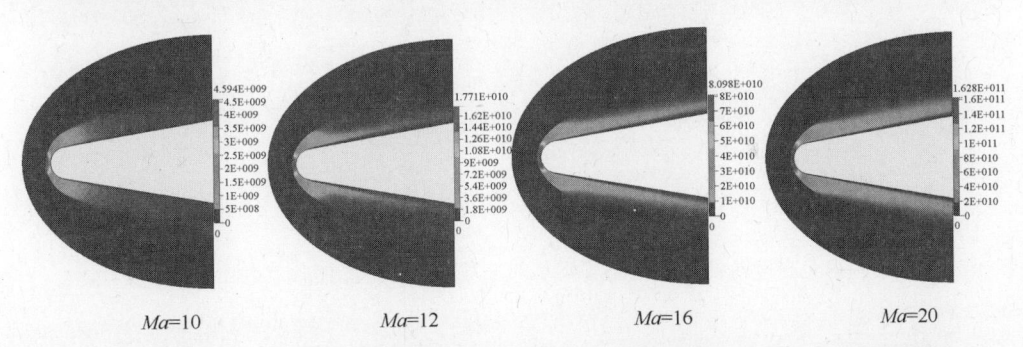

图5.5 不同再入马赫数时钝锥绕流流场头身部区域等离子体频率分布云图($H=50km$)

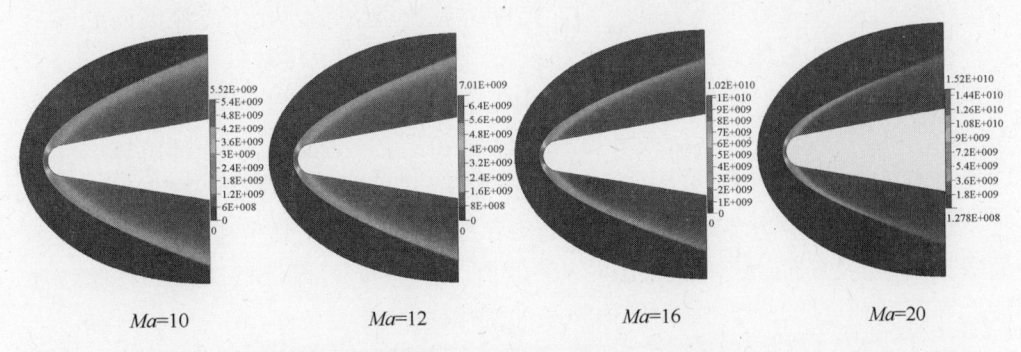

图5.6 不同再入马赫数时钝锥绕流流场头身部区域等离子体碰撞频率分布云图($H=50km$)

图 5.7、图 5.8(见彩插)分别为高超声速钝锥绕流流场等离子体特征频率及等离子体碰撞频率随再入高度变化的分布云图,图中钝锥的飞行速度为 $Ma=18$。由图可知,在其他再入条件相同的条件下,再入高度增加促使气体密度及电子数密度降低,因而相应的等离子体特征频率及碰撞频率减小。

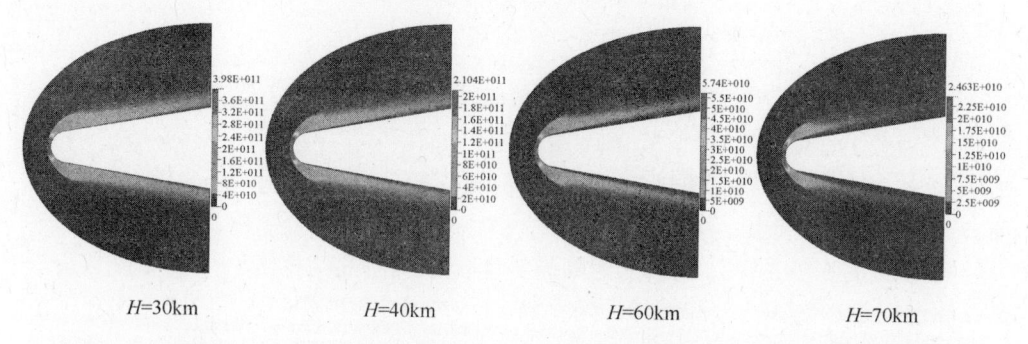

图 5.7 不同再入高度时钝锥绕流流场头身部区域等离子体频率分布云图($Ma=18$)

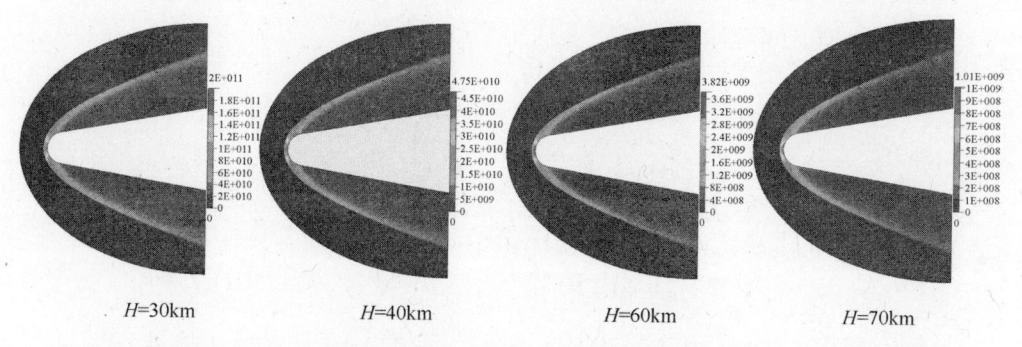

图 5.8 不同再入高度时钝锥绕流流场头身部区域等离子体碰撞频率分布云图($Ma=18$)

综观图 5.5~图 5.8 的结果可知,等离子体主要集中于激波与再入体之间的流场区域,具有很强的非均匀性,流场中不同位置的等离子体频率和碰撞频率可能有倍数的差别,甚至是数量级上的差别。钝锥绕流流场头部区域和边界层内的等离子体强度较大,相应的等离子体频率和碰撞频率较高(当高度较低、马赫数较高时,头部区域的等离子体频率和碰撞频率可高达 10^2 GHz 数量级),但其分布范围较小;身部区域及边界层外区域的等离子体频率和碰撞频率较低(与头部区域的等离子体频率及碰撞频率相比可能低 1 个数量级以上),但其分布范围较广。另外,还可发现,跨越激波层边界时,等离子体电磁参数出现跳变,尤其是碰撞频率,其在激波边界内侧的数值远大于激波层外侧的数值。在流场身部区域,碰撞频率跨越激波边界时的梯度明显大于等离子体频率的变化梯度。

由于等离子体频率和等离子体碰撞频率是流场参数的函数,因而它们具有与相关流场参数相似的变化特性和空间分布特性。沿物面法向和流向方向,等离子体电磁特性参数变化梯度很大,而这些参数沿物面法向变化的梯度又要大于沿流向变化的梯度。再入高度及再入马赫数变化对等离子体鞘套电磁特性参数空间波系结构影响较小,但对这些参数数值大小分布及其空间覆盖范围的作用比较明显。

5.3 电磁波入射到非磁化等离子体鞘套的传播特性分析

基于 5.2 节提炼出的钝锥等离子体鞘套电磁模型,在等离子体鞘套没有受到外加磁场的作用下,采用改进的非磁化等离子体 FDTD 方法和 PMM 计算电磁波在非磁化等离子体鞘套中的传播特性。计算过程的关键步骤如 5.1.1 节和 5.1.2 节所述,所考虑的电磁波频率范围均为 0.1~40GHz,采用 PMM 和 FDTD 方法相互对比的方式来进行计算,以提高结果的置信度。由于只需考虑电磁波正入射的情形,故 TE 波和 TM 波的传播效果是一致的,这里均以 TE 波为入射波条件进行计算。由于鞘套内的等离子体是非磁化等离子体,呈各向同性,所以交叉极化功率反射系数及透射系数为 0。下面算出的功率反射系数 p_r、功率透射系数 p_t 和功率吸收系数 p_a 分别由式(5.23a)、式(5.23c)和式(5.23g)所确定。

5.3.1 观察点位置变化对电磁波传播特性的影响

高超声速钝锥再入体的等离子体鞘基本可用图 5.9 所示五个流区即驻点区、中间区、尾部区(后身区)、边界层和尾流区来描述。驻点区温度和压强最高,空气

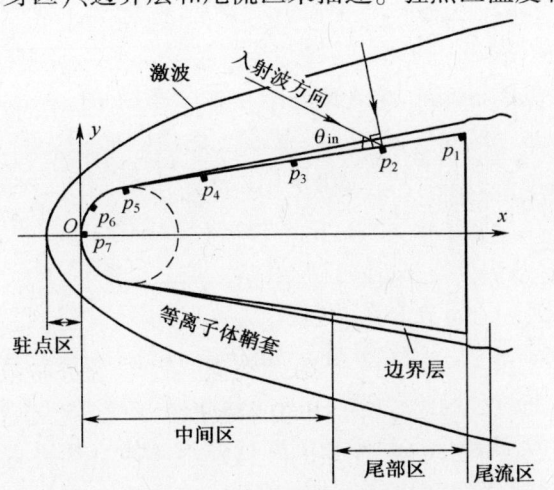

图 5.9 电磁波入射到高超声速钝锥等离子体鞘套的平面示意图
(不同的观察点如 $p_1,\cdots,p_7$ 代表不同的天线放置位置)

电离程度最强,由此形成的等离子体强度最大,因此,天线通常不设置在驻点区。中间区的电离度没有驻点区高,等离子体强度相对较低。钝锥尾部区的电离主要是由通过该区斜激波的气体引起的,因而该区等离子体条件的恶劣程度要大大轻于中间区和驻点区。在尾流区,由于电子和离子的复合速率很高,等离子体强度更弱,理论上对通信没有影响。然而,尾流区通常存在大量的热防护烧蚀材料的污染物,仍然会严重削弱通信质量。考虑到以上因素,在工程应用中一般将天线安装在飞行体尾部区。

为了考察在钝锥飞行体不同部位安装天线对接收电磁波性能的影响,获取过钝锥中轴线的一个剖面的等离子体鞘套电磁参数分布结果,并在贴近钝锥物面内侧设置不同的观察点,计算电磁波沿物面法向从外部空气入射到等离子体鞘套内各观察点的传播特性,相应的计算模型如图5.9所示。在图5.9中,θ_{in}为入射波方向与钝锥物面的夹角,即入射角。这里仅考虑电磁波沿钝锥物面法向入射到鞘套内各观察点时的传播特性,故$\theta_{in}=90°$;各观察点$p_i(i=1,2,\cdots,7)$的坐标如表5.3所列,其中p_7表示钝锥头部顶点位置,p_5表示钝锥的球锥结合部位置,p_1表示钝锥的尾部顶点。按照图5.9所建的坐标系,这里的TE波是指电场仅含z向分量的电磁波,而TM波是指磁场仅含z向分量的电磁波。

表5.3 钝锥物面内侧各观察点$p_i(i=1,2,\cdots,7)$的位置

观察点	p_1	p_2	p_3	p_4	p_5	p_6	p_7
x方向坐标/m	1.7	1.275	0.85	0.495	0.1405	0.04	0
y方向坐标/m	0.442	0.367	0.292	0.229	0.167	0.109	0

根据5.2节获得的等离子体鞘套电磁参数分布结果,设定再入高度$H=50$km和再入马赫数$Ma=20$,提取了对应于各观察点的沿物面外法向方向的等离子体频率及等离子体碰撞频率分布结果,如图5.10所示。由图5.10可知,驻点线(观察点p_7对应的物面法向路径)上等离子体频率和碰撞频率最高,但分布范围最窄;从驻点区沿流向向后,各观察点对应的物面法向路径上的等离子体频率和碰撞频率峰值逐渐降低,但等离子体分布范围逐渐增大;等离子体鞘套身部区域(观察点$p_1 \sim p_4$代表的区域)的等离子体强度和头部区域(观察点$p_6 \sim p_7$代表的区域)相比很小,存在着数量级上的差别。穿越头部激波边缘时等离子体频率和碰撞频率的分布出现跳变(图5.10中p_5,p_6,p_7所示的曲线),变化梯度很大;穿越身部激波边缘时,等离子体频率的变化比较平缓,但碰撞频率的变化仍很剧烈,这从图5.10中$p_1 \sim p_4$所示的曲线可以明显看出。

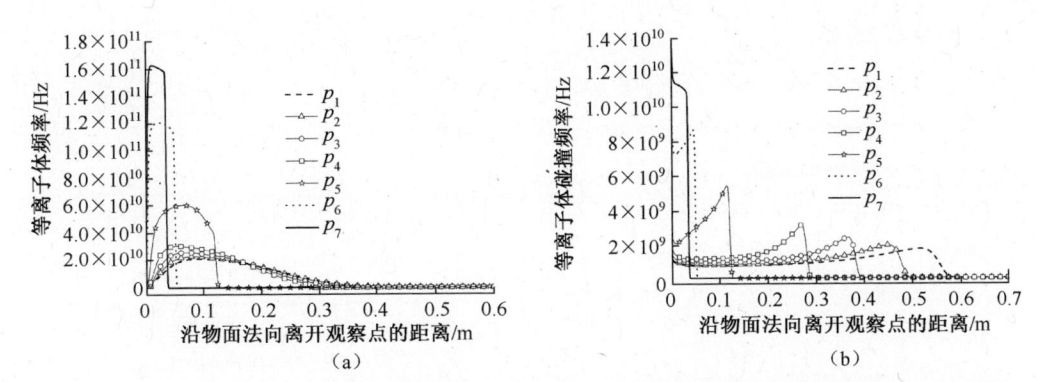

图 5.10 自各观察点沿物面法向向外延伸一段距离上的等离子体鞘套电磁参数空间分布特性
(a)等离子体频率；(b)等离子体碰撞频率。

给定等离子体鞘套工况同上所述，即再入高度 $H=50\text{km}$，再入马赫数 $Ma=20$，依据图 5.10 所示结果，可以计算出电磁波垂直于钝锥物面射向各观察点时的传播特性。由于观察点 $p_5 \sim p_7$ 对应的物面法向路径上的等离子体强度及其变化梯度很大，为了增加计算的稳定性(这是因为当传播路径上的等离子体参数量值很大且其变化梯度很大时，PMM 可能面临计算不稳定的问题)，对电磁波平行于物面法向入射到这些观察点的传播特性的计算采用第 4 章提出的 JE-SO-FDTD 方法来完成，所得归一化功率反射及吸收系数随频率变化的关系如图 5.11 所示。

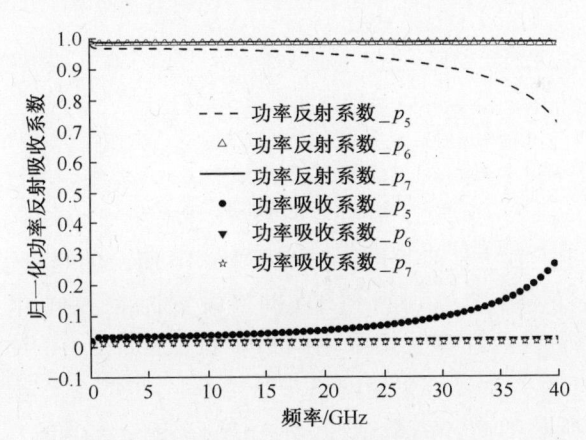

图 5.11 电磁波平行于物面法向入射到观察点 p_5、p_6、p_7 时的归一化
功率反射及吸收系数随频率变化的趋势
(图中结果为 JE-SO-FDTD 方法的计算结果)

对于电磁波平行物面法向入射到其他观察点的计算，则采用 PMM 和 JE-SO-FDTD 方法相互对比印证的方式来进行，所得归一化功率反射、透射及吸收系数的频响曲线如图 5.12 所示。

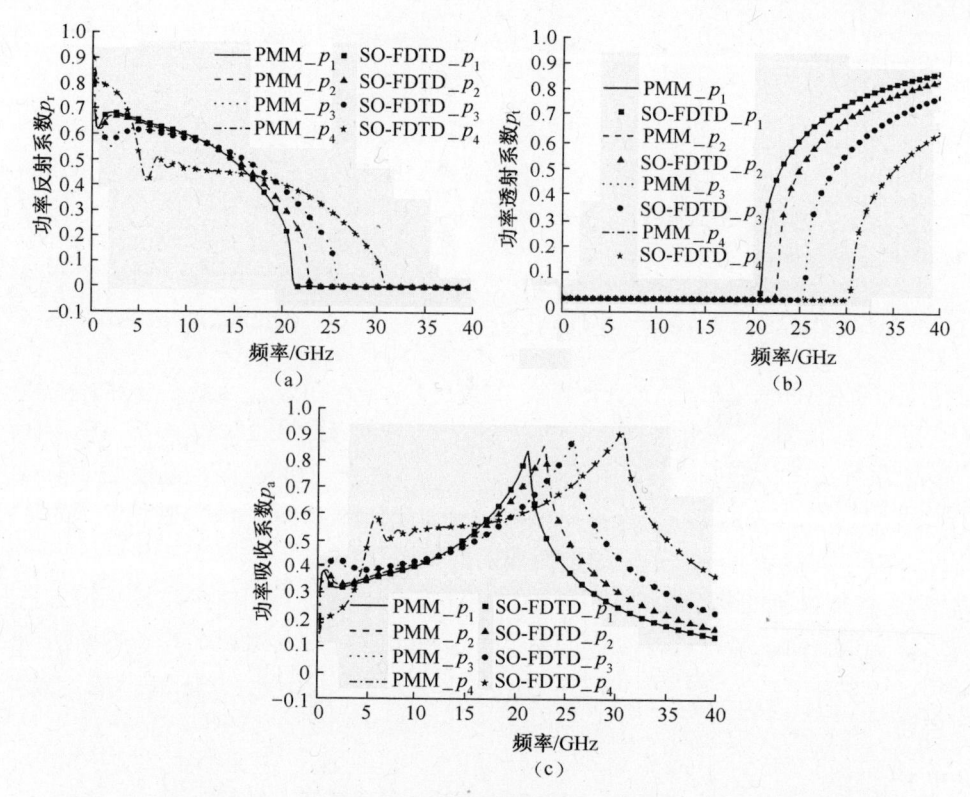

图 5.12 电磁波平行于物面法向入射到观察点 $p_1 \sim p_4$ 时的归一化功率反射、透射及吸收系数随频率变化的趋势

(a)功率反射系数;(b)功率透射系数;(c)功率吸收系数。

注:"PMM"表示采用的方法是传播矩阵法;"SO-FDTD"表示采用的方法是第4章提出的 JE-SO-FDTD 方法。

采用 JE-SO-FDTD 方法计算时,考虑到图 5.10 所示的等离子体参数的数值大小和变化梯度,按照 6.2 节提到的 FDTD 网格设置标准,关于电磁波射向观察点 p_5、p_6、p_7 时的传播特性的计算分别采用网格步长 Δd 为 3×10^{-5}m、1.5×10^{-5}m、1×10^{-5}m,对于其他观察点的计算采用网格步长 $\Delta d = 6\times10^{-5}$m。至于激励源的选择,仍采用式(4.50)所示的微分高斯脉冲,其中 $t_0 = 1.5\tau_0$,$\tau_0 = 2/f_{max}$,$f_{max}(=40\times10^9$ Hz)为入射波的最高频点。采用 PMM 计算电磁波射向观察点 $p_1 \sim p_4$ 的传播特性时,等离子体区域剖分的每层厚度都为 6×10^{-5}m。

由图 5.11 可知,观察点 p_6、p_7 对应的功率反射系数在 $0.1 \sim 40$GHz 范围内基本为1,功率吸收系数基本为0;观察点 p_5 对应的功率反射系数在低频段接近于1,但随着频率的升高,反射系数逐渐降低,但仍保持较大的数值,而功率吸收系数的变化趋势相反,在低频段(小于10GHz)基本为0,随着频率的增加而逐渐增大。另外,观察点p_5、p_6、p_7对应的功率透射系数在整个频段内都保持为0,图5.11中没有给出,但从式(5.23g)容易推出。由此可见,当钝锥飞行器在50km高度以马赫20的速度飞行时,等离子体鞘套头部区域产生的电子数密度很高,等离子体强度很大(图5.10),该区域相对于40GHz以下的电磁波而言可视为一良导体,因而电磁波无法透射,基本上以反射为主。

由图5.12可知,SO-FDTD方法与PMM的计算结果在整个频段内吻合很好。观察点$p_1 \sim p_4$对应的功率反射、透射、吸收系数在0.1~40GHz范围内都存在一个转折频点,该转折点大约对应于电磁波传播方向上的最大等离子体频率$f_{p,max}$,不妨记该转折点为f_t。当入射波频率低于f_t时,功率反射系数p_r大体上随频率的增加而逐渐降低直至趋于0,功率透射系数p_t保持为0,功率吸收系数p_a则随频率的增加而逐渐增大,在入射波频率接近f_t时达到最大值;当入射波频率高于f_t时,p_r基本为0且不随频率变化,p_t则随频率的增加由零逐渐增大,p_a则随频率的增加由最大值逐渐减小。上述现象可以从等离子体的高通滤波特性得到解释:当电磁波频率低于最大等离子体频率时,电磁波在入射到非均匀、碰撞等离子体鞘套的过程中会发生全反射,同时造成吸收衰减;只有频率高于最大等离子体频率的电磁波才能在等离子体鞘套中传播并透射出去,当然传播的过程也会伴随部分反射和吸收。碰撞是造成电磁波被等离子体吸收衰减的主要原因。对于同一观察点,频率接近$f_{p,max}$的电磁波在沿物面法向向观察点传播的过程中会造成最大衰减,这是由传播方向上的等离子体鞘套电磁参数空间分布特征决定的。从图5.10可以看出,对于观察点$p_1 \sim p_4$来说,沿入射方向高碰撞频率出现的区间(包含最大碰撞频率出现的位置)相比高等离子体频率出现的区间(包含最大等离子体频率出现的位置)要靠前一些,频率接近$f_{p,max}$的电磁波能在等离子体鞘套中传播至最远的距离并发生完全反射,入射和反射的路径上都要经历碰撞吸收,且该路径上碰撞频率较高,因而对电磁波能量的吸收最强。另外,从图5.12还可看出,当观察点由钝锥尾部向前移动(即由观察点p_1变化到观察点p_4)时,各功率系数转折频点逐渐向频率高端移动,$p_r>0$的频带变宽,开始呈现透射效应的频点升高,p_a峰值及其对应的频点增大。造成这种现象的原因在于当观察点由p_1向p_4变化时,相应的电磁波入射路径上的等离子体频率及碰撞频率都增大。

观察图5.12(c)还可发现,在所有的观察点中,对于同一功率水平而言,观察点p_4对应的功率吸收系数的带宽最大,这和电磁波入射到观察点p_4的路径上的等离子体参数分布特征是密切相关的。由图5.10可知,观察点p_5、p_6、p_7对应的入射方向上的等离子体频率处于过密状态,高等离子体频率的空间分布范围和高碰撞频率的空间分布范围基本重合,且激波边缘处等离子体频率的变化梯度很大,入射电磁波(0.1~40GHz)来不及在碰撞频率较高的等离子体区间中传播足够长的距离就已被完全反射回去。虽然观察点 p_4 对应的入射路径上的等离子体频率和碰撞频率在数值大小上处于中等水平，但相对高频段入射波来说，该入射路径上的等离子体处于欠密状态，因而电磁波能传播足够长的距离以造成强烈的碰撞吸收。

5.3.2 入射角变化对电磁波传播特性的影响

由 5.3.1 节的分析可知，将天线安装在钝锥的尾部区，在一定程度上能够减轻等离子体鞘套对通信的不利影响。这里假定天线安装在观察点 p_2 处，考察不同入射方向的电磁波向观察点 p_2 处传播时的电磁特性。

假定钝锥等离子体鞘套的工况：飞行高度 $H=60\text{km}$，马赫数 $Ma=22$，根据 5.2 节提炼的等离子体鞘套电磁参数分布结果，当电磁波以不同入射角 θ_{in} 入射到观察点 p_2 时，得到不同射线上的等离子体鞘套电磁特性参数分布结果如图 5.13 所示。由图可见，入射角 θ_{in} 越小，等离子体频率和碰撞频率的峰值越大，峰值对应的位置距观察点 p_2 也越远，同时它们的空间分布范围也越大。当 θ_{in} 与 90°比较接近（如 75°和 90°）时，等离子体频率和碰撞频率的变化趋势都不明显。另外，对于不同的 θ_{in}，跨域激波边界时碰撞频率的变化都十分激越，而等离子体频率的变化梯度相对要平缓很多。这从图 5.6 和图 5.8 所示的碰撞频率分布云图也可看出这一点。

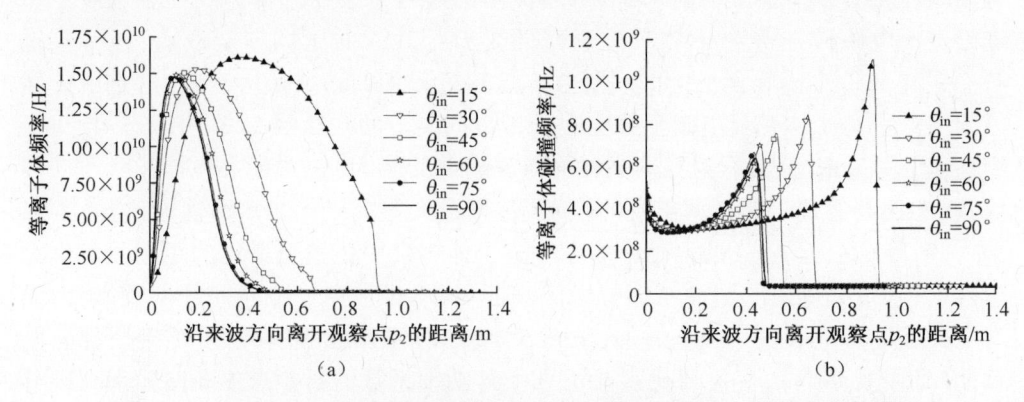

图 5.13 自观察点 p_2 沿不同入射波方向向外延伸一段距离上的等离子体鞘套电磁参数空间分布趋势
(a) 等离子体频率；(b) 等离子体碰撞频率。

利用 PMM 和第 4 章提出的 ADE-ADI-FDTD 方法对图 5.13 反映的等离子体鞘套条件进行计算，得到电磁波以不同入射角 θ_{in} 入射到观察点 p_2 时的归一化功率反射、透射及吸收系数的频率响应曲线如图 5.14 所示，两种方法的计算结果在整个频带内基本一致。ADE-ADI-FDTD 方法使用的网格步长 $\Delta d=6\times10^{-5}\text{m}$；时间步长按式 (4.49) 取值，时间扩展因子 CFLN=5；激励源的设置与 5.3.1 节所述相同。PMM 计算时对等离子体区域采用均匀剖分，每层厚度为 $8\times10^{-5}\text{m}$。

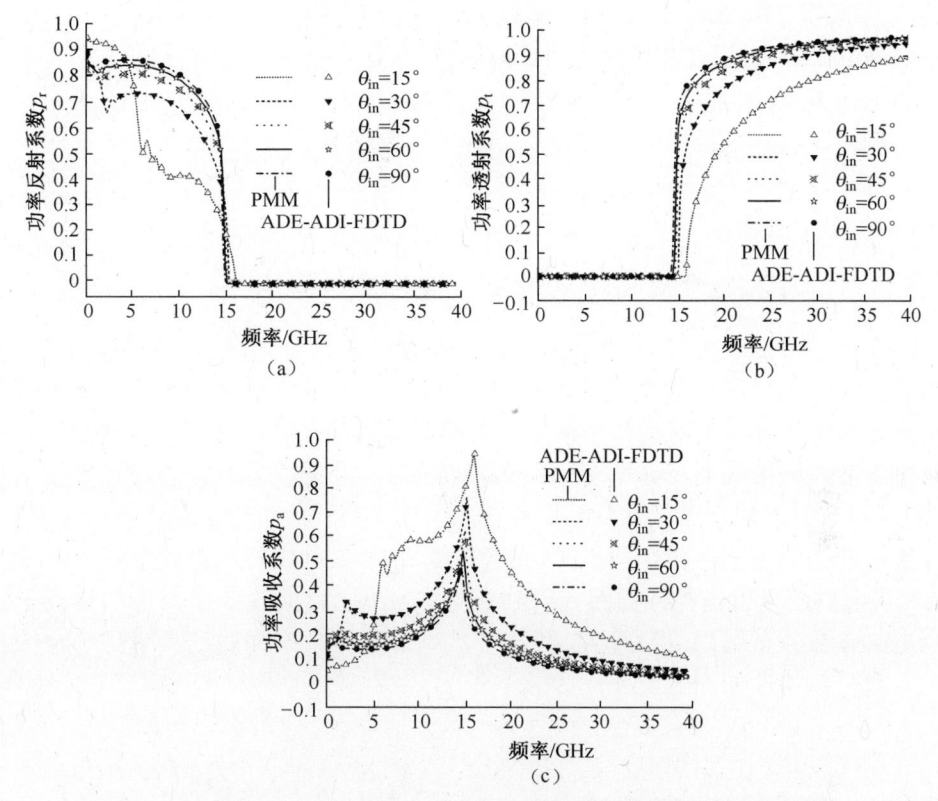

图 5.14 电磁波以不同入射角 θ_{in} 入射到观察点 p_2 时的归一化功率反射、
透射及吸收系数随频率变化的趋势
(a)功率反射系数;(b)功率透射系数;(c)功率吸收系数。
注:PMM 的计算结果用不同的线型来表示;ADE-ADI-FDTD 方法的计算结果用不同的符号来表示。

由图 5.14 可知,对于任意入射角度,电磁波在等离子体鞘套内的传播特性都在入射波频率处于 $f_{p,max}$($f_{p,max}$对应于电磁波传播路径上的最大等离子体频率)附近时出现转折。因此,给定入射角 θ_{in} 时,功率反射、透射、吸收系数随频率变化的趋势与图 5.12 所示趋势基本相似。由于不同入射方向上的等离子体频率峰值的变化幅度较小,所以各种功率系数的转折频点比较接近,只是随 θ_{in} 的减小而略向频率高端偏移。由于碰撞频率的大小及分布范围随 θ_{in} 减小而增大的趋势比较明显,因此,当 θ_{in} 减小时,功率吸收系数 p_a 的峰值及吸收带宽都随之增大。这说明对于具有一定厚度的等离子体鞘套,入射波的照射角偏离物面法向越大,吸收衰减越大。在透射效应比较明显的频段(如 16~40GHz),功率透射系数 p_t 随 θ_{in} 的减小而减小,并且减小的幅度增大,这主要是因为传播方向上碰撞频率的增长幅度随 θ_{in} 的减小而增大,更多电磁波能量在透射过程中被碰撞吸收。在反射效应比较明显的频段(如0.1~14GHz),功率反射系数p_r随θ_{in}变化的趋势在频率低端(如0.1~5.3GHz)比较复杂,但在其他频段(如5.3~14GHz),同频入射波的功率反射系数基本上随θ_{in}的减小而减小,并且减小的趋势加强(特别是当$\theta_{in}<30°$时),说明反射效应被碰撞吸收效应抵消的程度提高。造成低频段p_r随θ_{in}变化比较复杂的原因与图5.13所示的不同入射方向上的等离子体鞘套电磁参数空间分布趋势密切相关。

5.3.3 再入速度变化对电磁波传播特性的影响

由5.3.2节的分析可知,相对其他入射角度的电磁波而言,电磁波垂直于物面射向观察点p_2时的透射效果最好(透射幅度及其相对带宽都是最大的),且电磁波能量被等离子体吸收衰减的作用最弱。下面讨论钝锥在一定高度以不同马赫数飞行时电磁波在钝锥等离子体鞘套中的传播特性,入射条件为电磁波垂直于钝锥物面($\theta_{in}=90°$)射向观察点p_2。

给定钝锥等离子体鞘套的工况:飞行高度$H=50$km,飞行马赫数Ma由10变化到22,当电磁波垂直于钝锥物面入射到观察点p_2时,根据5.2节提炼的等离子体鞘套电磁参数分布结果,得到该入射方向上等离子体频率和碰撞频率随马赫数变化的空间分布特性如图5.15所示。

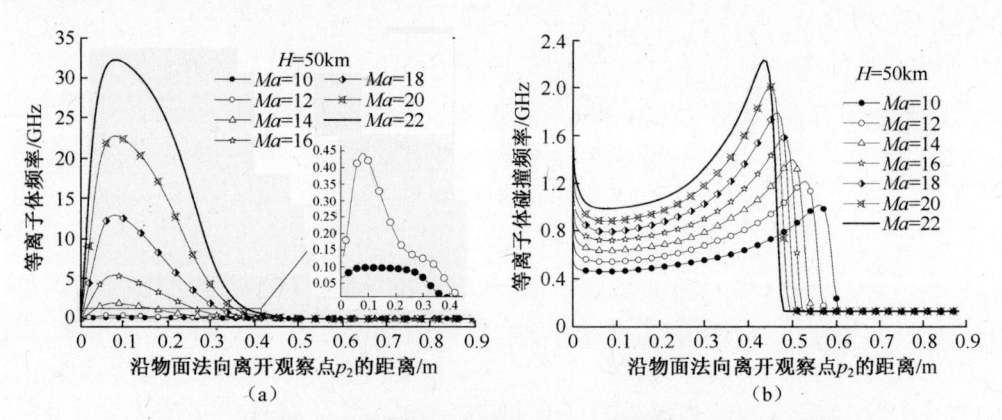

图5.15 自观察点p_2沿物面法向向外延伸一段距离上的等离子体鞘套
电磁参数随马赫数Ma变化的空间分布特性
(a)等离子体频率;(b)等离子体碰撞频率。

从图5.15可以看出,随着马赫数的增加,观察点p_2对应的物面法向路径上的等离子体特征频率、碰撞频率随之增大,同时由于激波压缩作用增强,靠近激波层边界的等离子体频率及碰撞频率随距离变化的梯度增大,特别是碰撞频率,其在跨越激波层边界时出现垂直陡降,导致其空间分布范围变窄。这些结果与图5.5、图5.6反映的结果基本一致。另外,当马赫数增大时,等离子体频率的增幅明显高于碰撞频率的增幅。

利用 PMM 对图 5.15 反映的等离子体鞘套条件进行计算,得到电磁波垂直于钝锥物面入射到观察点 p_2 时的归一化功率反射、透射及吸收系数随马赫数和频率变化的曲线如图 5.16 所示。

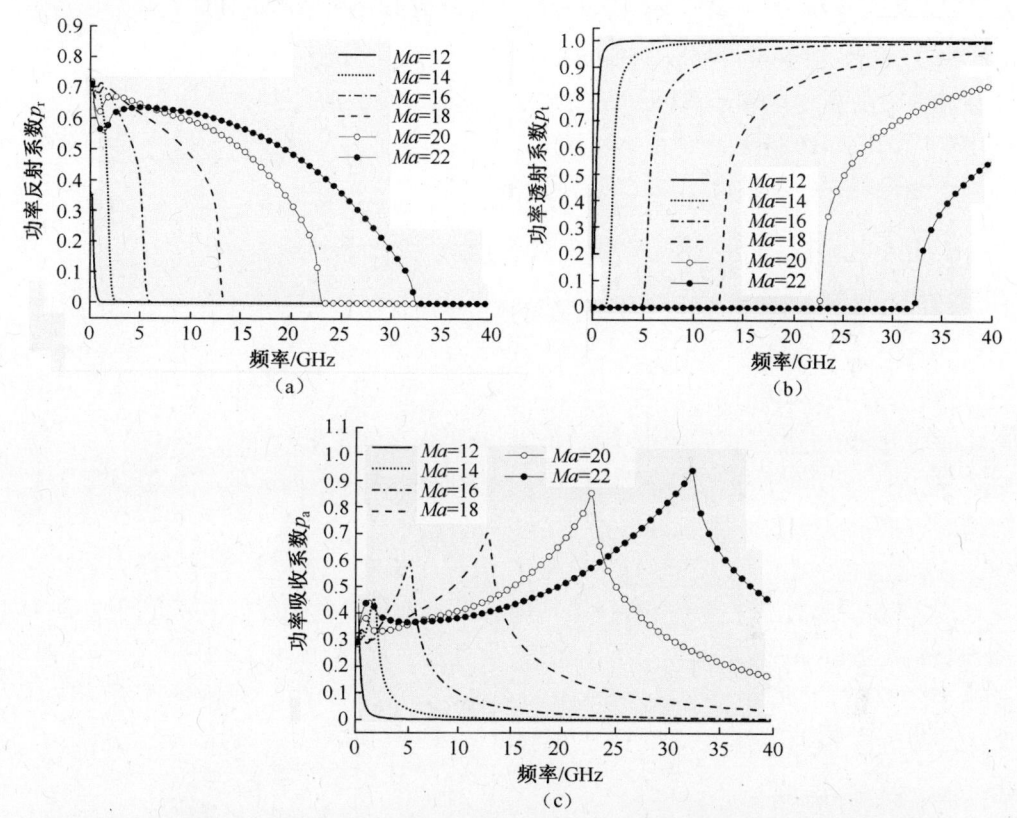

图 5.16 当钝锥在高度 50km 以不同马赫数飞行时,电磁波沿物面法向入射到观察点 p_2 的归一化功率反射、透射及吸收系数的频率响应曲线(图中结果为 PMM 的计算结果)
(a)功率反射系数;(b)功率透射系数;(c)功率吸收系数。

为了使图形显示清晰,这里仅给出了 PMM 的计算结果。PMM 计算时等离子体区域剖分的每层厚度均为 8×10^{-5} m。由图 5.16 可知,对于一定的马赫数,在图示频带内存在一个转折频点 f_t(f_t 接近传播方向上的最大等离子体频率 $f_{p,max}$),功率反射、透射、吸收系数同样会在 f_t 处发生转折或突变,各种功率系数随频率变化的趋势与图 5.12 和图 5.14 所示趋势基本相似。由于等离子体频率峰值随马赫数的增加而明显增大,因而各种功率系数的转折频点随马赫数的增加而明显向频率高端偏移。当马赫数增大时,功率反射系数 p_r 的峰值变化不大,但 p_r 的带宽增大;在图示频段内,功率透射系数 p_t 的带宽变窄,开始呈现透射效应的频点升高;功率

吸收系数 p_a 的峰值及其对应的频率升高,p_a 的带宽也随之增大。这说明马赫数增加时电磁波的传输性能变差,电磁波能量在很大程度上被反射和碰撞吸收。一般来说,透射波能量衰减达 10dB(能量降为入射波能量的 1/10)将严重影响通信,10dB 衰减可作为引起"黑障"的一个标准。通常,解决"黑障"的一条便捷途径是提高电磁波发射频率。例如,就图 5.16 而言,当 $H=50$km,$Ma=16$ 时,提高电磁波频率至 7.4GHz 以上可以使 p_t 提高到 0.8 以上。然而,10GHz 以上的电磁波受大气衰减和雨衰的影响比较严重,因而在再入通信时电磁波的发射频率一般不应超过 10GHz。由图 5.16 可见,当 $Ma \geqslant 18$ 时,光靠提高电磁波发射频率来改善电磁波在等离子体鞘套中的传输性能就已经不切实际了。

5.3.4 再入高度变化对电磁波传播特性的影响

这里讨论钝锥在不同高度以相同马赫数飞行时电磁波在等离子体鞘套中的传播特性,入射条件与 5.3.3 节相同,即电磁波垂直于钝锥物面射向观察点 p_2。钝锥等离子体鞘套的工况:再入马赫数 $Ma=18$,再入高度 H 由 30km 变化到 80km。图 5.17 给出了入射方向上等离子体鞘套电磁特性参数随再入高度变化的空间分布结果。由图可见,随着再入高度 H 的降低,观察点 p_2 对应的物面法向方向上的等离子体频率和碰撞频率都相应地增加,并且等离子体频率峰值出现的位置更加靠近物面。同样可以发现,碰撞频率在激波边界附近下降很快,其变化梯度明显大于等离子体频率的变化梯度。但是,等离子体频率和碰撞频率随 H 降低而增长的幅度不一样。例如,当 H 由 50km 降为 40km 时,最大等离子体频率(最大碰撞频率)由 12.9GHz(1.79GHz)增长至 18.7GHz(6.74GHz),增幅为 5.8GHz(4.95GHz);而当 H 由 40km 降为 30km 时,最大等离子体频率(最大碰撞频率)的增幅可达 8GHz(23GHz)。

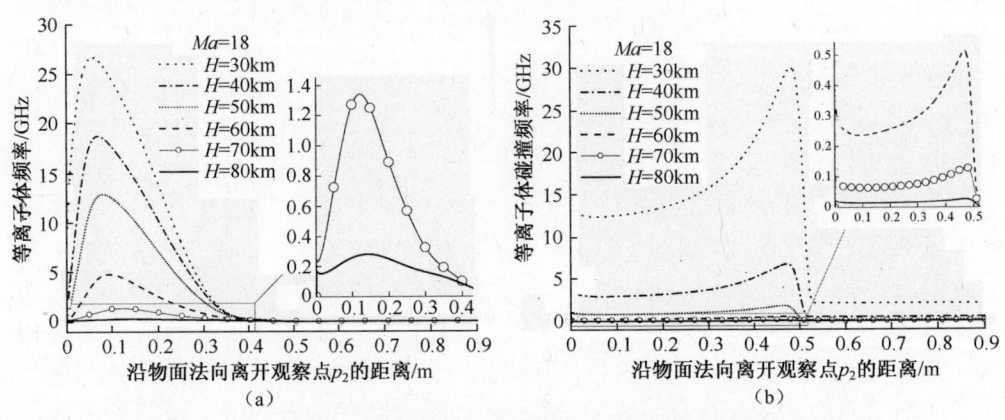

图 5.17 自观察点 p_2 沿物面法向向外延伸一段距离上的等离子体鞘套电磁参数随再入高度 H 变化的空间分布特性
(a)等离子体频率;(b)等离子体碰撞频率。

利用 PMM 和第 4 章提出的改进型 DE-SO-FDTD 方法对图 5.17 反映的等离子体鞘套条件进行计算,得到电磁波平行于物面法向入射到观察点 p_2 时的归一化功率反射、透射及吸收系数随再入高度和频率变化的趋势如图 5.18 所示。DE-SO-FDTD 方法使用的网格步长 $\Delta d = 6 \times 10^{-5}$ m;时间步长及激励源设置与 5.3.1 节所述相同。PMM 对等离子体区域剖分的每层厚度为 6×10^{-5} m。从图 5.18 可以看出,两种方法的计算结果在图示频段内吻合得很好,其中,不同的线型代表的是 PMM 的计算结果,不同的符号代表的是 DE-SO-FDTD 方法的计算结果。

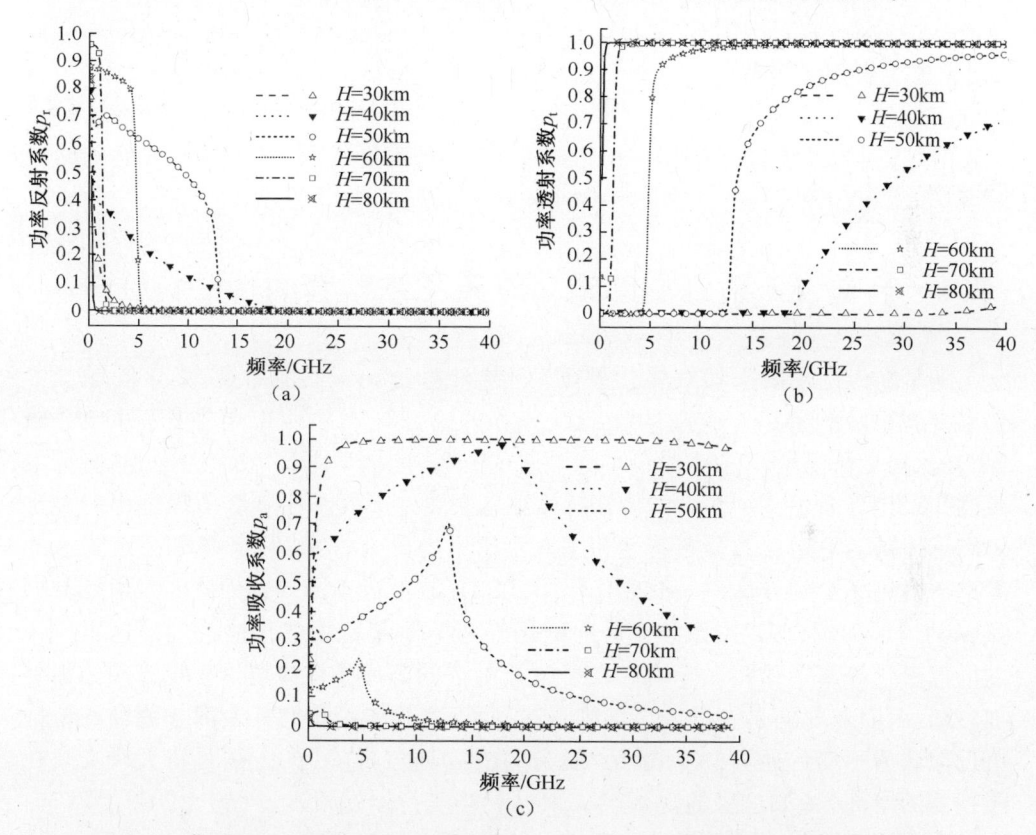

图 5.18 当钝锥在不同高度以马赫数 $Ma = 18$ 飞行时,电磁波沿物面法向入射到观察点 p_2 的归一化功率反射、透射及吸收系数的频率响应曲线

注:不同的线型代表的结果是 PMM 的计算结果;不同的符号代表的结果是 DE-SO-FDTD 方法的计算结果。
(a)功率反射系数;(b)功率透射系数;(c)功率吸收系数。

由图 5.18 可知,当再入高度 H 在 80km 与 40km 之间变化时,功率反射、透射、吸收系数均在入射波频率处于 $f_{p,\max}$($f_{p,\max}$ 对应于电磁波传播路径上的最大等离子体频率)附近时发生转折或突变,各种功率系数随频率变化的趋势与前述功率系数频响曲线图形基本相似。然而,当 $H = 30$km,$Ma = 18$ 时,各种功率系数在最大等离

子体频率 $f_{p,max}$ 附近并没有发生转折变化,功率系数随频率变化的关系与上述不再一致。这是因为在此再入条件下,等离子体鞘套中的碰撞频率很高,入射方向上的碰撞频率峰值要大于等离子体频率峰值,并且高碰撞频率所在的区间与高等离子体频率所在的区间没有重合,前者距离物面较远,所以图示频率范围内的入射电磁波大都被等离子体鞘套吸收衰减(p_a 接近 1 的带宽差不多覆盖整个频段),反射及透射效应基本上被碰撞吸收效应抵消。对于一定的马赫数,当再入高度增加时,由于等离子体鞘套中的等离子体频率和碰撞频率降低得十分明显,从而使得电磁波透射性能显著提高(主要表现为透射幅度和透射带宽增大),吸收衰减明显减小(主要表现为吸收峰值与吸收带宽减小)。由图 5.18 可见,当 $Ma=18, H \geqslant 60$ km 时,5GHz 以上的电磁波能很好地通过等离子体鞘套的尾部区到达观察点 p_2。但是,当 $H \leqslant 50$ km 时,10GHz 以下的电磁波就不能透过等离子体鞘套的尾部区了。

5.4 电磁波入射到局部磁化等离子体鞘套的传播特性分析

随着航天活动的蓬勃发展,"黑障"问题日益受到人们的重视,而该问题至今仍未得到很好的解决。有限的飞行试验和理论计算均表明采用外加磁场的"磁窗"技术可以降低等离子体鞘套对电磁波的衰减,削弱"黑障"效应。因此,研究电磁波在磁化等离子体鞘套中的传播特性很有必要。下面基于 5.2 节提炼出的钝锥等离子体鞘套电磁参数分布特性和图 5.9 所示的研究方案,假定观察点 p_2 附近的等离子体流场受到外加磁场的磁化作用,以 TE 波平行于钝锥物面法向入射到观察点 p_2 的情形为例,探讨电磁波在局部磁化等离子体鞘套中的传播特性。这里所说的局部磁化等离子体鞘套是指对观察点 p_2 附近的等离子体流场沿一定方向施加外加磁场,因而改变的是该部分流场的特性,而等离子体鞘套的其余部分流场的特性可近似认为不变。通常,实际运用"磁窗"技术削弱"黑障"的方法是将天线安装在飞行器的尾部区(如这里的观察点 p_2 附近),当飞行器在再入过程中出现"黑障"时启动安装在天线附近的磁场发生器,沿天线的辐射方向产生一定强度的磁场,通过改变天线周围局部流场中的带电粒子运动来达到改善通信的目的。因此,本书提出的这种局部磁化假设比较符合实际应用条件。由于观察点 p_2 附近的局部流场距离等离子体强度较大的头部流场区域较远,可认为该局部流场的磁化对整个钝锥绕流流场特性影响较小,因而可以认为再入体周围的整体流场近似等同于原来无外加磁场条件下的流场。在这种局部磁化条件下,等离子体鞘套的流场问题可近似实现解耦求解。因此,笔者将第 3 章模拟得到的非磁化条件下的高超声速钝锥绕流流场结果以及由此得到的等离子体鞘套电磁模型(见 5.2 节)作为本章以下内容的研究基础。

下面主要采用本章提出的 PMM 和第 4 章提出的改进的磁化等离子体 SO-FDTD 方法来进行相关计算,两种方法在观察点 p_2 对应的物面法向上截取的等离子体区域长度均为 0.935m,计算涉及的重要步骤如 5.1.1 节和 5.1.2 节所述,所考虑的电磁波频率范围均为 0.1~40GHz。在以下仿真中,如无特别声明,SO-FDTD 方法采用的网格步长均为 $\Delta d = 6 \times 10^{-5}$m;激励源的设置均与 5.3.1 节所述相同。PMM 对等离子体区域剖分的每层厚度均等于 FDTD 方法的网格步长 Δd。

5.4.1 磁场强度变化对电磁波传播特性的影响

假设施加在观察点 p_2 附近的外加磁场 $\boldsymbol{B}_0$ 平行于电磁波入射方向,即 $\boldsymbol{B}_0$ 的方向也垂直于观察点 p_2 附近的物面,并假定 $\boldsymbol{B}_0$ 在等离子体鞘套内大小恒定。利用 PMM 和第 4 章提出的改进的基于 0°磁偏角的磁化等离子体 SO-FDTD 方法计算了电磁波垂直于钝锥物面入射到观察点 p_2 时的传播特性,所得同极化或交叉极化功率反射、透射系数以及功率吸收系数随不同外加磁场强度和频率的变化关系如图 5.19 所示。图中结果涉及的等离子体鞘套工况:再入高度 $H = 50$km,再入马赫数 $Ma = 20$。观察点 p_2 对应的物面法向路径上的等离子体鞘套电磁参数空间分布特性参见图 5.15 中标有"$Ma = 20$"的曲线。图 5.19 用不同的线型表示 PMM 的计算结果,用不同的符号表示改进的基于 0°磁偏角的磁化等离子体 SO-FDTD 方法的计算结果。可以看出,两种方法的计算结果具有很好的一致性。为了显示上的直观清晰,功率反射系数(P_{r_co} 和 P_{r_cross})仅给出了一部分频段(小于 40GHz)的 PMM 计算结果,未给出的频段上的功率反射系数为 0。

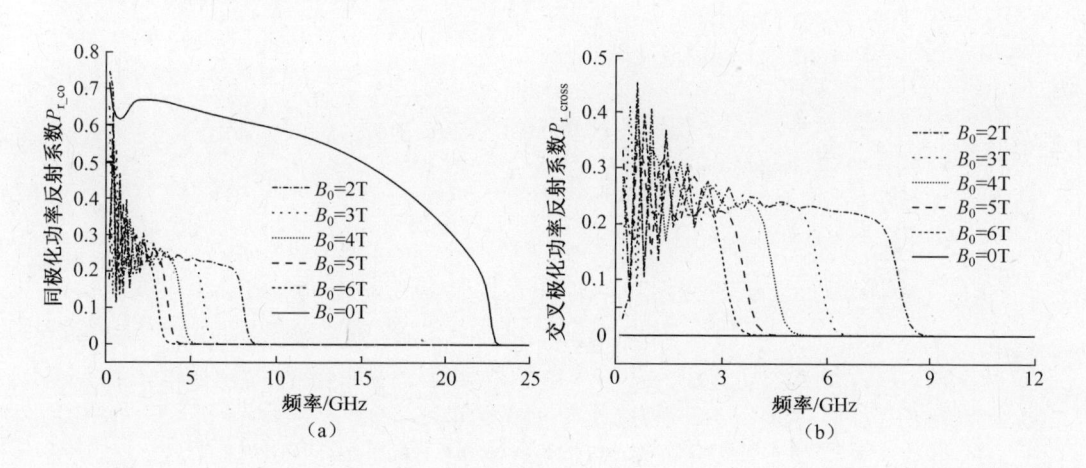

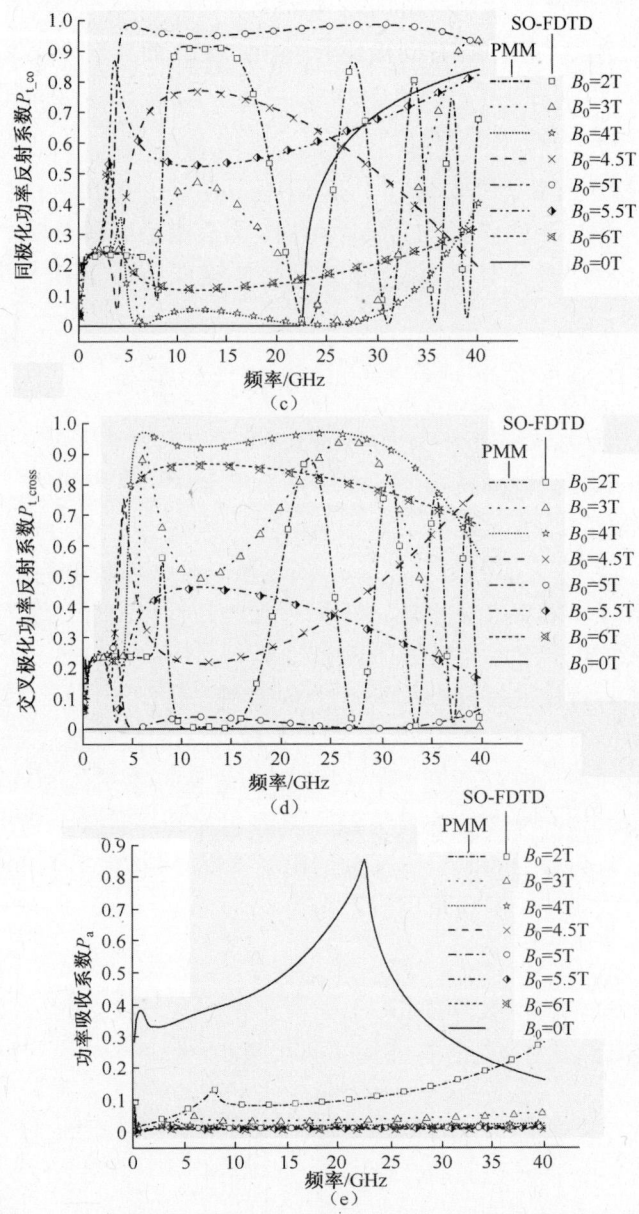

图 5.19 电磁波平行于物面法向和外加磁场方向入射到观察点 p_2 时的归一化功率反射、透射及吸收系数随频率和外加磁场强度变化的趋势

注:PMM 表示采用的方法是传播矩阵法;SO-FDTD 表示采用的方法是改进的基于 0°磁偏角的磁化等离子体 SO-FDTD 方法。

(a)同极化功率反射系数;(b)交叉极化功率反射系数;(c)同极化功率透射系数;
(d)交叉极化功率透射系数;(e)功率吸收系数。

由图 5.19 可知,外加磁场 B_0 的引入使得等离子体呈各向异性,因此,TE 波入射产生的反射或透射波不仅含有同极化分量(TE 波),而且还有交叉极化分量(TM 波)。从图 5.19(a)和(b)可以看出,与无外加磁场($B_0=0$)的情况相比,B_0 的引入一方面使得同极化功率反射系数 P_{r_co} 的大小和带宽都大大减小,另一方面则带来了额外的交叉极化反射波。当 B_0(B_0 的幅值)增大时,P_{r_co} 和 P_{r_cross} 的带宽减小。当 B_0 一定时,P_{r_co} 和 P_{r_cross} 的截止频点基本相同,即它们的带宽基本相同。由此可见,外加磁场可以有效地控制等离子体鞘套对电磁波的反射行为。对于本例而言,无外加磁场时,9~23GHz 范围内的电磁波入射到等离子体鞘套都会产生一定的反射,但在外加磁场的作用下,该频段的反射系数为 0;并且外加磁场越强,反射被抑制的频带越宽。从图 5.19(a)和(b)可以发现:外加磁场的作用使得 P_{r_co} 和 P_{r_cross} 在低频段出现强烈的波动(伴随着极大值和极小值的交替出现),并且入射波频率越低,波动的频率越高,幅度也越大,但 P_{r_cross} 的波动幅度相对稍小一些。另外还可以发现,低频段 P_{r_co} 与 P_{r_cross} 的波动存在反对称效应,即 P_{r_co} 在某一频点取得极大值(位于波峰)时,P_{r_cross} 在该频点取得极小值(位于波谷)。为了清晰地展示这一效应,图 5.20 对比给出了 $B_0=4T$ 条件下的 P_{r_co} 和 P_{r_cross} 随频率波动的曲线。这种波动现象是我们所预期的,文献[125]在研究均匀磁化等离子体的反射及透射系数时也遇到类似的现象。文献[125]的研究表明:当外加磁场大小在一定范围内变化时,电磁波入射到一定厚度磁化等离子体介质的反射系数和透射系数都出现了强烈的波动,并且波动的幅度和频率与等离子体电子数密度大小、外加磁场强度等条件密切相关。从低频段 P_{r_co} 和 P_{r_cross} 的表现可以看出,当入射波频率与传播路径上的最大等离子体频率相比很小时,外加磁场不能完全抑制等离子体鞘套对电磁波的反射,但会诱发反射波对频率的各种波动。

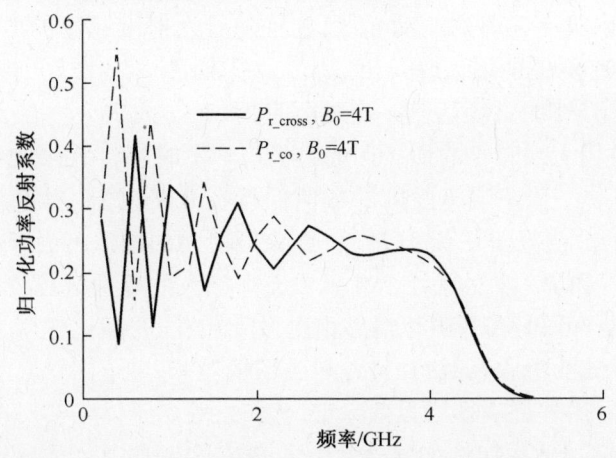

图 5.20 当外加磁场 $B_0=4T$ 时,电磁波平行于物面法向和外磁场方向入射到观察点 p_2 时的同极化功率反射系数 P_{r_co} 和交叉极化功率反射系数 P_{r_cross} 的频响曲线

图5.19(c)和(d)表明,外加磁场对电磁波透射的影响十分明显。由于再入通信的质量主要取决于电磁波通过等离子体鞘套的透射效应,下面对此着重分析。

对于一定的外加磁场,同极化功率透射系数 P_{t_co} 或交叉极化功率透射系数 P_{t_cross} 在低频段比较接近,但在其他频段,P_{t_co} 和 P_{t_cross} 出现一定幅度的波动,且它们的波动同样呈现反对称特点:如果 P_{t_co} 在某一频带呈上升趋势,那么 P_{t_cross} 在该频带呈下降趋势;如果 P_{t_co} 在某一频点到达极大值,那么 P_{t_cross} 在该频点处于极小值。低频段 P_{r_co} 和 P_{r_cross} 的波动与高频段 P_{t_co} 和 P_{t_cross} 的波动都存在反对称特征,这是由磁化等离子体中本征波的传播特性决定的。当线极化波平行于外加磁场方向入射到磁化等离子体时,在等离子体中传播的线极化波分裂为两个特征波,即LCP波和RCP波,由于这两个特征波的传播速度不一样,传播的过程会产生法拉第旋转效应。当这两个特征波从磁化等离子体区域反射或透射出去时,重新合成为线极化波,其极化方向将以外加磁场方向为轴发生偏转。对于本例而言,如果合成后的线极化波的极化方向指向z轴方向,那么同极化(交叉极化)反射或透射波的幅度将达到极大值(极小值);如果合成后的线极化波的极化方向垂直于z方向,那么同极化(交叉极化)反射或透射波的幅度将达到极小值(极大值)。另外,如果合成之前两个特征波的极化方向在某一方向上取得一致,并且两个特征波的能量被等离子体吸收衰减较少,那么合成后的线极化波在该方向将具有更大的幅度,这可以解释不同频点处的功率反射或透射系数的极值(极大值或极小值)不一致的现象。由上述分析可知,反射或透射波对频率的波动取决于多种因素的共同作用,如传播方向上电子数密度和碰撞频率的分布、入射波频率、外加磁场的强度以及等离子体区域的厚度等都是起作用的因素,它们之间的不同关系将产生不同的反射或透射波波动现象。

当外加磁场 B_0 较小(如 $B_0 = 2T$)时,P_{t_co} 或 P_{t_cross} 在整个频段(除开反射效应明显的低频段)内具有显著的波动起伏,并且随着入射波频率的增大,波动的频率也增加。但是,随着 B_0 的增大,P_{t_co} 或 P_{t_cross} 在图示频段内波动的幅度和频率有不同程度的降低。当外加磁场达到一定的强度时,P_{t_co} 或 P_{t_cross} 在大部分频段可以相对平稳地取得较大或较小的值。例如,当 $B_0 = 4T$ 时,P_{t_co} 在 5.2~32GHz 内的大小低于 0.07,而 P_{t_cross} 在该频段内的数值保持在 0.9 以上;当 $B_0 = 5T$ 时,P_{t_co} 在 4.2~40GHz 内的数值高于 0.9,但 P_{t_cross} 在该频段内的数值不大于 0.06;当 B_0 偏离上述数值时,P_{t_co} 和 P_{t_cross} 的大小变化就没有那么大的差别,也没有那么平稳了。

由图5.19(e)可知,与非磁化情形相比,外加磁场的磁化作用大大降低了等离子体鞘套对电磁波的吸收衰减,并且外加磁场越强,等离子体鞘套吸收电磁波能量的作用也越弱,但当外加磁场增强到一定程度时,等离子体鞘套对电磁波的吸收作用在图示频段内基本相同(例如 $B_0 \geq 4T$ 时,P_a 在全频段基本不超过 0.05)。这说明对一定频段的入射波来说,当外加磁场增强到一定程度时,等离子体碰撞吸收电磁波能量的效应被磁化作用抵消的程度差不多。

由上述分析可知,外加磁场能够对等离子体鞘套中电磁波的传播特性产生明显的影响。造成这种现象的根本原因在于:在一定强度的外加磁场的作用下,等离子体中带电粒子的运动发生改变(如带电粒子在做无规则热运动的同时会受洛伦兹力而产生回旋运动),从而改变了在其中传播的电磁波的特征,进而在一定程度上改变了等离子体对电磁波的反射、透射及吸收效应。通过控制外加磁场的强度,可以实现同极化或交叉极化透射波的功率在某一频段大大增加。就本例而言,无外加磁场时,0.1~23GHz 的电磁波基本不能透过等离子体鞘套,但是沿入射方向施加强度 $B_0 = 5T$ 的磁场时,4.2GHz 以上的电磁波都能以较高的效率稳定地实现同极化传输(P_{t_co} 都在 0.9 以上)。当 B_0 取其他数值时,透射波中可能同时存在大小差不多的同极化分量和交叉极化分量(这两种分量可能以大小差别不大的幅度在不同的频段交替起主导作用),此时综合利用同极化透射波和交叉极化透射波的信息进行通信就显得很重要了。例如当 $B_0 = 2T$ 时,假设以功率透射系数大于 0.8 作为传输标准,在 9.2~17.2GHz 内只有同极化透射波满足传输标准,而在 22~24.2GHz 内只有交叉极化透射波符合传输要求。在这种情况下,可以根据 P_{t_co} 和 P_{t_cross} 随频率波动的规律,在不同的频段使用不同的极化收发体制来改善再入通信质量。

5.4.2 磁偏角变化对电磁波传播特性的影响

参照图 5.9,假设施加在观察点 p_2 附近的外加磁场 $\boldsymbol{B}_0$ 处于 xOy 平面内,并与钝锥物面法向成一 θ_B 角度(磁偏角为 θ_B);外加磁场大小恒为 5T。下面考察磁偏角变化对局部磁化等离子体鞘套中电磁波传播特性的影响。等离子体鞘套工况同 5.4.1 节所述,当磁偏角变化时,利用 PMM 和第 4 章提出的改进的任意磁偏角磁化等离子体 SO-FDTD 方法计算了 TE 波垂直于钝锥物面入射到观察点 p_2 时的传播特性,所得同极化或交叉极化功率反射、透射系数以及功率吸收系数随磁偏角变化的频率响应曲线如图 5.21 所示。从图中同样可以看出,PMM 方法和 SO-FDTD

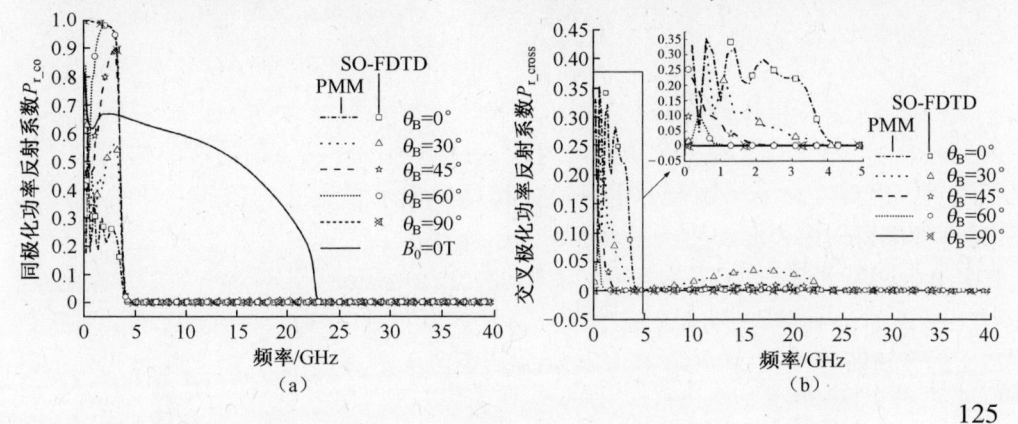

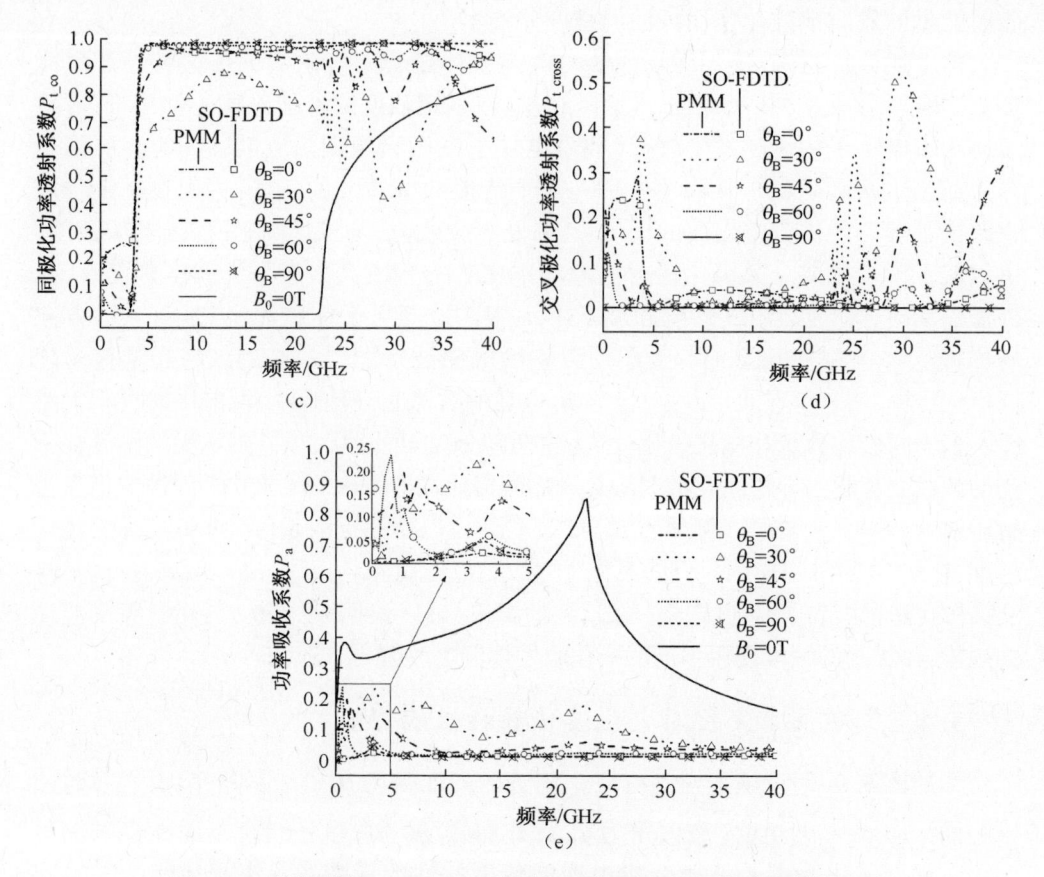

图5.21 外加磁场 $B_0=5\text{T}$，TE波平行于物面法向入射到观察点 p_2 时
的归一化功率反射、透射及吸收系数随频率和磁偏角变化的趋势

注：不同的线型表示的结果是 PMM 的计算结果；不同的符号代表的结果是改进的基于任意磁偏角的磁化等离子体 SO-FDTD 方法的计算结果。

(a)同极化功率反射系数；(b)交叉极化功率反射系数；(c)同极化功率透射系数；
(d)交叉极化功率透射系数；(e)功率吸收系数。

方法的计算结果在整个频带上吻合较好。

由图 5.21 可以发现，当磁偏角 $\theta_B=90°$（此时入射波方向垂直于外加磁场方向）时，P_{r_cross} 和 P_{t_cross} 在整个频段内为 0，这一点和无外加磁场的情况相同。这是因为当入射到等离子体鞘套的电磁波的传播方向和极化方向均垂直于外加磁场时，在等离子体中仅会产生一种本征波——非常波(或称为 X 波)，该波从等离子体鞘套反射或透射出去后变成与入射波同极化的电磁波，而不会产生交叉极化波。对比图 5.21(a)和(b)可知，当磁偏角 θ_B 由 0°变化到 90°时，同极化功率反射系数 P_{r_co} 的带宽基本不变，维持在 0.1~4.4GHz，但其大小逐渐增大，甚至超过无外加磁

场条件的 P_{r_co}(如 $\theta_B \geq 45°$);而交叉极化功率反射系数 P_{r_cross} 的带宽逐渐减小直至消失(当 $\theta_B = 0°$ 时,P_{r_cross} 的带宽与 P_{r_co} 的带宽基本相同;当 $\theta_B = 90°$ 时,全频段 P_{r_cross} 为 0,即其带宽为 0),其大小也逐渐减小直至等于 0。另外,当磁偏角较小(如 $\theta_B \leq 30°$)时,低频段 P_{r_co} 和 P_{r_cross} 随频率的变化存在一定的波动,并且这两者的波动同样存在反对称特点;但随着磁偏角的增大(如 $\theta_B \geq 45°$),P_{r_co} 和 P_{r_cross} 对频率的波动减弱直至消失。

观察图 5.21(c)和(d)可知,磁偏角的变化对功率透射系数的影响很明显。在低频段(如 0.1~3GHz),同极化功率透射系数 P_{t_co} 和交叉极化功率透射系数 P_{t_cross} 的数值都较小,且都随 θ_B 的增加而减小(当 $\theta_B = 90°$ 时,P_{t_co} 和 P_{t_cross} 基本都为 0)。在频率较高的频段(如 4~40GHz),除开 $\theta_B = 90°$ 这一特殊情况,P_{t_co} 和 P_{t_cross} 都随 θ_B 变化而出现不同程度的波动,但波动的强度与 θ_B 的大小之间没有明确的规律可依。例如,当 $\theta_B = 30°$ 时,P_{t_co} 和 P_{t_cross} 对频率波动的幅度最大;而当 $\theta_B = 0°$ 时,P_{t_co} 和 P_{t_cross} 对频率的变化相对平稳,其波动幅度要小于 $\theta_B = 60°$ 时的波动幅度。

对于一定的磁偏角,低频段内 P_{r_co} 和 P_{r_cross} 对频率的波动以及较高频段内 P_{r_co} 和 P_{r_cross} 对频率的波动同样存在反对称特点。为了清晰地展示这一效应,图 5.22 给出了 $\theta_B = 30°$ 条件下的功率反射及透射系数随频率波动的对比曲线。对于这一现象,本书给出如下类似于 5.4.1 节所述的解释:当 TE 波与外加磁场方向成任意夹角(90°除外)入射到磁化等离子体时,在等离子体中传播的线极化波分裂为两个特征波即 I 型波和 II 型波。由于这两个特征波的传播速度不一样,且它们都是旋向相反的椭圆极化波,当这两个特征波从磁化等离子体区域反射或透射出去

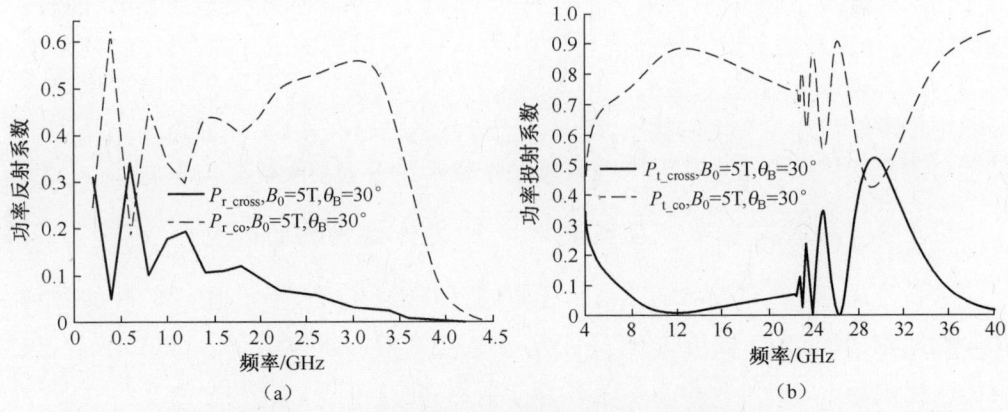

图 5.22 当外加磁场 $B_0 = 5T$,电磁波平行于物面法向并与外加磁场方向成 30°角入射到观察点 p_2 时的功率反射及透射系数的频响曲线

(a)功率反射系数 P_{r_co} 和 P_{r_cross};(b)功率透射系数 P_{t_co} 和 P_{t_cross}。

时,重新合成为线极化波,其极化方向将偏离原来入射波的极化方向。对于本例而言,如果合成后的线极化波的极化方向与入射波的极化方向相同,那么同极化(交叉极化)反射或透射波的幅度将达到极大值(极小值);如果合成后的线极化波的极化方向垂直于入射波的极化方向,那么同极化(交叉极化)反射或透射波的幅度将达到极小值(极大值)。

当磁偏角 $\theta_B = 90°$ 时,TE 波入射到局部磁化等离子体鞘套后仅会产生同极化的反射波和透射波,并且存在一个截止频点(在本例中,截止频点约为 3GHz),频率大于该截止频点的 TE 波的透射效果非常好。例如,由图 5.21(a)、(c)、(e)可知,当 $\theta_B = 90°$ 时,P_{t_co} 在 5GHz 以上频段的数值都在 0.98 以上,接近于 1,而该频段的 P_{r_co} 基本为 0,等离子体鞘套几乎不对等离子体产生吸收衰减。在这种磁化条件下,该频段仿佛一扇打开的窗户,电磁波可以像在空气中传播一样自由出入等离子体鞘套。而在非磁化条件下,只有频率高于传播路径上的最大等离子体频率的电磁波才有可能透过等离子体鞘套,而要使传输效果较好,则需进一步提高入射波频率。就本例而言,当无外加磁场时,只有频率大于 27GHz 的入射波才可以使功率透射系数达到 0.6 以上。综上所述,当飞行器在再入过程中出现"黑障"时,在等离子体鞘套尾部区的天线附近施加一定强度的外加磁场,通过调控外加磁场的方向,使之与入射波的极化方向和传播方向正交,就可以在高强度的等离子体鞘套中开辟一条非常波的传输通道,使得特定波段的电磁波能近乎无损耗无反射地透过等离子体鞘套,从而大幅提高再入通信质量。

由图 5.21(e)可知,当外加磁场大小保持恒定时,磁偏角 θ_B 的变化会对等离子体鞘套吸收电磁波的效应产生一定的影响,但是吸收衰减的强弱与 θ_B 的大小之间看不出明确的规律性。例如,$\theta_B = 0°$ 对应的 P_a 和 $\theta_B = 90°$ 对应的 P_a 在大部分频段内(如 6~40GHz)基本相等且都接近于 0;而 $\theta_B = 30°$ 对应的 P_a 在相当宽的频带内都要大于其他磁偏角对应的 P_a。尽管磁偏角的变化会对局部磁化等离子体鞘套吸收电磁波能量产生一定的扰动,但是与无外磁场的情况相比,外加磁场的作用仍然能使等离子体鞘套对电磁波的吸收衰减在整个频带上都大幅度减小。

5.4.3 再入高度及速度变化对电磁波传播特性的影响

假设外加磁场条件与 5.4.1 节所述相同,即施加在观察点 p_2 附近的外加磁场 $\boldsymbol{B}_0$ 平行于物面法向(磁偏角为 0°),且 $\boldsymbol{B}_0$ 的大小在等离子体鞘套内均匀分布。当等离子体鞘套工况即钝锥再入高度 H 和马赫数 Ma 变化时,利用 PMM 和改进的基于 0°磁偏角的磁化等离子体 SO-FDTD 方法计算了 TE 波垂直于钝锥物面入射到观察点 p_2 时的传播特性,所得同极化或交叉极化功率反射、透射系数以及功率吸收系数随等离子体鞘套工况和外加磁场强度变化的频率响应曲线如图 5.23 所示。

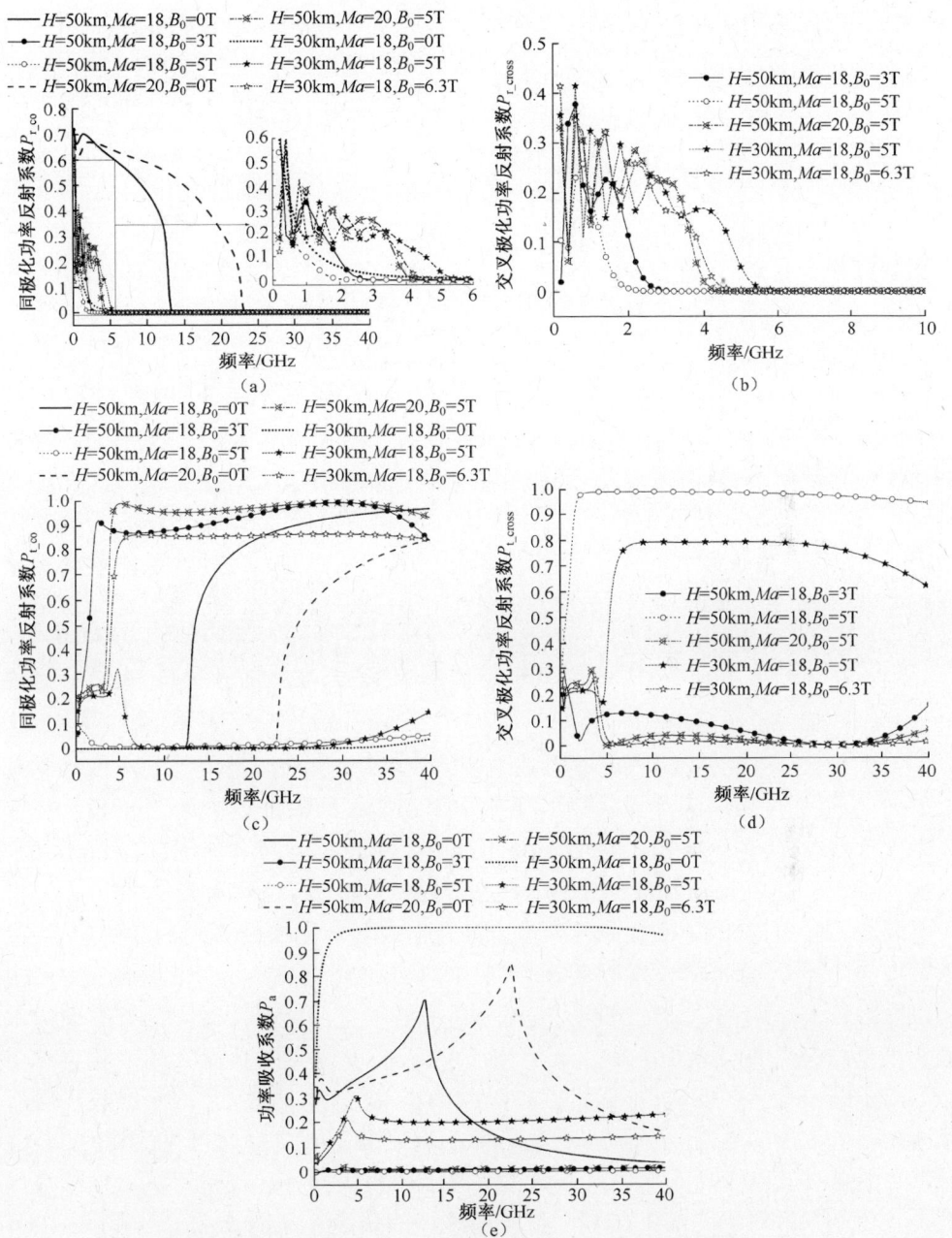

图 5.23 当再入高度和再入马赫数变化时,电磁波平行于物面法向及外加磁场方向入射到观察点 p_2 时的归一化功率反射、透射及吸收系数随频率和外加磁场强度变化的趋势

注:结果为改进的基于 0°磁偏角的磁化等离子体 SO-FDTD 方法的计算结果。
(a)同极化功率反射系数;(b)交叉极化功率反射系数;(c)同极化功率透射系数;
(d)交叉极化功率透射系数;(e)功率吸收系数。

两种方法的计算结果在整个频带上基本一致，但为了使图形显示清晰，图5.23仅给出了SO-FDTD方法的计算结果。由于无外加磁场时，交叉极化功率反射及透射系数在任一频点均为0，故图5.23(b)、(d)中没有给出$B_0=0T$的结果。

这里对三种等离子体鞘套工况进行了计算，三种工况：$H=50km$，$Ma=20$（工况1）；$H=50km$，$Ma=18$（工况2）；$H=30km$，$Ma=18$（工况3）。需要注意的是，为了显示上的直观清晰，图5.23(b)只给出了一部分频带上的交叉极化功率反射系数，未给出的频带上的交叉极化功率反射系数为0。由图5.23(a)和(b)可知，对于每一种工况而言，外加磁场强度变化对P_{r_co}和P_{r_cross}的影响与5.4.1节中的情况类似：当B_0增大时，P_{r_co}和P_{r_cross}的带宽减小；当B_0一定时，P_{r_co}和P_{r_cross}的截止频点基本相同；低频段P_{r_co}和P_{r_cross}都出现了波动，但P_{r_cross}的波动幅度要稍小于P_{r_co}的波动幅度。对工况1和工况2来说，外加磁场的作用一方面带来了额外的小幅度的交叉极化反射波，另一方面使得非磁化条件下的同极化功率反射系数的幅度和带宽得到大幅削减。然而，对于工况3来说，外加磁场的引入却略微增大了低频段的P_{r_co}（与非磁化条件下的P_{r_co}相比）。这是因为工况3中的等离子体鞘套的碰撞频率非常大，在非磁化条件下，强烈的碰撞作用在很大程度上抵消了低频段电磁波的反射效应；但在外加强磁场的条件下，等离子体中带电粒子的运动受到外加磁场的强烈作用而发生改变，粒子的碰撞效应得到一定程度的抑制，反而在一定程度上增强了低频段电磁波的反射效应。

由图5.23(c)和(d)可知，与非磁化条件下的情况相比，不论再入高度和马赫数如何变化，适度强度的外加磁场的磁化作用都能在原来透射波的截止频区开辟一条通道，提高等离子体鞘套对电磁波的透射带宽。对于同一工况和磁化条件来说，P_{t_co}和P_{t_cross}在一定频段内的波动也呈现如5.4.1节所述的反对称特点。对于不同的工况而言，同一磁化条件对电磁波透射效应的影响是不同的。例如，当沿入射方向施加$B_0=5T$的恒定磁场时，工况1对应的P_{t_co}（P_{t_cross}）在大部分频段内可以取得较大（小）的值；而工况2、工况3对应的P_{t_co}（P_{t_cross}）在大部分频段内取值较小（大）。这种现象是不难理解的，因为再入高度或再入马赫数的变化必然引起等离子体鞘套内在环境（电磁特性参数的大小及分布）的改变，从而造成在等离子体鞘套中传播的电磁波对同一磁化条件的响应的不同。由此可见，要想使较宽频带上的电磁波以较高的功率系数透过等离子体鞘套，并使传输相对平稳（波动尽量小），就必须针对不同的工况来调整外加磁场的强度。从图5.23(c)和(d)中可以明显看出这一点，如当$B_0=3T$（6.3T）时，工况2（工况3）对应的同极化传输效果在大部分频带上相对平稳且较好；而当$B_0=5T$时，工况2对应的交叉极化功率透射系数在2~40GHz内相当平稳，且其大小都在0.96以上。

观察图5.23(e)同样可以发现，对于同一工况来说，与非磁化情形相比，外加磁场的引入明显降低了等离子体鞘套对电磁波的吸收衰减,并且外加磁场越强,吸收衰减被降低的幅度也越大。对于不同的工况,同一磁化条件对等离子体鞘套吸收电磁波能量的抑制作用是不同的。例如,当外加磁场 $B_0 = 5T$ 时,工况 1、工况 2 对应的 P_a 在整个频段内都很小,基本可忽略;但工况 3 对应的 P_a 在大部分频段上都大于 0.2,吸收衰减效应不可忽略。造成这种现象的原因在于:工况 3 对应的再入高度较低,等离子体鞘套中的碰撞频率远大于工况 1 与工况 2 产生的碰撞频率,在 $B_0 = 5T$ 的外加磁场作用下,工况 1 与工况 2 引起的碰撞吸收效应基本被磁化作用抑制,但工况 3 引起的碰撞吸收效应相对较强而不能被高度抑制了。

5.4.4 外加磁场分布特性对电磁波传播特性的影响

在实际应用中,产生较大范围的恒定均匀的磁场往往比较困难,考虑到磁场强度随空间距离的衰减,实际产生的磁场可能随距离变化近似地服从一定的函数分布。考虑如下五种磁通密度分布函数:

线性分布 $\quad B_1(x) = B_{\min} + (B_{\max} - B_{\min}) \cdot (x/L)$ (5.32a)

抛物线分布 $\quad B_2(x) = B_{\min} + (B_{\max} - B_{\min}) \cdot (x/L)^2$ (5.32b)

Epstein 分布 $\quad B_3(x) = B_{\max} \cdot (1 + 3 \cdot e^{-x/\sigma})^{-1}$ (5.32c)

双高斯分布 $\quad B_4(x) = \begin{cases} B_{\max} e^{-a_1^2(x-L_1)^2} & (0 \leq x \leq L_1) \\ B_{\max} e^{-a_2^2(x-L_1)^2} & (L_1 \leq x \leq L) \end{cases}$ (5.32d)

均匀分布 $\quad B_5(x) = B_{\max}$ (5.32e)

式中:x 为空间距离;L 为在观察点 p_2 对应的物面法向上截取的等离子体区域长度,此处取为 0.935m;σ 为表征 Epstein 分布非均匀性的特征参量,这里取为 0.15;$B_{\min} = 10^{-5}T, B_{\max} = 5T, a_1 = 2, a_2 = 2, L_1 = 0.855m$。图 5.24 给出了式(5.32)所示的

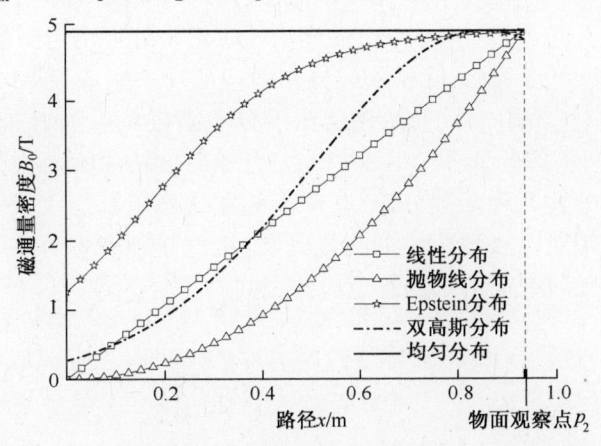

图 5.24 五种类型的磁通密度分布函数随距离变化的曲线

几种磁通密度分布函数的曲线,图中横坐标表示观察点 p_2 对应的物面法向路径,$x=0$ 表示钝锥等离子体鞘套的外部边缘,$x=0.935\text{m}$ 表示观察点 p_2 所在的位置。

假设等离子体鞘套工况与 5.4.1 节中的设置相同,即 $H=50\text{km}$,$Ma=20$;并假设施加在观察点 p_2 附近的外加磁场 $\boldsymbol{B}_0$ 平行于物面法向(磁偏角为 0°),但 $\boldsymbol{B}_0$ 的大小在等离子体鞘套内服从图 5.24 所示的几种分布函数。利用 PMM 计算了 TE 波垂直于钝锥物面入射到观察点 p_2 时的传播特性,所得功率反射、透射及吸收系数随不同磁通密度分布函数的频率响应曲线如图 5.25 所示。图 5.25(b)只给出了一部分频带上的交叉极化功率反射系数 P_{r_cross},未给出的频带上的 P_{r_cross} 基本为 0。

由图 5.25(a)和(b)可知,B_0 服从不同函数分布时,同极化或交叉极化功率反射系数在低频段存在不同程度的波动,但波动的幅度差别不大。B_0 服从双高斯分布、Epstein 分布及均匀分布时对应的功率反射系数(P_{r_co} 或 P_{r_cross})频响曲线基本相同,且这几种分布函数对应的反射带宽要稍小于其他两种分布函数对应的反射带宽。由图 5.25(c)和(d)可知,虽然不同磁通密度分布函数对应的功率透射系数(P_{t_co} 或 P_{t_cross})频响曲线在低频段(0.1~3GHz)比较相近,但它们在其他频段上存在着不同程度的差别。双高斯分布、Epstein 分布及均匀分布对应的功率透射系数变化趋势比较接近,这几种分布函数对应的 P_{t_co} 和 P_{t_cross} 在大部分频段(如 4.5~40GHz)内变化都比较缓和,波动幅度小,但随频率变化最平稳的仍然是均匀分布对应的功率透射系数,其次则是 Epstein 分布对应的功率透射系数。相对上述三种分布函数来说,线性分布及抛物线分布对应的功率透射系数在图示频段内存在较大幅度的波动,且这两种分布函数对应的功率透射系数随频率响应的差别也较大。由此可见,要在宽频带上以较高的功率系数实现对等离子体鞘套的平稳透射(同极化透射或交叉极化透射),采用外加恒定磁场的方法是不错的选择。但是,在较大距离上产生恒定均匀的磁场可能比较困难,这时可用随距离变化近似呈一定函数分布(如 Epstein 分布或双高斯分布)的非均匀磁场来替代均匀磁场。

从图 5.25(e)可以看出,除抛物线分布对应的功率吸收系数 P_a 在整体上稍大于其他函数分布对应的 P_a 外,其余磁通密度分布函数对应的 P_a 都比较接近,在整个频带上都非常小(趋近于 0)。总的来说,当外加磁场的大小在等离子体鞘套内沿入射方向服从上述几种函数分布,其产生的磁化作用都能大大降低等离子体鞘套在非磁化条件下对电磁波造成的吸收衰减,且这几种磁场分布带来的磁化作用对等离子体碰撞吸收效应的抑制程度大体相同。

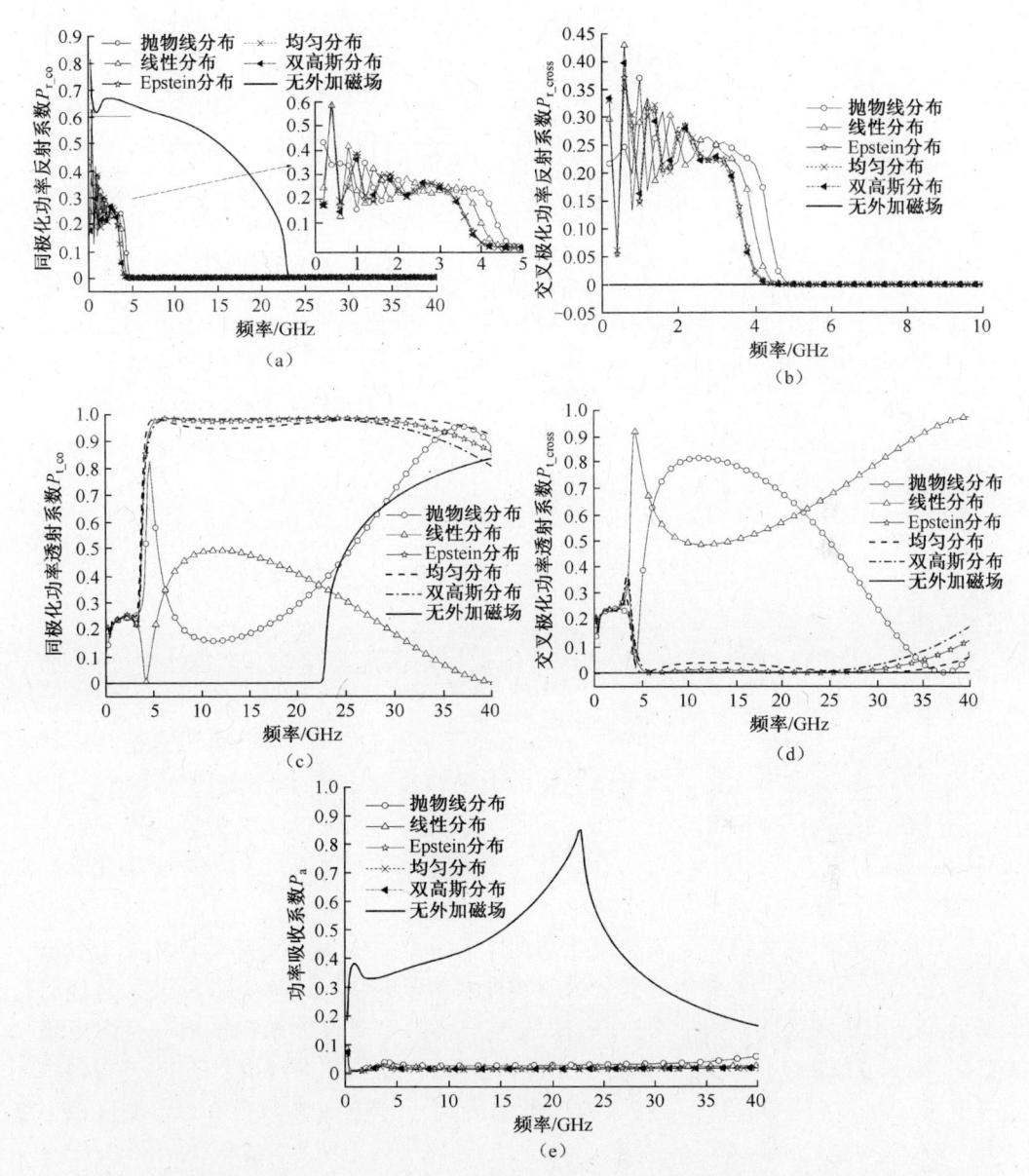

图 5.25 当外加磁场的空间分布特性服从不同函数分布时,电磁波平行于物面法向和外磁场方向入射到观察点 p_2 时的归一化功率反射、透射及吸收系数随频率响应的趋势

(a)同极化功率反射系数;(b)交叉极化功率反射系数;(c)同极化功率透射系数;
(d)交叉极化功率透射系数;(e)功率吸收系数。

第6章 等离子体鞘套的电磁散射特性

高超声速飞行器周围等离子体鞘套的存在,不仅会对电磁波造成折射、吸收衰减;而且会改变目标本体原有的几何外形,与照射电磁波相互作用而使目标本体原来的空间散射特性发生变化。包覆有等离子体鞘套的再入体的雷达目标特性将有别于目标本体,甚至差别很大。因此,等离子体鞘套的存在除影响再入飞行器的再入通信外,还会对再入目标识别及跟踪、再入武器的突防等产生重要的影响。

6.1 等离子体鞘套电磁参数分布特性

由第3章的CFD仿真得到了来流攻角为0°时高超声速球冠倒锥体(简称倒锥体)和锐头体的绕流流场,根据5.2.1节介绍的等离子体鞘套电磁参数提取公式,将流体模型的各网格点上的相关流场参数进行输出和计算转换,可以求出再入倒锥体和再入锐头体产生的等离子体鞘套的电磁参数分布特性,进而得到用于FDTD散射分析的等离子体鞘套电磁模型。下面以高超声速倒锥体、锐头体等离子体绕流流场为例,分析再入高度、再入马赫数及再入体本体尺寸变化对等离子体鞘套电磁参数分布特性的影响。

图6.1和图6.2给出了高超声速倒锥体头身部绕流流场等离子体频率f_p及碰撞频率v_{en}分布云图,图中上半部分为等离子体特征频率分布,下半部分为碰撞频率分布。由于倒锥体本身的对称性,故这里只需给出对称体结构平面一半的电磁参数分布。在图6.1中,倒锥体的本体尺寸如表3.2所列,图6.1(a)~(c)为再入高度$H=50$km时不同飞行马赫数情况下的等离子体电磁参数分布;图6.1(e)~(f)为再入马赫数$Ma=18$、不同再入高度时的等离子体电磁参数分布。图6.2(a)~(d)为再入高度$H=60$km、再入马赫数$Ma=18$及倒锥体特征尺寸R_b、θ_b取不同数值(其他本体尺寸如表3.2所列)时的等离子体参数分布。

图6.3为高超声速锐头体头身部绕流流场等离子体频率f_p及碰撞频率v_{en}分布云图,图中给出了不同再入高度H、马赫数Ma及头部直径d对应的等离子体鞘套电磁参数分布特性(锐头体的其他本体尺寸同3.4节所述,即头部长度$R_L=35$mm,身部长度$W=50$mm)。

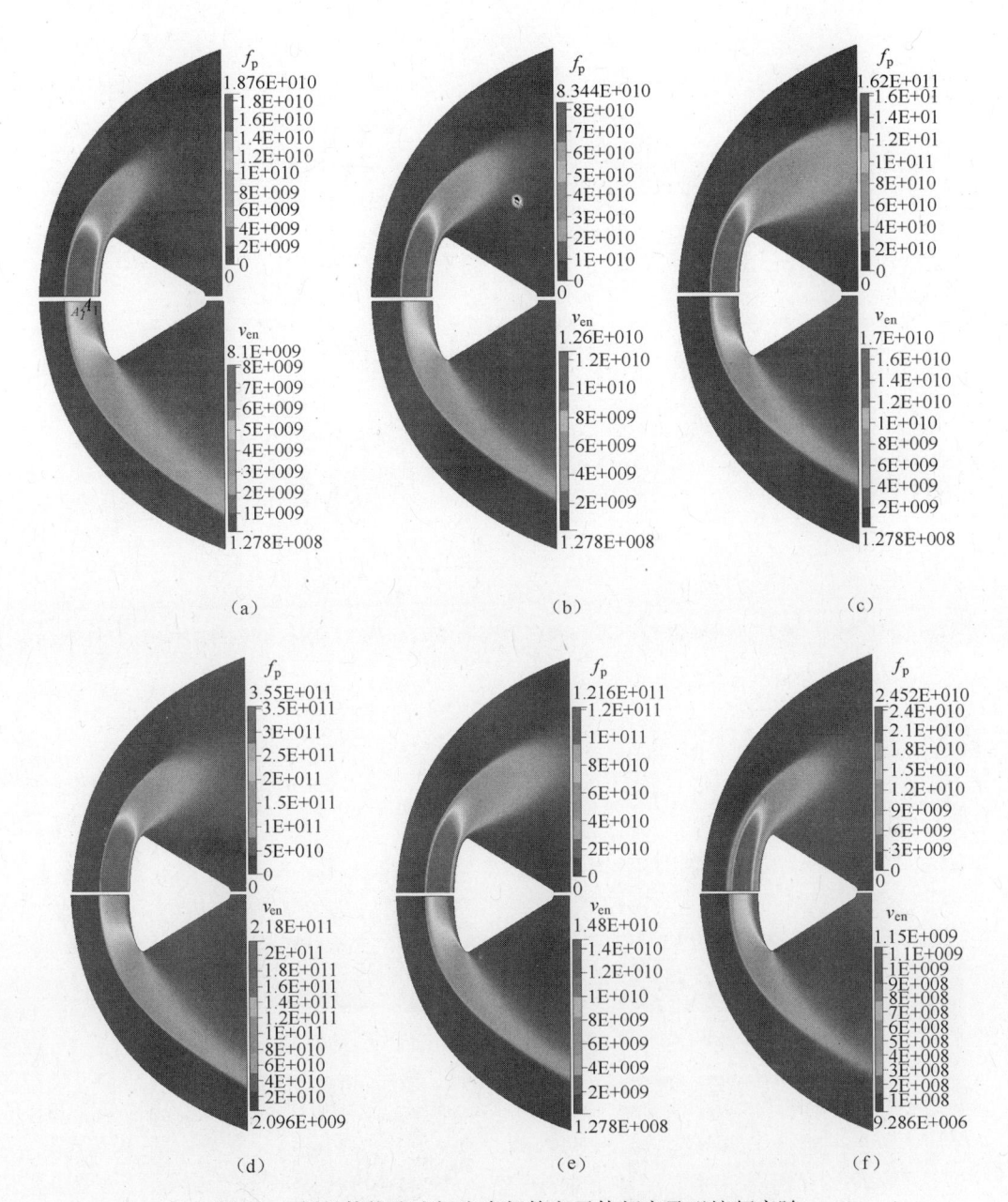

图 6.1 倒锥体绕流流场头身部等离子体频率及碰撞频率随
再入高度及速度变化的分布特性

(a) $H=50\text{km}, Ma=12$; (b) $H=50\text{km}, Ma=16$; (c) $H=50\text{km}, Ma=20$;
(d) $H=30\text{km}, Ma=18$; (e) $H=50\text{km}, Ma=18$; (f) $H=70\text{km}, Ma=18$。

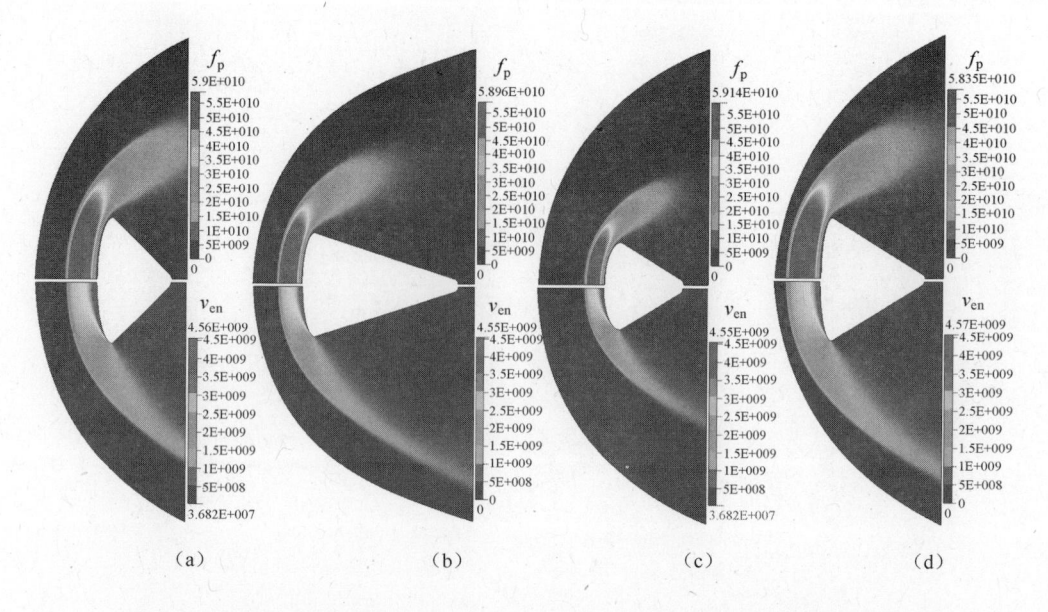

图 6.2 给定再入高度 $H=60\text{km}$ 和再入马赫数 $Ma=18$,当倒锥体本身的尺寸变化时,倒锥体绕流流场头身部区域等离子体频率及碰撞频率的分布云图

(a) $\theta_b=45°$;(b) $\theta_b=18°$;(c) $R_b=8\text{mm}$;(d) $R_b=16\text{mm}$。

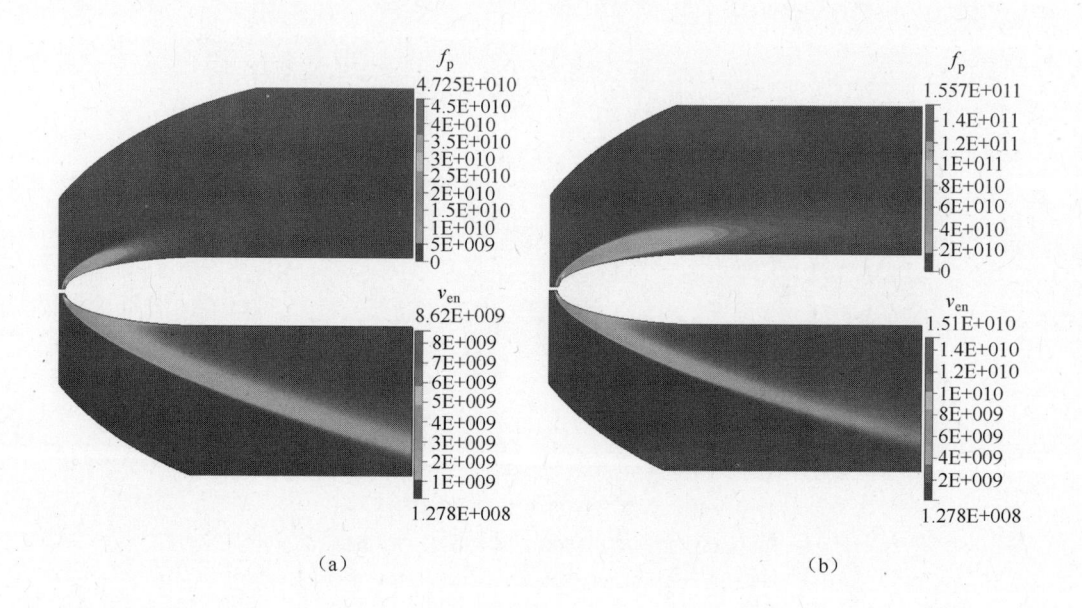

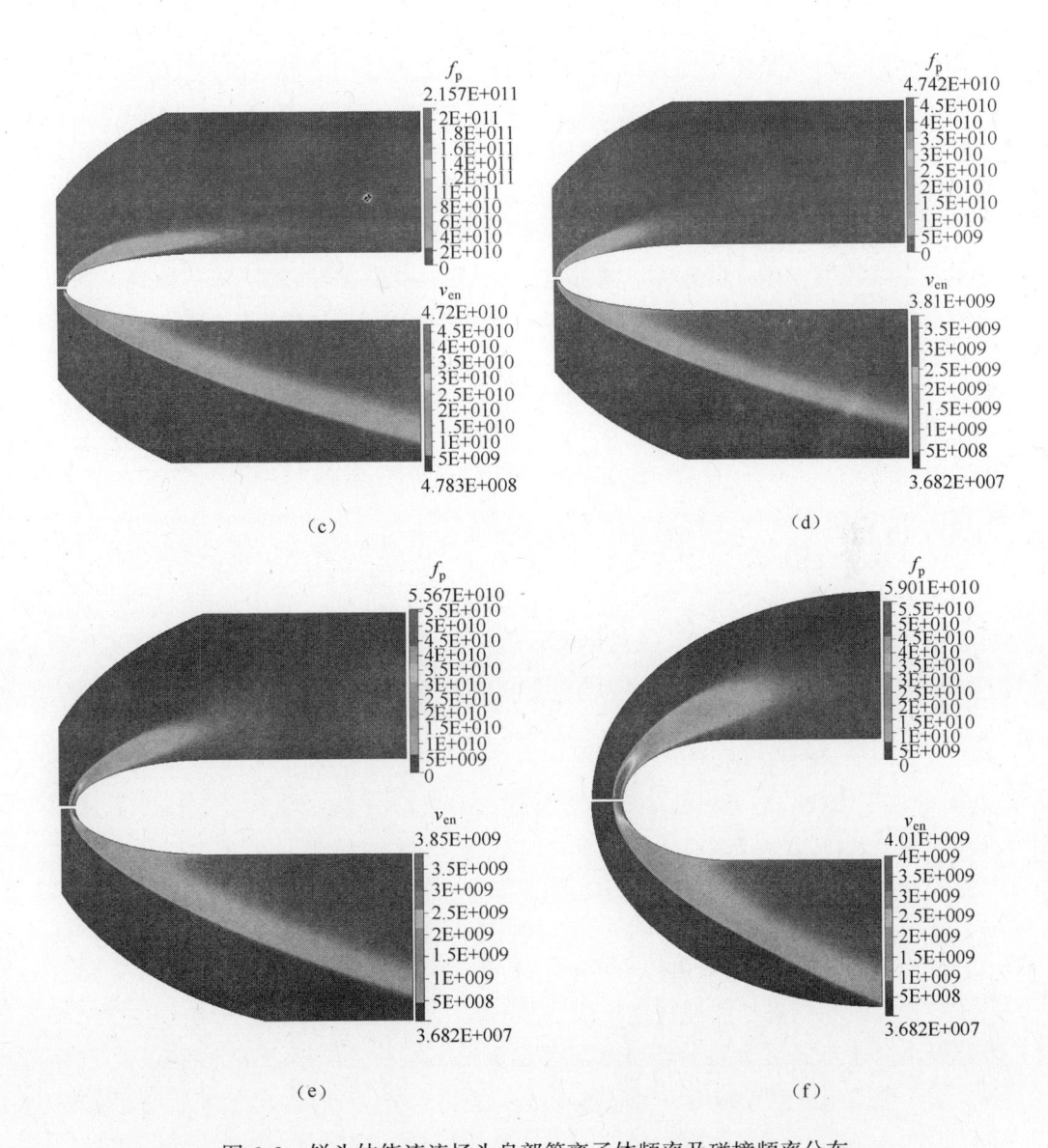

图 6.3 锐头体绕流流场头身部等离子体频率及碰撞频率分布

(a) $H=50\mathrm{km}, Ma=14, d=16\mathrm{mm}$; (b) $H=50\mathrm{km}, Ma=20, d=16\mathrm{mm}$; (c) $H=40\mathrm{km}, Ma=18, d=16\mathrm{mm}$; (d) $H=60\mathrm{km}, Ma=18, d=16\mathrm{mm}$; (e) $H=60\mathrm{km}, Ma=18, d=24\mathrm{mm}$; (f) $H=60\mathrm{km}, Ma=18, d=40\mathrm{mm}$。

观察图 6.1~图 6.3(见彩插)可以看出,再入等离子体参数分布特性具有类似于钝锥等离子体鞘套的参数分布规律(见 5.2.2 节所述)。当其他条件相同时,再入马赫数的增加引起激波压缩作用的增强,激波脱体距离及等离子体鞘套厚度随之减小,同时使绕流流场中的等离子体频率和碰撞频率增大。相同条件下,再入高度的增加致使气体密度降低,因而流场中电子数密度减小,等离子体频率和碰撞频率降低。再入等离子体主要分布在再入体周围、激波层内的流场区域,具有与相应的再入体绕流流场参数相似的分布特性。由于再入体绕流流场头部区域温度较高,所以这部分区域的等离子体强度较大,但等离子体分布范围较小;大范围的等离子体主要集中于激波层内的身部区域,这些区域的等离子体强度比头部区域的等离子体强度小。等离子体鞘套身部区域的厚度比头顶区域的厚度大得多,这一点对于锐头体的等离子体包覆流场尤为明显(图6.3)。等离子体鞘套具有很强的非均匀性,等离子体参数沿流向和物面法向方向具有较大的变化梯度。例如,当$H=50km, Ma=12$ 时,在倒锥体等离子体包覆流场中,相对于L、S、C、X波段电磁波来说,激波层内头部区域的等离子体处于过密状态;而由头部沿流向向后变化或由物面附近沿物面法向向外变化时,等离子体强度逐渐减弱,等离子体由过密状态过渡到欠密状态。等离子体鞘套的这种特性必将对其雷达目标特性产生显著的影响。

跨越激波边界时等离子体电磁特性参数存在突变,尤其是碰撞频率。例如,对于图6.3所示的包覆锐头体的等离子体鞘套,身部激波层边界内侧的碰撞频率远高于激波层外侧的碰撞频率,并且也高于边界层内的碰撞频率。当再入高度和速度一定时,再入飞行器本体尺寸变化基本不影响等离子体鞘套电磁参数的空间结构分布特性,但可能对等离子体鞘套电磁参数的大小、等离子体鞘套厚度造成一定的影响。例如,当其他条件相同时,倒锥体半锥角θ_b变化基本不改变激波层的厚度,对等离子体鞘套电磁参数的大小分布也几乎无影响,仅仅是改变了绕流流场的身部区域长度(θ_b越小,绕流流场的身部区域越长)。这是因为θ_b变化对绕流流场的流体参数的波系结构及数值大小的影响很小。另外,θ_b的变化没有改变倒锥体的头部钝度(从流体力学角度考虑,头部钝度在很大程度上决定着激波层厚度)。相同再入条件下,当R_b由小增大时,倒锥体的头部钝度增大,激波脱体距离及等离子体鞘套的空间覆盖范围都随之增大,但对等离子体频率和碰撞频率的峰值大小影响很小。这与R_b变化对绕流流场流体参数的影响一致。对于再入锐头体,当其他条件一定而头部直径d增大时,激波层厚度增大,相应的等离子体覆盖范围变大。另外,随着d增大,头部驻点区的电子数密度增大,相应的等离子体频率峰值有所提高。

比较再入体的等离子体频率和碰撞频率的分布可以发现,最大等离子体频率主要集中在头部激波层内区域,并且离壁面有一定的距离;而碰撞频率则在紧靠头部壁面处达到最大值。对比倒锥体和锐头体的等离子体电磁参数分布可知,倒锥体的激波层厚度及头身部等离子体覆盖范围明显大于锐头体的激波层厚度及等离子体覆盖范围。例如,当再入高度$H=50km$、马赫数$Ma=20$时,倒锥体头部激波层厚度约达6.2mm;而相同再入条件下的锐头体头部激波层厚度却非常薄(1mm左右)。这再次说明一个事实:增大再入飞行器的头部钝度将增大飞行器的激波层厚度及等离子体鞘套分布范围。

值得注意的是,包覆再入体的等离子体鞘套是一团非均匀的电离气体,电离气体只有满足等离子体判据才能称为等离子体。文献[5]指出,当马赫数 $Ma>10$ 时,等离子体鞘套内(激波层内)的电离气体所具有的电离度能使其满足等离子体判据要求,从而表现出等离子体所具有的介质特性。虽然激波层外的流场以及马赫数 $Ma<10$ 时的再入绕流流场不能完全满足等离子体判据,但文献[5]仍将这些条件下的再入绕流流场当作等离子体来处理,计算得到的再入绕流流场电磁散射结果依然是值得信服的。鉴于此,本书将马赫数 $Ma>10$ 的高超声速再入体绕流流场当作等离子体来处理,并进而运行 FDTD 方法分析其散射特性。

6.2 FDTD 网格尺度设置及散射程序验证

当采用 FDTD 方法求解电磁散射问题时,网格剖分质量直接决定着结果的准确度。FDTD 网格设计一般需考虑如下两个因素[39]:

(1) 数值色散误差的影响。设 FDTD 网格步长为 Δs,所关心频带的上限频率为 f_{max},对应的波长为 λ_{min},为使网格离散带来的误差足够小,应满足

$$\Delta s \leqslant \lambda_{min}/20 \tag{6.1}$$

当网格步长满足上式时,网格带来的色散误差基本可忽略。式(6.1)可作为实施计算的网格尺度选取准则。

由于等离子体中同一频点对应的电磁波波长小于真空中的波长,且电磁波在等离子体中传播时存在衰减效应,因此,当采用 FDTD 方法计算等离子体的电磁散射问题时,网格剖分的要求比真空情形要严格。对于等离子体电磁散射问题的 FDTD 模拟,式(6.1)中的波长 λ_{min} 应由下式代替[39]

$$\lambda_{min} = \min(2\pi/k_R, 1/k_I) \tag{6.2}$$

式中:k_R、k_I 分别为等离子体中电磁波传播常数的实部、虚部。

当采用式(6.1)、式(6.2)作为 FDTD 网格剖分的要求时,FDTD 模拟可以有效地捕捉电磁波在等离子体中传播的一些小尺度特征。

(2) 建模精度要求。网格应当足够小以便能准确模拟目标几何形状和电磁参数变化特性。对于等离子体鞘套来说,等离子体参数在边界层内和跨越激波时变化剧烈,梯度较大,而对应的流场尺度非常小。因此,采用 FDTD 仿真等离子体鞘套的散射特性时,不仅要求离散后的网格能很好地模拟物体外形特征,而且能很好地捕捉这些流场区域等离子体电磁参数的变化特性。处理这一问题的方法是在这些电磁参数梯度较大的流场区域划分较密的网格。

以上两个因素构成了 FDTD 模拟等离子体鞘套电磁散射的网格尺度效应问题。为了解决这些问题,通常的做法:①采用自适应非均匀网格、子网格技术,以便能在电磁参数梯度大的地方剖分较密的网格;②直接加密网格,通过减小网格步长达到满足两个因素所述要求的目的。方法①能够节约不少内存,但会降低算法的稳定性和精度,同时增加技术实现难度。方法②由于是对整个计算域的网格进行加密,所以内存消耗量和计算量较大,但该方法简单、有效、稳定性好。本书采用方法②,通过尽可能小的网格步长来剖分等离子体鞘套,构造 FDTD 网格模型。

为正确地模拟等离子体鞘套的散射特性,采用第 4 章提出的改进型非磁化等离子体 FDTD 方法编写了相应的散射程序,下面通过两个算例来检验算法及程序的合理性。

算例一:假设 TM(关于 e_z 的横磁波,仅有 E_z、H_x 和 H_y 分量)、TE(关于 e_z 的横电波,仅有 H_z、E_x 和 E_y 分量)平面波分别入射到均匀非磁化等离子体圆柱,考察其双站散射特性。仿真参数:入射波频率 $f=12$GHz,等离子体圆柱半径 $R=\lambda_0=2.5$cm,等子离体频率 $f_p=10$GHz,等离子体碰撞频率 $v_{en}=0$。空间网格步长 $\Delta x=\Delta y=\Delta s=\lambda_0/40$,时间步长按式(4.49)取值,对于 DE-SO-FDTD 方法和 JE-SO-FDTD 方法,取 CFLN=1;对于 ADE-ADI-FDTD 方法,取 CFLN=5。利用这些 FDTD 方法和 Mie 理论[126]计算得到均匀等离子体圆柱的双站 RCS 如图 6.4 所示。从图 6.4 可以看出,各种改进型 FDTD 方法计算的双站散射结果均与 Mie 理论得到的结果吻合得很好。

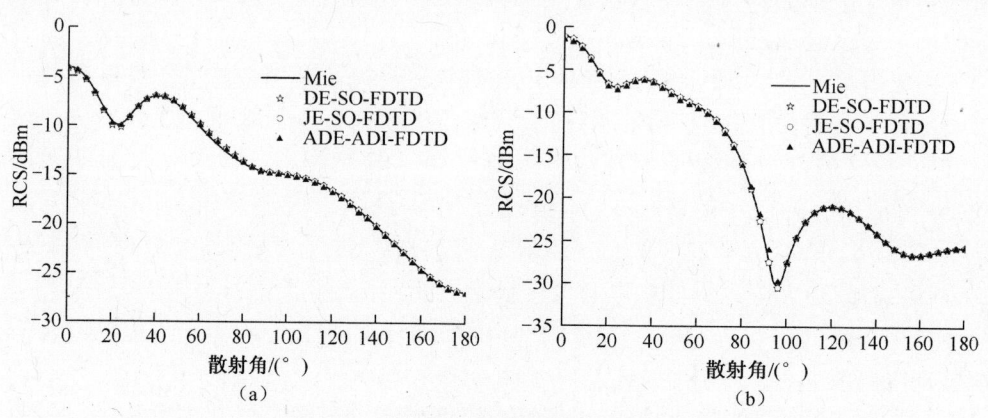

图 6.4 均匀等离子体圆柱的双站 RCS
(a)TM 波;(b)TE 波。

算例二:计算 TE 波入射均匀非磁化等离子体涂覆导体圆柱的宽带后向 RCS。导体圆柱半径 $R=0.875$cm,等离子体涂层厚度为 0.375cm,等离子体频率 $f_p=28.7$GHz,碰撞频率 $v_{en}=20$GHz。FDTD 网格步长 $\Delta x=\Delta y=0.25$mm,分别采用第 4 章提出的 DE-SO-FDTD 方法、JE-SO-FDTD 方法及 ADE-ADI-FDTD 方法计算了

TE波入射等离子体涂敷导体圆柱的宽度后向散射特性,各FDTD方法的时间步长设置同算例一,所得后向RCS随频率变化曲线如图6.5所示。图6.5同时给出了文献[127]对该模型的计算结果(图中以"Reference"表示)。将本书方法的计算结果与文献结果对比可知,本书提出的几种改进的FDTD方法计算等离子体单站散射特性均与文献结果基本一致。以上算例证实了本书提出的改进型非磁化等离子体FDTD算法的正确性和程序的可靠性。

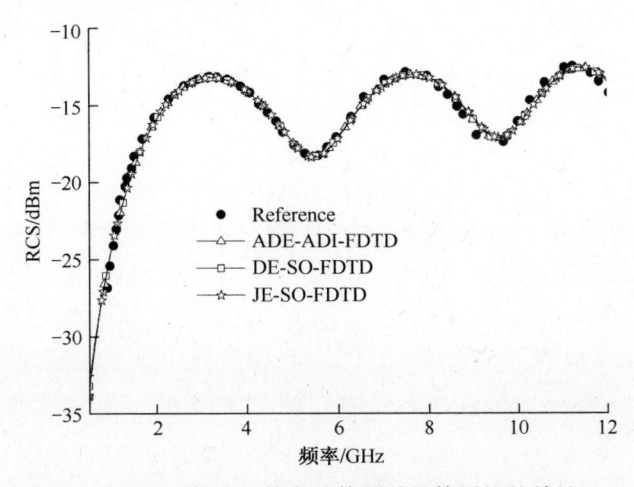

图6.5 TE波入射均匀等离子体覆盖导体圆柱的单站RCS

按照上述网格限制,对于典型的等离子体鞘套和L波段至X波段的电磁波来说,FDTD网格大小应设置在10^{-5}m左右,这样的网格限制对计算机性能要求是很高的,对于三维等离子体鞘套问题的FDTD模拟是非常困难的。考虑到硬件条件的限制,本书仅开展二维TE波、TM波与等离子体鞘套作用的研究工作。为满足对二维等离子体鞘套电磁散射问题的研究,过倒锥体、锐头体中轴线的平面截取等离子体绕流流场作为本书的研究对象。通过6.1节所述的计算转换,得到了等离子体鞘套电磁模型。下面采用改进的非磁化等离子体FDTD方法模拟包覆倒锥体、锐头体的等离子体鞘套的电磁散射特性。FDTD网格采用正方形结构网格,通过对等离子体鞘套的电磁参数数据进行插值得到FDTD网格点上的电磁参数。网格步长按本节所述方法进行设置,时间步长均按式(4.49)取值,对于DE-SO-FDTD方法和JE-SO-FDTD方法,取CFLN=1;对于ADE-ADI-FDTD方法,取CFLN=4。

6.3 球冠倒锥体等离子体鞘套的散射特性

以高超声速倒锥体绕流流场为研究对象,分析入射波极化方式、入射波频率、入射角度及倒锥体再入高度、倒锥体再入马赫数、倒锥体本体尺寸变化对等离子体鞘套电磁散射特性的影响;研究等离子体鞘套存在对再入体本体散射特性的影响。考虑到本书所研究的等离子体鞘套是指限制在再入体头身部激波与本体之间的等离子体绕流流场,所以在本书以下的描述中,再入体头身部绕流流场与等离子体鞘套所指的意义相同。在本章的计算中,倒锥体本体(无等离子体流场包覆的倒锥体本身)被处理为完纯导体(PEC)。另外,在计算再入倒锥体宽带后向散射特性时,入射波频率范围设为 0.1~15GHz。

6.3.1 不同入射方向时的 RCS 频率响应特性

首先分析高超声速倒锥体绕流流场在不同电磁波入射角度下的 RCS 频率响应特性。图 6.6、图 6.7 分别为频率 $f=5$GHz 的 TE 波、TM 波入射时倒锥体头身部绕流流场以及倒锥体本体的双站 RCS,图中对比给出了不同入射角时的双站 RCS 曲线,其中"Plasma"表示包覆倒锥体的等离子体鞘套(即倒锥体头身部绕流流场,包含倒锥体本身及周围流场)的 RCS,"PEC"表示无流场时倒锥体本身的 RCS,"θ_{in}"表示入射角度(注意:θ_{in} 是入射波方向与倒锥体中轴线之间的夹角,$\theta_{in}=0°$ 表示电磁波平行于倒锥体中轴线迎头入射到倒锥体,$\theta_{in}=122.5°$ 表示电磁波垂直于倒锥体锥身母线入射到倒锥体)。图 6.6、图 6.7 中流场计算条件:再入马赫数 $Ma=20$,再入高度 $H=50$km,倒锥体本体尺寸与表 3.2 所列相同。目标散射的计算方法为本书提出的 ADE-ADI-FDTD 方法。

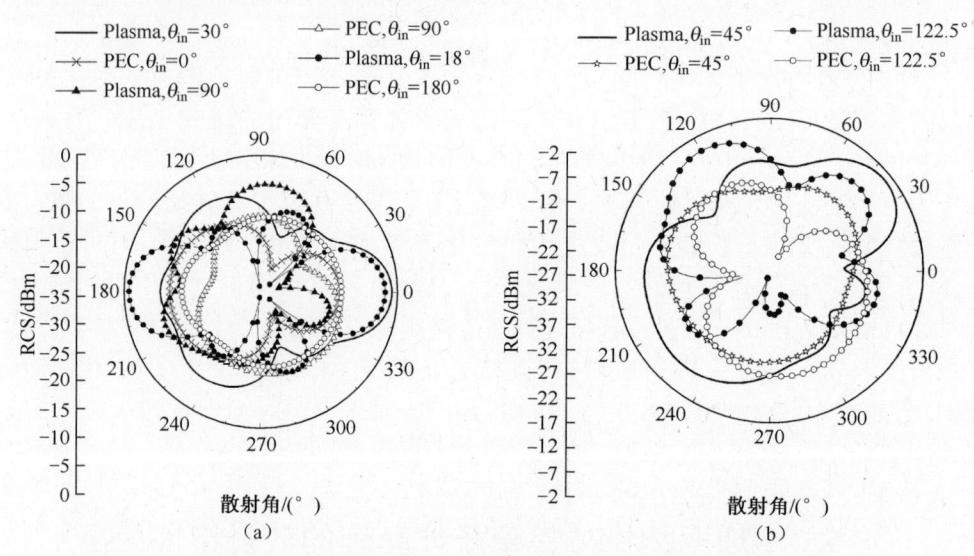

图 6.6 TE 波以不同入射角度 θ_{in} 入射到倒锥体头身部绕流流场的双站 RCS

($H=50$km,$Ma=20$,$f=5$GHz)

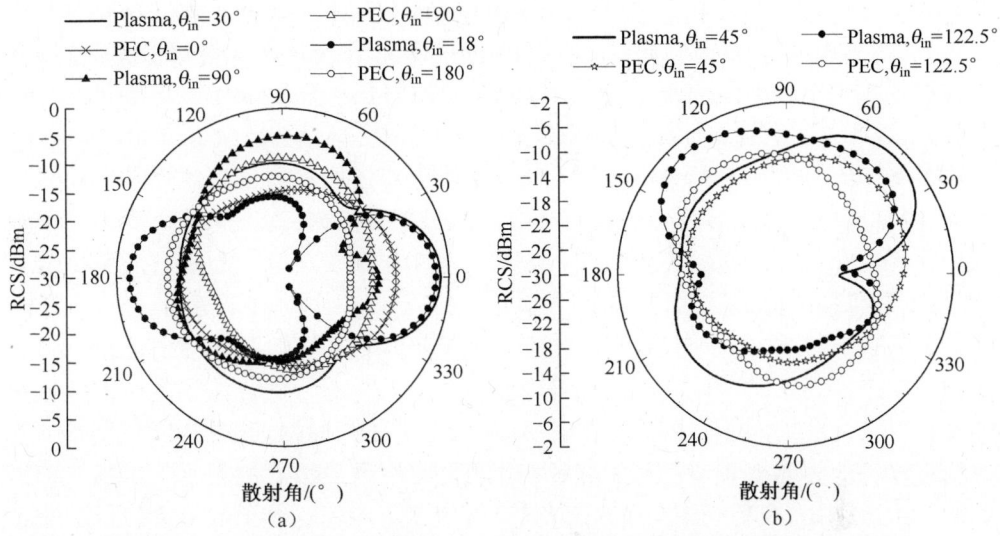

图 6.7 TM 波以不同入射角度 θ_{in} 入射到倒锥体头身部绕流流场的双站 RCS

($H=50\text{km}, Ma=20, f=5\text{GHz}$)

由图 6.6、图 6.7 可知,等离子体鞘套的存在大大增强了本体的前向散射。在前向附近散射增强是不难理解的,因为就简单目标而言,前向 RCS 与目标的投影面积成正比关系,若把等离子体包覆流场和目标看作一个整体,其投影面积确实是增大了。当电磁波以不同角度入射同一目标时,其双站 RCS 方向图是各不相同的,这与目标本体形状及其周围等离子体绕流流场的电磁参数分布特性是密不可分的。当入射角 $\theta_{in}=0°$ 时,倒锥体头身部绕流流场的前向和侧向散射强度都较其本体的散射强度大。前向散射大的原因同前所述,侧向散射增大的原因是由于倒锥体头部钝度大,在倒锥体头部前方形成了具有一定厚度的弓形激波层,而激波层内的电子数密度很高,等离子体强度很大(特别是倒锥体头部流场区域,等离子体频率更是高达 100GHz 以上,远大于入射波频率,如图 6.1 所示),且头部激波层内的流场主要是层流,处于层流状态的等离子体对电磁波的反射主要以镜面反射为主。相对频率 $f=5\text{GHz}$、入射角 $\theta_{in}=0°$ 的电磁波而言,整个倒锥体头身部绕流流场如同一个具有一定厚度的反向放置的金属抛物片,对电磁波的镜面反射(散射)很强烈,虽然本体头部也可看成抛物形导体,但与整个倒锥体绕流流场相比,其大小要小得多,因此,倒锥体绕流流场增强了本体的侧向散射。

当入射角 $\theta_{in}=180°$ 时,与倒锥体本体的散射特性相比,等离子体鞘套的存在增大了前向及后向附近的散射能量,但侧向(散射角 90°、270°角度附近)散射强度有所下降。这是因为倒锥体头身部区域绕流流场呈弓形,且靠近弓形激波层边界内侧的等离子体频率远高于入射波频率(图 6.1),对于入射角 $\theta_{in}=180°$ 的电磁波来

143

说,倒锥体绕流流场如同一个正向放置的金属抛物片,对电磁波起到反射和聚束的作用,所以后向散射得到大幅度的加强,侧向散射被削弱。当 $\theta_{in}=45°$ 时,绕流流场的存在增大了本体前后向附近的散射,但后向散射强度弱于前向散射强度。前向附近散射增大是因为绕流流场的存在增大了目标在入射方向上的投影面积。后向附近散射增大是因为一部分电磁波是正入射到高电子数密度的头部弓形等离子体流场,高强度的等离子体对电磁波产生了较强的镜面反射。

值得注意的是入射角为 122.5° 的情形,此时电磁波入射方向垂直于倒锥体锥身母线,倒锥体绕流流场对电磁波散射的能量主要集中在前向附近,其强度大于本体的前向散射强度,但后向附近的散射能量却远小于本体的后向散射能量。形成这一现象的原因是倒锥体绕流流场等离子体参数的分布特性。流场的头部区域是强度相对较高的等离子体层,而沿流向向后等离子体强度逐渐降低,以致倒锥体身部绕流流场的等离子体频率与头部区相比可能存在数量级上的差别。虽然头部区域的电子数密度、等离子体频率高,但其空间覆盖范围相对电子数密度较低的身部区域要小一些。倒锥体绕流流场的头部区域和身部区域与同一频率电磁波的作用特性是不相同的。相对入射波频率而言,头部区域等离子体处于过密状态,而身部流场中有一部分范围的等离子体可能处于欠密状态(特别是位于身部区后段及接近锥身物面的部分区域,如图 6.1 和图 6.2 所示)。过密状态等离子体区域对入射电磁波的影响主要以反射为主,能够增大目标本体的散射;而欠密状态等离子体区域能够有效地吸收、衰减电磁波,并使在其中传播的电磁波发生折射效应,从而降低后向回波能量。当电磁波以 $\theta_{in}=122.5°$ 入射时,电磁波向着等离子体强度相对较低的后身部流场入射,电磁波在传播过程中受到很大程度的碰撞衰减,被等离子体及倒锥体本体反射回的能量较少。当仅考虑到锥体本体的散射时(无流场存在),以 122.5° 角入射的电磁波垂直照射到倒锥体锥身母线,将受到以母线为基准的强烈的镜面反射作用,从而使本体后向 RCS 大大高于倒锥体绕流流场后向 RCS。

综上分析可知,不论是 TE 波还是 TM 波,当电磁波以不同的角度入射时,绕流流场存在对目标本体双站散射特性都产生了很大的影响。等离子体鞘套的存在掩盖了目标本体原有的散射特性。从军事应用角度看,对于再入武器突防来说,RCS 的这一特性在一定程度上欺骗了敌方雷达,使其无法正确识别和跟踪再入目标,起到了电子干扰的作用,有利于突防;对于再入飞行器隐身来说,等离子体鞘套是再入飞行器重返地球大气层时无法避免而存在的,再入过程等离子体鞘套的存在并不一定都起到隐身作用,而只能在有限的空间方位上降低飞行器本体的 RCS。例如,当入射角 θ_{in} 为 45° 或 180° 时,等离子体鞘套的存在使得目标本体后向附近 RCS 都增强了,从而不利于再入飞行器隐身。而当雷达波的照射方向经过等离子体鞘套的欠密区域时(如本例 $\theta_{in}=122.5°$),欠密等离子体流场能够有效地衰减电磁波并改变电磁波的传播方向,从而大幅减弱由飞行器本体散射引起的回波能量,可以起到良好的隐身效果。值得注意的是,这种等离子体鞘套隐身技术是被动等离子体隐身技术。

图6.8、图6.9分别为入射角0°、122.5°时倒锥体头身部绕流流场双站RCS,图中对比给出了L、S、C、X、Ku波段内典型频率处绕流流场双站RCS曲线。流场计算条件及散射计算方法同图6.6和图6.7所示算例。由图6.8和图6.9可知,等离子体鞘套对不同频率电磁波的散射主要集中在前向附近,前向基本上是全方位散射方向图中RCS取得最大值的方向。入射波频率越高,电磁波透射等离子体区域的能力越强,前向RCS越大。另外,入射波频率越高,前向附近取得较大RCS的角度范围越窄,相应的双站RCS曲线变得越狭长,双站RCS对散射角变化越敏感。对于同一频点的入射波而言,122.5°角入射时的绕流流场前/后向附近RCS小于0°角入射时的绕流流场前/后向附近RCS。这主要是由倒锥体绕流流场中不同区域的等离子体参数分布特性的不同所造成的。当L、S、C、X、Ku波段电磁波以0°角入射时,电磁波主要与头部激波层内的过密等离子体流场发生作用,因而倒锥体绕流流场对电磁波的散射较强,增大了目标前/后向附近RCS。而当电磁波波以122.5°角入射时,电磁波主要与倒锥体后身部等离子体流场发生作用,该等离子体流场对于图示频点上的电磁波而言存在不同空间范围的欠密区,电磁波在其中传播时会造成一定程度的吸收衰减和折射损耗,相应的散射波能量减小,从而减弱了目标前/后向附近RCS。

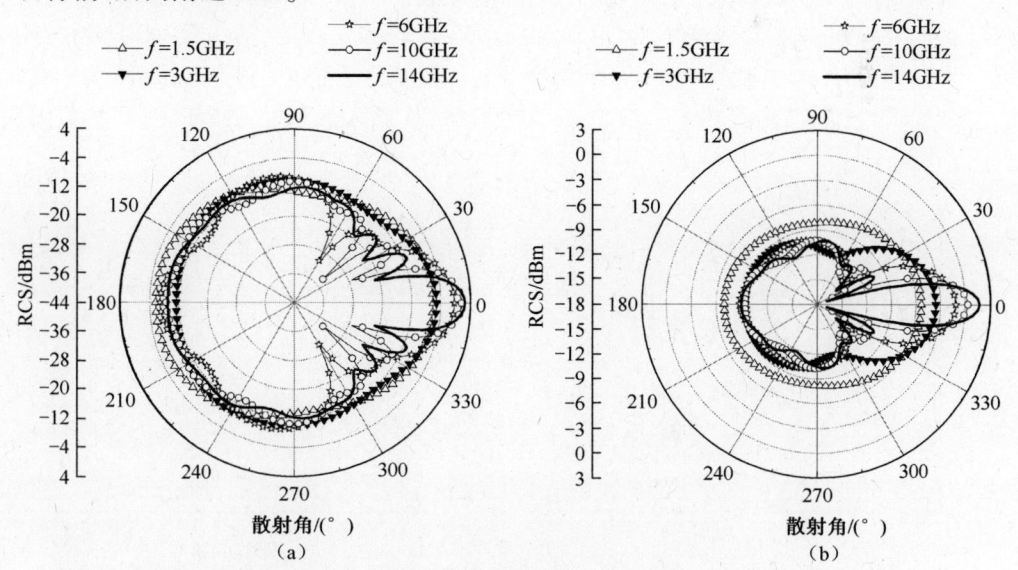

图6.8 不同入射波频率时倒锥体头身部绕流流场的双站RCS($H=50{\rm km}, Ma=20, \theta_{\rm in}=0°$)
(a)TE波;(b)TM波。

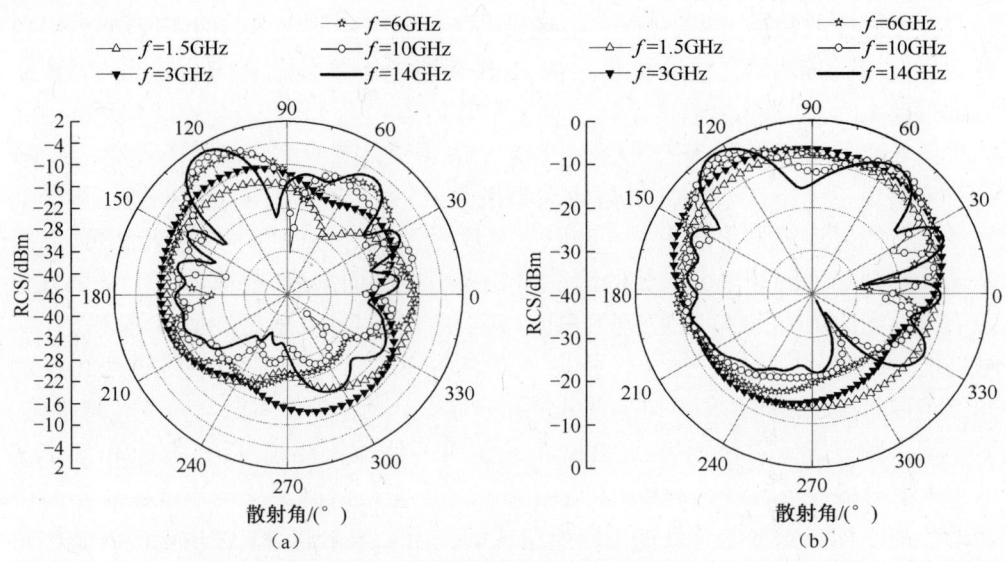

图6.9 不同入射波频率时倒锥体头身部绕流流场的双站RCS($H=50$km,$Ma=20$,$\theta_{in}=122.5°$)
(a)TE波;(b)TM波。

图6.10对比给出了不同入射角度时倒锥体头身部绕流流场及倒锥体本体的后向RCS宽带特性,图中各曲线标识符的意义同6.6和图6.7。流场计算条件:$Ma=20$,$H=50$km,倒锥体本体尺寸取表3.2所列参数值。目标散射的计算方法为ADE-ADI-FDTD方法。从图6.10可以看出,$\theta_{in}=0°$与$\theta_{in}=122.5°$对应的目标本体后向RCS频率曲线基本一致,这一点是不难理解的。因为按照表3.2所列的本体尺寸,过倒锥体中轴线截取的平面形状近似为正三角形,而当入射角为0°或122.5°时,二维电磁波相当于从两个不同的方向垂直入射到正三角形的某条边上,所以这两个方向上的本体后向散射特性是基本相同的。

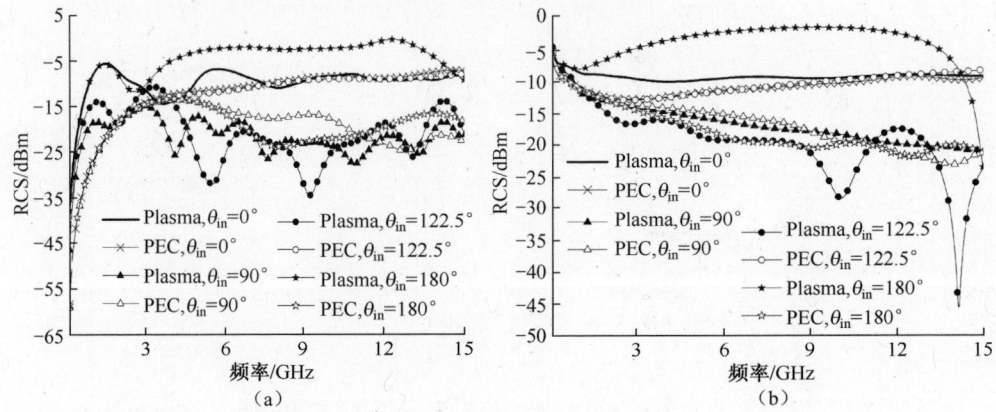

图6.10 不同入射角时倒锥体头身部绕流流场后向RCS($H=50$km,$Ma=20$)
(a)TE波;(b)TM波。

146

当入射角为 0°时,倒锥体绕流流场后向 RCS 在低频段总体上大于目标本体后向 RCS,而随着频率的增加,流场后向 RCS 逐渐趋近本体后向 RCS。当 TE 波或 TM 波以 180°角入射时,倒锥体绕流流场差不多在整个频带上都大大增强了目标本体的后向散射,就整个频带上的平均增幅而言,此时等离子体鞘套对本体后向 RCS 的增强幅度相对其他入射角而言是最大的。当入射角为 122.5°时,对于 TE 波和 TM 波而言,等离子体鞘套都在相当宽的频带内(低频段除外)大幅降低了目标本体后向 RCS。对于 θ_{in} =90°的 TE 波入射情形,等离子体鞘套也能在一定频率范围内降低目标本体后向 RCS,只是本体后向 RCS 被降低的幅度相比入射角为 122.5°时的 TE 波情形要小很多;而在相同频率范围内,与 TE 波 90°角入射时的情形相比,TM 波 90°角入射时等离子体鞘套对目标本体后向 RCS 的影响较弱。由上述现象可知,等离子体鞘套后向 RCS 频率特性随角度变化呈现大的差别,从等离子体鞘套隐身或再入目标探测两个角度来讲,来波方向是决定再入目标隐身或探测质量的一个重要因素。造成上述现象的原因主要在于电磁波与等离子体鞘套不同区域作用的效果的不同。由于等离子体鞘套的电磁参数分布特性是不均匀的,入射波方向的不同决定了等离子体鞘套中不同区域的等离子体与电磁波发生作用的强度的不同。当等离子体鞘套中存在由过密状态等离子体到欠密状态等离子体的过渡,并且沿来波方向欠密等离子体区域分布范围较大,等离子体碰撞频率较高,那么电磁波被等离子体鞘套吸收衰减的程度也将较高;反之,如果沿来波方向绕流流场中过密等离子体分布占支配地位时,那么等离子体鞘套将增大目标本体的后向散射。对于倒锥体头身部绕流流场来说,头部流场区域电离度大,等离子体频率很高,其中的等离子体容易处于过密状态;而身部流场区域等离子体强度相当较低,有相当一部分范围的等离子体可能处于欠密状态(取决于入射波频率的大小)。电磁波与这种非均匀分布特性的再入等离子体作用,就形成了图 6.10 所表现出来的宽带后向散射特性。

6.3.2 不同再入高度时的 RCS 频率响应特性

图 6.11、图 6.12 分别是频率 f 为 5GHz、10GHz 的电磁波以 0°角迎头入射到倒锥体绕流流场时的双站 RCS,图中对比给出了不同再入高度时绕流流场双站 RCS 曲线及倒锥体本体的双站 RCS 曲线(标号为"PEC")。流场计算条件:再入马赫数 Ma=18,倒锥体本体尺寸与表 3.2 所列相同。散射计算方法为 JE-SO-FDTD 方法。由图可见,入射波频率越大,等离子体鞘套的前向 RCS 越大,前向附近 RCS 曲线越狭长。

对于同一马赫数,当高度变化时,绕流流场的存在对倒锥体本体双站散射特性有较大的影响,这种影响主要体现在前向及侧向附近双站 RCS 的变化趋势上。当

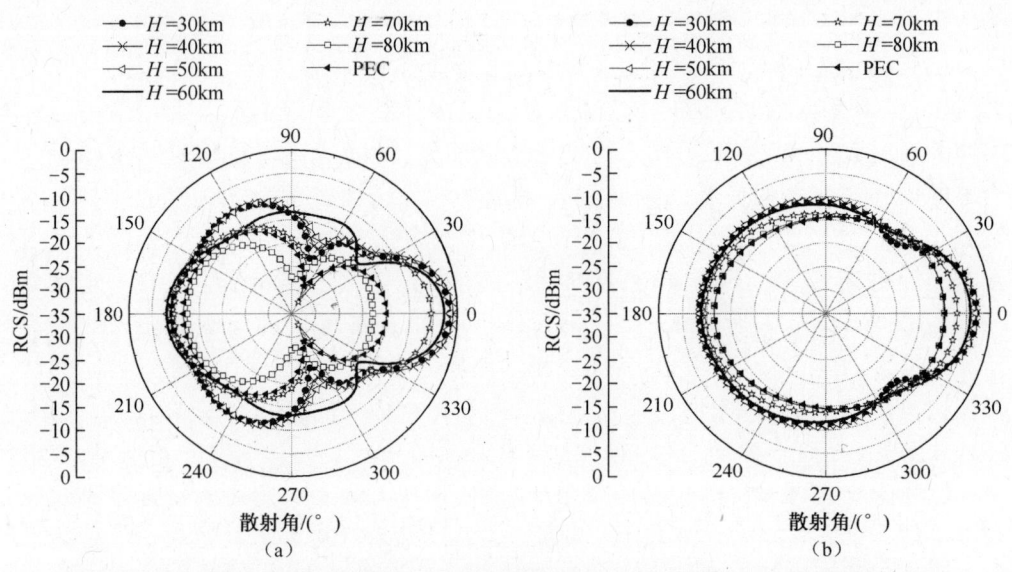

图 6.11 不同再入高度时倒锥体头身部绕流流场双站 RCS($Ma=18, f=5\text{GHz}, \theta_{in}=0°$)

(a)TE 波;(b)TM 波。

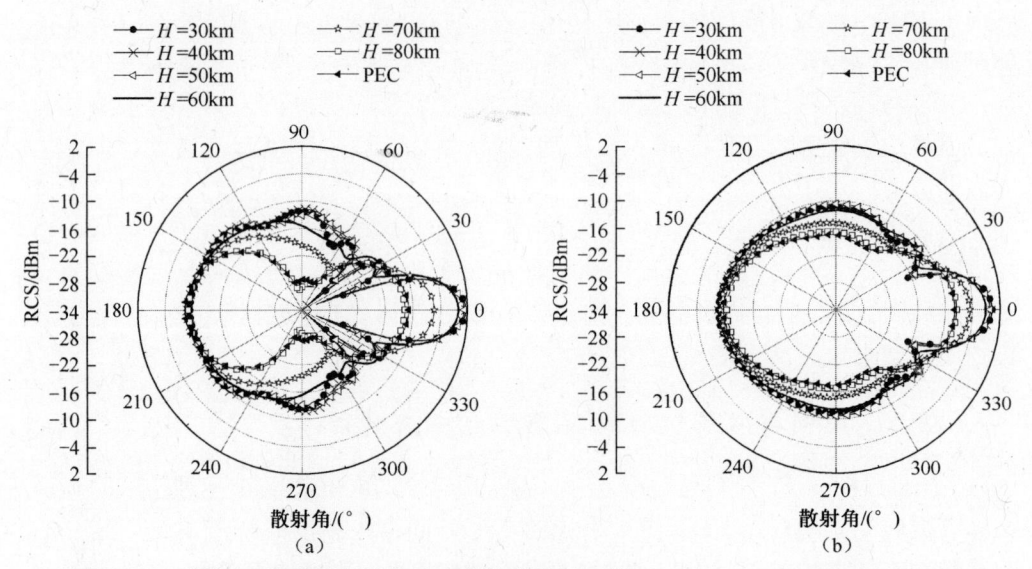

图 6.12 不同再入高度时倒锥体头身部绕流流场双站 RCS($Ma=18, f=10\text{GHz}, \theta_{in}=0°$)

(a)TE 波;(b)TM 波。

再入高度不大于 70km 时,等离子体鞘套的存在增强了本体前向及两侧附近方位上的 RCS,并且再入高度越低,前向及侧向附近的双站 RCS 越大。但当再入高度降低到一定程度时(如 $H \leqslant 50\text{km}$),绕流流场双站 RCS 方向图受高度变化的影响很小。这一现象与倒锥体绕流流场电磁参数随高度变化的分布特性密切相关。当再入高度降低时,大气密度增大,相同再入马赫数时等离子体鞘套中的等离子体频率和碰撞频率增大,弓形激波层内等离子体过密区扩大,致使等离子体对电磁波的散射作用增强,因而增大了前向及侧向附近的双站 RCS。然而,由于再入等离子体主要分布在激波与再入体之间的流场区域,当高度降低到一定程度后,高度的降低对再入等离子体区域大小影响逐渐减弱,绕流流场内的等离子体基本上处于过密状态,此时再入高度变化对双站 RCS 的影响逐渐减小。从电子干扰的角度来讲,当再入高度不是很高时,在相当大的散射角范围内,倒锥体等离子体鞘套对不同极化方式的电磁波的双站散射均与本体双站散射存在差异,从而在一定程度上掩盖了目标本体(倒锥体本体)原有的空间散射特性。

当再入高度 $H=80km$ 时,对于 $f=10GHz$ 的入射波来说,再入等离子体存在基本不影响目标本体原有的空间散射特性(图 6.12)。这是因为当 $H=80km$、$Ma=18$ 时,倒锥体头身部绕流流场中等离子体强度很弱(流场中最大等离子体频率为 7.27GHz,最大碰撞频率不超过 0.3GHz,且等离子体强度相对较大的区域仅占据头部流场的一小块区域),频率为 10GHz 的电磁波很容易透过整个流场,又由于流场中的碰撞频率比电磁波频率小得多,等离子体中的电子来不及响应入射波的交变电场,致使等离子体对电磁波的吸收、衰减作用很弱,因而此时等离子体鞘套存在对目标本体双站散射特性影响很小,绕流流场双站 RCS 曲线与本体双站 RCS 曲线趋于接近。然而,对于 $f=5GHz$ 的入射波来说,上述情况有所改变。当 $f=5GHz$ 的 TM 波入射时,$H=80km$、$Ma=18$ 对应的等离子体鞘套也不能掩盖目标本体的双站散射特性(图 6.11(b)),这一点与上述情况相同。但是,在相同再入条件下,频率为 5GHz 的 TE 波入射时等离子体鞘套双站 RCS 在相当大的角度范围内(如 ±30°、90°~150°、210°~270°)均小于本体双站 RCS,等离子体鞘套起到了一定的隐身作用。造成这一现象可能的原因:由于流场中最大等离子体频率为 7.27GHz,相对 $f=5GHz$ 的入射波来说,绕流流场中存在由过密等离子体区到欠密等离子体区的过渡,在等离子体碰撞频率和入射波频率相比不是太低的情况下,欠密等离子体流场对 TE 波的衰减作用比 TM 波强,并且这种衰减作用主要体现在等离子体鞘套前向及侧向附近双站 RCS 的缩减上(与本体双站 RCS 相比)。由此可见,等离子体鞘套对再入目标本体的隐身效果除了与再入条件密切相关外,还与入射波极化方式、入射波频率相关。

给定马赫数 $Ma=18$,当 TE 波和 TM 波以 $\theta_{in}=122.5°$ 角入射时,倒锥体绕流流场及倒锥体本体后向 RCS 随频率及高度的变化趋势如图 6.13 所示。倒锥体本体尺寸同表 3.2 所列参数值,散射计算采用的方法仍为 JE-SO-FDTD 方法。比较 TE 波和 TM 波后向 RCS 频率曲线可以发现,不同极化方式的入射波对等离子体鞘套后向散射的影响有明显的差别。

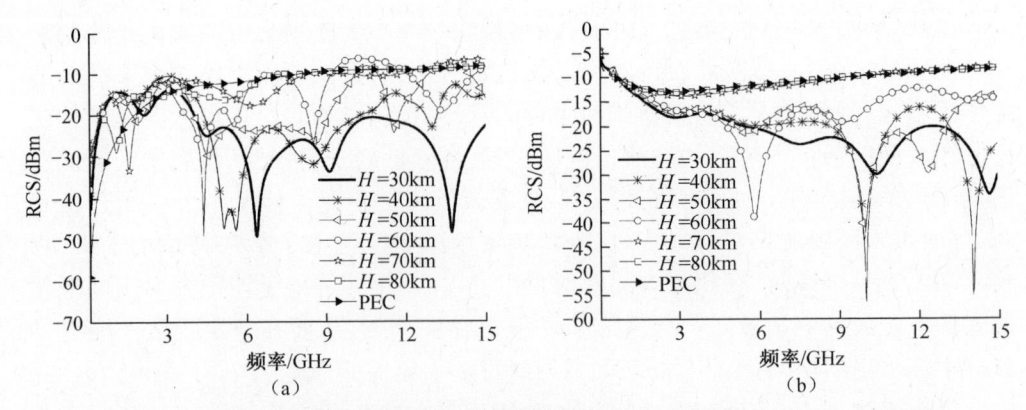

图 6.13 不同再入高度时倒锥体头身部绕流流场后向 RCS($Ma=18,\theta_{in}=122.5°$)
(a)TE 波;(b)TM 波。

当再入高度较高时,例如 $H=80$km 时,在大部分频段上如 TE 波入射时高频段(6.5~15GHz)及 TM 波入射时的整个频段,倒锥体绕流流场后向 RCS 曲线大致接近本体后向 RCS 曲线。这是因为该高度对应的绕流流场的电离度很低,激波层内等离子体强度很小,等离子体鞘套存在对目标本体后向 RCS 的影响很弱。当再入高度较低时,再入高度变化对等离子体鞘套后向 RCS 的影响较大,等离子体鞘套存在对目标本体后向 RCS 的影响也较大。当再入高度不是很高时,等离子体鞘套对高频段不同极化方式的电磁波的后向散射强度均小于本体后向散射强度,从而在一定程度上起到了隐身作用。另外,再入高度降低,倒锥体绕流流场身部区域对电磁波的衰减作用增强,目标本体后向 RCS 被衰减的程度提高。这是因为对于图示入射波频率而言,倒锥体绕流流场身部区域内有相当范围的等离子体可能处于欠密状态。随着再入高度的降低,激波层内气体密度升高,绕流流场身部欠密等离子体区域中的碰撞频率增大,等离子体吸收衰减电磁波的作用增强。

6.3.3 不同再入速度时的 RCS 频率响应特性

图 6.14 给出了入射角 0°、入射波频率 10GHz、不同马赫数时倒锥体头身部绕流流场及倒锥体本体双站 RCS 对比曲线。流场计算条件:再入高度 $H=50$km,倒锥体本体尺寸同表 3.2 所列参数值。计算散射特性的方法为 DE-SO-FDTD 方法。从图 6.14 可以看出,马赫数变化对绕流流场双站散射特性影响较大,主要影响前向附近和侧向附近(45°~150°)的 RCS。再入马赫数增加,整个流场的等离子体强度增强,等离子过密区扩大,前向及侧向附近的 RCS 增大,但增大的幅度对马赫数的变化率逐渐减小。当马赫数增加到一定程度后,例如马赫数 $Ma>18$,由于马赫数的增加对等离子体包覆流场区域大小的影响逐渐减弱,且流场内大部分区域的等离子体基本都处于过密状态,因而此时马赫数变化对 TE 波和 TM 波双站 RCS 整体

特性的影响逐渐减弱,对前/后向 RCS 的影响更是很小。

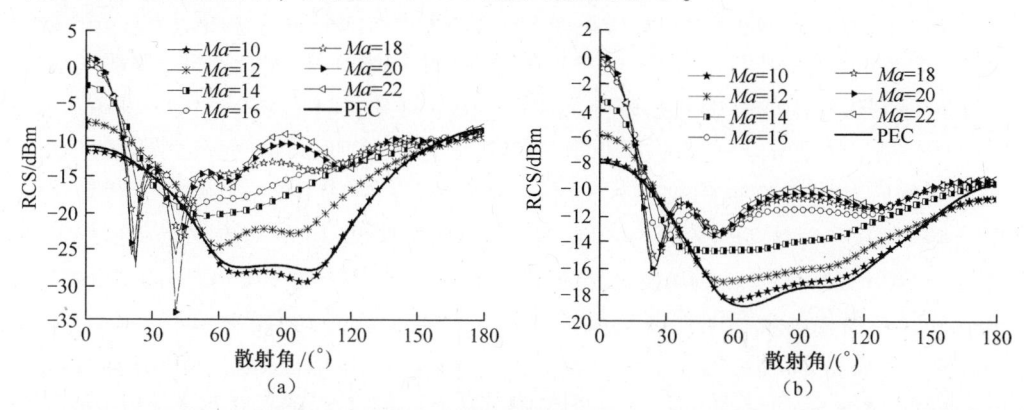

图 6.14　不同再入马赫数时倒锥体头身部绕流流场双站 RCS($H=50\mathrm{km}$, $f=10\mathrm{GHz}$, $\theta_{in}=0°$)
(a)TE 波;(b)TM 波

当马赫数较低时,例如 $Ma=10$,等离子体鞘套的双站 RCS 曲线大体上接近本体双站 RCS 曲线。这是因为当马赫数降低到一定程度时,激波层内等离子体强度很小(例如 $Ma=10$ 时倒锥体绕流流场中的最大等离子体频率不超过 5GHz,相对入射波来说完全处于欠密状态,不存在由过密区到欠密区的过渡),且等离子体强度相对较大的区域仅分布在头部壁面附近一小块薄层内,所以绕流流场没有对本体双站散射特性产生足够大的影响。虽然再入马赫数 $Ma=10$ 时流场中的等离子体频率很小,但碰撞频率与入射波频率处于相当量级上(例如 $Ma=10$ 时头部激波层内的碰撞频率基本上处于 3~6GHz)。因此,流场中的碰撞频率对电磁波起到了一定的衰减作用,从而使得 TE 波入射时前向及侧向双站 RCS、TM 波入射后向附近双站 RCS 有小幅缩减(与本体双站 RCS 相比)。

图 6.15 为 TE 波、TM 波以 122.5°角入射时倒锥体绕流流场头身部区域等离子

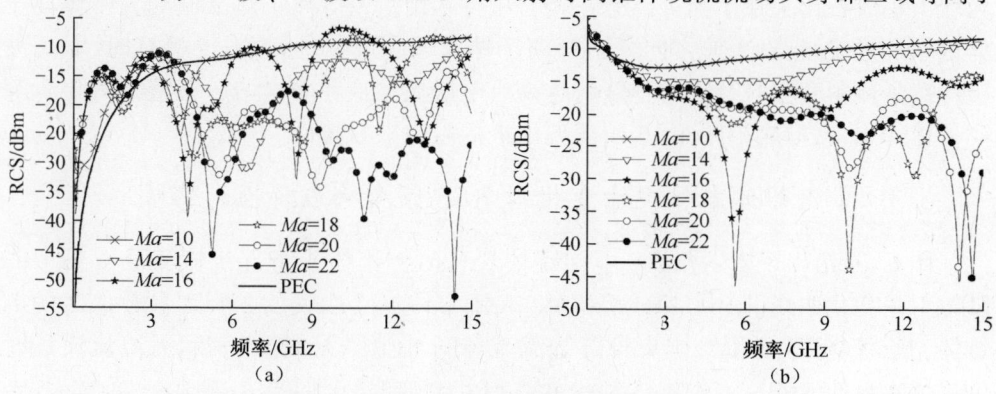

图 6.15　不同再入马赫数时倒锥体头身部绕流流场后向 RCS($H=50\mathrm{km}$, $\theta_{in}=122.5°$)
(a)TE 波;(b)TM 波

体后向 RCS 的频响曲线,图中同时给出了不同再入马赫数时的 RCS 频率曲线,标号为"PEC"的曲线为本体后向 RCS 曲线。流场计算条件及采用的 FDTD 方法与图 6.14 所示算例相同。在此入射条件下,电磁波与倒锥体绕流流场后身部区域的等离子体发生作用的范围和强度增大(相对 0°入射角而言)。

由图 6.15 可知,当马赫数降低到一定程度时,例如 $Ma=10$,除开 TE 波入射时绕流流场后向 RCS 在低频段与本体后向 RCS 存在一定差别外,等离子体鞘套后向 RCS 频率曲线(包括 TE 波和 TM 波后向 RCS 频率曲线)在其他频段上基本接近本体后向 RCS 频率曲线。当马赫数增加到一定程度时,等离子体鞘套后向 RCS 频率曲线随频率变化出现不同程度的波动。当马赫数较高时,例如 $Ma \geqslant 14$,不论入射波是 TE 波还是 TM 波,等离子体鞘套都能在大部分频段内(低频段除外)降低目标本体后向 RCS,从而起到一定的隐身作用。从宽频带上等离子体鞘套对目标本体后向 RCS 的削减程度看,当马赫数 $Ma=22$ 时,等离子体鞘套对目标本体后向 RCS 的削减程度最高,隐身效果最好。然而,并不一定是马赫数较高时的等离子体鞘套对目标本体后向 RCS 的削减作用较强。例如 TE 波入射时,相对于马赫数 $Ma=16$ 时的情况来说,$Ma=14$ 对应的等离子体鞘套在 5~12.5GHz 频带上对目标本体后向 RCS 的整体削减效果要好一些。造成这一现象的原因主要源于马赫数变化对再入等离子体分布特性的影响以及再入等离子体对不同极化电磁波吸收衰减作用的不同。再入马赫数增加,激波层内气体温度升高,电离度增大,流场中等离子体频率和碰撞频率增大。对于倒锥体而言,绕流流场头部区域内的等离子体很容易处于过密状态,而身部区域内又有相当范围的等离子体可能处于欠密状态。欠密等离子体区域大小视再入条件和入射波频率大小而定。当入射波频率相同时,马赫数增加,欠密等离子体区域减小,但流场中等离子体碰撞频率增大;当马赫数减小时,上述趋势相反。在相同再入条件下,入射波频率大小与流场中欠密等离子体区域大小成正比关系。当等离子体鞘套中存在由过密等离子体区域到欠密等离子体区域的过渡,且沿来波方向欠密等离子体区域越大、碰撞频率也越高时,电磁波被等离子体鞘套吸收衰减的程度将越高。电磁波与这种非均匀分布特性的再入等离子体作用,就形成了图 6.15 所表现出来的后向散射特性。

6.3.4 倒锥体本体尺寸变化对 RCS 频率响应特性的影响

图 6.16 给出了入射角 0°、不同本体尺寸时倒锥体头身部绕流流场双站 RCS 随散射角变化曲线,图中"原始倒锥体"表示本体尺寸取表 3.2 所列参数值时的倒锥体,"有流场"表示倒锥体头身部绕流流场的 RCS,"无流场"表示无绕流流场时倒锥体本身的 RCS。当倒锥体某一本体尺寸改变时,例如当 θ_b 或 R_b 改变时,其余本体尺寸的大小同表 3.2 所列参数值。流场计算条件: $H=60\mathrm{km}$, $Ma=18$;散射计

算方法取 ADE-ADI-FDTD 方法。为叙述简便,下面讨论时将原始倒锥体本体描述为原始本体。

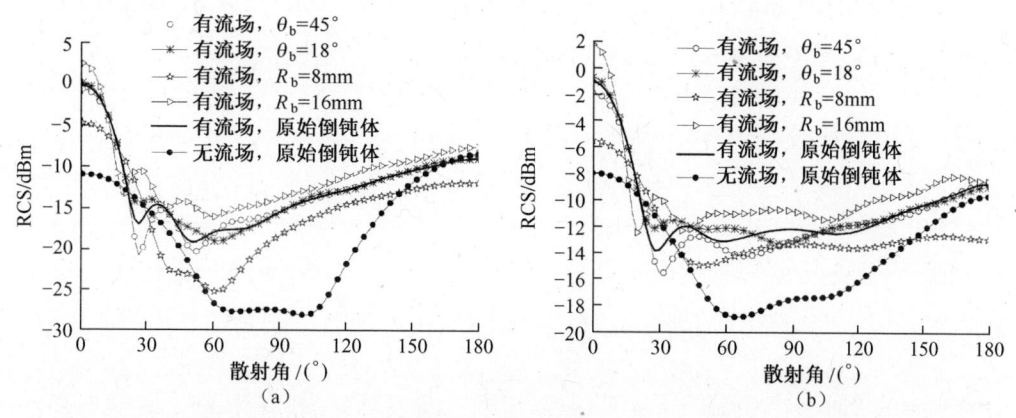

图 6.16 倒锥体头身部绕流流场双站 RCS 随本体尺寸变化的趋势($f=10\text{GHz},\theta_{in}=0°$)

(a)TE 波;(b)TM 波。

由图 6.16 可知,当半锥角 θ_b 变化而其他条件保持不变时,倒锥体绕流流场双站 RCS 曲线变化不大,特别是后向附近 RCS,其大小基本不变,但是侧向附近(22°~130°)RCS 有些差异。这主要是因为半锥角 θ_b 变化不改变本体头部宽度,对等离子体包覆流场厚度影响很小,对绕流流场电磁参数的大小分布也几乎无影响(图 6.2),仅仅是改变了绕流流场的身部区域长度(θ_b 越大,绕流流场的身部区域越短),所以绕流流场双站 RCS 曲线整体特性受 θ_b 变化影响较小,而侧向附近双站 RCS 受流场身部区域长度变化而显现一些差异。在相同再入条件下,当 R_b 增大时,倒锥体头部钝度增大,激波层厚度及等离子体绕流流场的空间覆盖范围增大(图 6.2)。虽然流场中等离子体强度受 R_b 增大的影响较小,但是由于整个流场的空间覆盖范围增大了,处于过密状态的等离子体区域也随之增大了。因此,当 R_b 由小增大时,倒锥体绕流流场双站 RCS 在大部分散射角上都增大了。特别是前向附近 RCS,其对 R_b 的变化很敏感。当 R_b 增大时,等离子体鞘套的空间覆盖厚度增大,沿入射方向目标的投影面积增大,因而绕流流场前向 RCS 明显增大。

图 6.17 为入射角 0°、不同本体尺寸时倒锥体头身部绕流流场后向 RCS 随入射波频率变化曲线,图中各曲线标识符的意义同图 6.16。流场计算条件及散射计算方法同图 6.16 所示算例。

从 TM 波入射时绕流流场后向 RCS 频率曲线可以看出,当半锥角 θ_b 变化时,由于等离子体包覆流场厚度基本不受其影响,因而倒锥体绕流流场后向 RCS 在整个频带上没有明显的变化;而当 R_b 增大时,不仅本体头部尺寸增大了,相应的等离子体包覆流场厚度也增大了,因而倒锥体绕流流场后向 RCS 增大。对于 TE 波来说

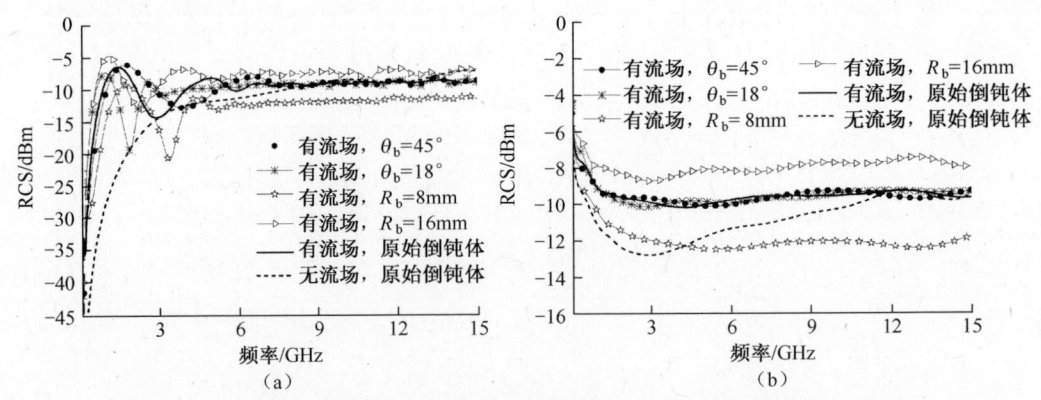

图 6.17 倒锥体头身部绕流流场后向 RCS 随本体尺寸变化的趋势($\theta_{in}=0°$)

(a)TE 波;(b)TM 波。

情况要复杂一些,在高频段如 C、X 波段及部分 Ku 波段,倒锥体绕流流场后向 RCS 频率曲线随 θ_b 或 R_b 变化的趋势与 TM 波入射时情形相同。但在低频段,如 UHF、L、S 波段,情况相对复杂一些,绕流流场后向 RCS 随频率变化呈现出一定的波动性;当本体尺寸改变使得等离子体包覆流场空间范围增大时,后向 RCS 频响曲线的波动轴线整体上移。与原始本体 TE 波、TM 波后向散射相比较,原始倒锥体绕流流场后向 RCS、θ_b 变化对应的绕流流场后向 RCS 在低频段上大于原始本后向 RCS,但随着频率的增加,它们之间的差别逐渐减小。当 $R_b=8mm$ 时,倒锥体头部宽度减小,相应的等离子体流场覆盖范围变小,倒锥体绕流流场后向 RCS 在大部分频段(主要是高频段)上小于原始本体后向 RCS;而当 $R_b=16mm$ 时,倒锥体头部宽度增大,相应的等离子体流场覆盖范围增大,因而倒锥体绕流流场后向 RCS 差不多在整个频带上都大于原始本体后向 RCS。

6.4 锐头体等离子体鞘套的散射特性

以高超声速锐头体绕流流场为研究对象,分析电磁波极化方式、入射波频率、再入高度、再入马赫数、锐头体本体尺寸变化对锐头体等离子体鞘套电磁散射特性的影响;研究等离子体鞘套的存在对本体散射特性的影响。在本书的 FDTD 仿真中,锐头体本体(无等离子体流场包覆的锐头体本身)被处理为完纯导体。另外,在计算再入锐头体宽带后向散射特性时,入射波频率范围定为 0.1~15GHz。

6.4.1 不同入射方向时的 RCS 频率响应特性

图 6.18、图 6.19 分别为频率 $f=5GHz$ 的 TE 波、TM 波入射时锐头体头身部绕流流场以及锐头体本体的双站 RCS,图中对比给出了不同入射角时的双站 RCS 曲

线,其中"Plasma"表示包覆锐头体的等离子体鞘套(即锐头体头身部绕流流场,包含锐头体本身及周围流场)的 RCS,"PEC"表示无等离子体鞘套时锐头体本身的RCS,"θ_{in}"表示入射角度(注意:θ_{in}是入射波方向与锐头体身部母线之间的夹角,$\theta_{in}=0°$表示电磁波平行于锐头体身部母线方向迎头入射到锐头体,$\theta_{in}=90°$表示电磁波垂直于锐头体身部母线入射到锐头体)。图 6.18、图 6.19 中流场计算条件:再入马赫数 $Ma=20$,再入高度 $H=50$km,头部长度 $R_L=35$mm,头部直径 $d=16$mm,身部长度 $W=50$mm;散射计算方法为 ADE-ADI-FDTD 方法。由图 6.18 和图 6.19 可知,当入射方向平行于锐头体身部母线时(如 θ_{in} 为 0° 或 180°),高超声速锐头体头身部绕流流场对电磁波的散射能量主要集中在前向附近,前向散射强度较大;随着入射方向与锐头体身部母线之间夹角的增大,以锐头体身部母线为基准的镜面反射作用加强,电磁波散射能量主要分布在前向和以锐头体身部母线为基准的镜面反射方向(并不一定是后向)附近。比较锐头体头身部绕流流场对 TE 波(图 6.18)、TM 波(图 6.19)的双站散射特性可以发现,TE 波入射时绕流流场存在对本体双站散射特性的影响相对较大,而 TM 波入射时绕流流场存在对本体双站散射特性的影响基本可忽略。

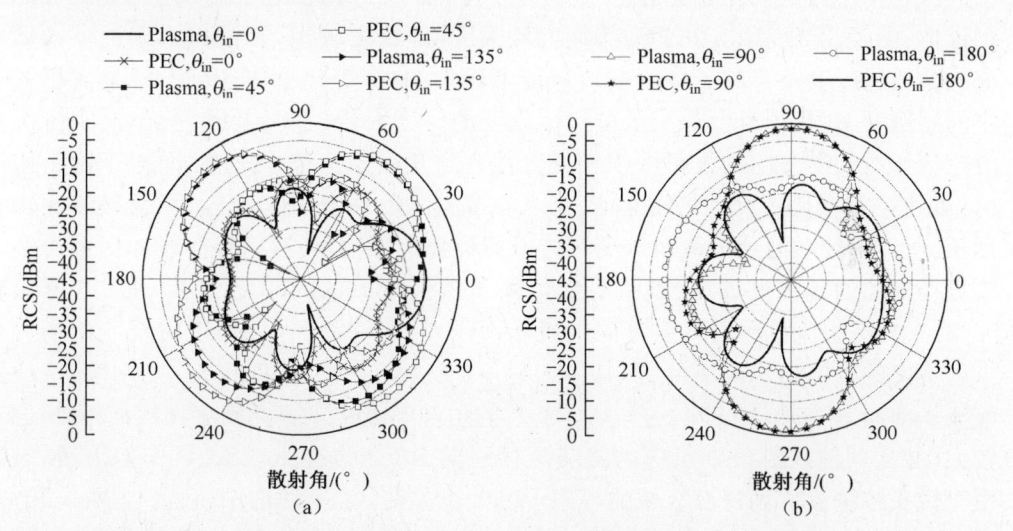

图 6.18 TE 波以不同入射角度 θ_{in} 入射到锐头体头身部绕流流场的双站 RCS($H=50$km,$Ma=20$,$f=5$GHz)

当 $\theta_{in}=90°$ 时,锐头体绕流流场对 TE 波、TM 波的双站散射特性与锐头体本体对 TE 波、TM 波的双站散射特性相似,前/后附近 RCS 差别较小,并且前/后向 RCS 大于其他入射角对应的绕流流场前/后向 RCS。而在相同马赫数、再入高度及入射波频率下,入射角 90°时倒锥体绕流流场前向 RCS 均小于其他入射角对应的绕流流场前向 RCS(图 6.6、图 6.7)。造成上述现象的原因是与再入体外形及其周围绕流流场分布特征密不可分的。从图 6.1~图 6.3 所示的等离子体鞘套电磁参数分

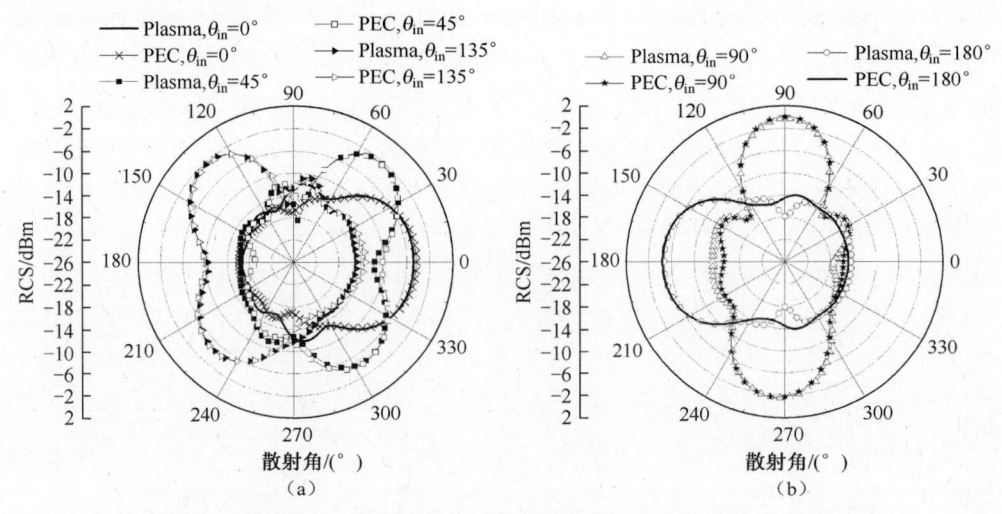

图 6.19 TM 波以不同入射角度 θ_{in} 入射到锐头体头身部绕流流场的双站 RCS($H=50{\rm km}, Ma=20, f=5{\rm GHz}$)

布特性可知,由于锐头体外形与倒锥体外形差异较大,锐头体头身部绕流流场电磁参数分布特性与倒锥体相比有很大不同。对于倒锥体(此处指按初始尺寸设计的倒锥体,见表 3.2)来说,由于头部钝度较大,身部长度较短,相同再入条件下所形成的激波层厚度及等离子体流场覆盖范围较大,过密等离子体区域占整个流场的空间比例较大,其头身部等离子体包覆流场的厚度大于长度,入射角 90°时头身部绕流流场沿入射方向的投影面积相对其他入射角度而言要小一些;而对于锐头体(此处指按初始尺寸设计的锐头体,见 3.4 节)来说,由于头部比较尖锐,整体比较细长,所形成的激波层厚度及等离子体流场覆盖范围较小,过密等离子体区域占整个流场空间的比例也较小,其头身部等离子体包覆流场的厚度小于长度,入射角 90°时头身部绕流流场沿入射方向的投影面积要大于其他入射角度时绕流流场对入射方向的投影面积。因此,与其他入射角相比,入射角 90°时锐头体(倒锥体)绕流流场前向 RCS 要大(小)一些。至于入射角 90°时锐头体绕流流场后向 RCS 也较大(相比其他入射角度对应的绕流流场后向 RCS)的这一现象,可作如下解释。由于锐头体绕流流场身部区域的等离子体处于欠密状态(就本例而言,当 $Ma=20$、$H=50{\rm km}$ 时,在锐头体头部和身部结合处沿物面法向分布的最大等离子体频率、碰撞频率分别不超过 4.7GHz、1.7GHz,可见身部流场区域的等离子体强度很弱,与头顶附近区域的等离子体强度相比存在数量级上的差别),同时身部流区的覆盖范围小,流场中等离子体碰撞频率低,不能对电磁波波造成足够的衰减,因而入射角 90°、频率为 5GHz 的入射波可以轻易穿过身部流场垂直照射到锐头体本体。此时相对其他入射方向的电磁波而言,本体头身部被照射的范围最大,本体对电磁波的镜面反射作用最强,从而使后向回波能量最强。

对于 TE 波斜入射(如 θ_{in} 为 45°或 135°)情况,由图 6.18 可知,在以锐头体母线为基准的镜面反射方向附近,绕流流场双站 RCS 小于本体双站 RCS,这说明该方向附近散射波能量在一定程度上被等离子体吸收衰减了。但在其他方向上,绕流流场存在对本体双站 RCS 的影响较小。

通过比较倒锥体绕流流场及锐头体绕流流场的双站散射特性(图 6.6 和图 6.7,图 6.18 和图 6.19)可知,在相同条件下,当入射波方向改变时,锐头体头身部绕流流场存在对本体双站散射特性的影响较小,特别是对于 TM 波入射情形,绕流流场存在几乎不影响本体原有的空间散射特性。上述现象的成因主要在于再入体外形对等离子体鞘套电磁参数分布特性的影响。如前所述,与钝头外形再入体相比,锐头体头身部绕流流场的空间覆盖范围较小,高强度的等离子体主要集中在激波层内、头顶物面附近的薄层流场区域中,该区域相对整个流场而言非常小,在其他大部分流场区域(如流场头部后段区域及身部区域)内等离子体强度相对要弱得多。因此,锐头体绕流流场存在既难以削弱也难以掩盖目标本体原有的空间散射特性,从等离子体鞘套隐身设计以及电子干扰的角度考虑,再入飞行器不宜设计成锐头外形;但是,从解决再入通信"黑障"问题、实现再入飞行器准确识别及跟踪等方面考虑,由于电磁波比较容易透射锐头体绕流流场的身部区域(图 6.18 和图 6.19 中"$\theta_{in}=90°$"对应的双站 RCS 曲线),再入飞行器设计成锐头外形或许是不错的选择,有限的飞行试验[15]已经证实,当再入飞行器头部形状设计成锐头外形时,飞行器再入时不仅气动阻力小,而且可以有效实现电磁波传输而避开"黑障"问题。

图 6.20 为 TE 波、TM 波入射时锐头体绕流流场后向 RCS 及其本体后向 RCS 随入射波频率变化曲线,图中对比给出了不同入射角时的后向 RCS 频率响应曲线。流场计算条件及散射计算方法同上一算例。从图中可以看出,当入射角为 90°时,不论入射波是 TE 波还是 TM 波,绕流流场对锐头体本体后向散射特性影响很小,流场后向 RCS 频率曲线近似等于本体后向 RCS 频率曲线,由于此时电磁波垂直于锐头体身部母线照射,本体对电磁波的镜面反射作用最强,因而回波能量最强;在入射角偏离 90°条件下,锐头体绕流流场后向 RCS 频率曲线整体上大幅下降,表现出随入射角变化敏感的性质,并且 TE 波入射时绕流流场对本体后向散射特性的影响相比 TM 波入射情况要大。

从 TM 波入射时后向 RCS 频率曲线图(图 6.20(b))可见,当入射角低于 90°时,绕流流场后向 RCS 随频率的增加呈现小幅的波动,在大部分频段如 S、C、X 及部分 Ku 波段,流场后向 RCS 整体上略大于本体后向 RCS;并且当入射角度减小时,绕流流场后向 RCS 频率曲线整体下降。当入射角度增大到 90°及 90°以上情形时,流场后向 RCS 频率曲线的波动性基本消失,而绕流流场的存在几乎不对本体后向散射特性产生影响。由 TE 波入射时后向 RCS 频率曲线图(图 6.20(a))可见,当入射角为 90°

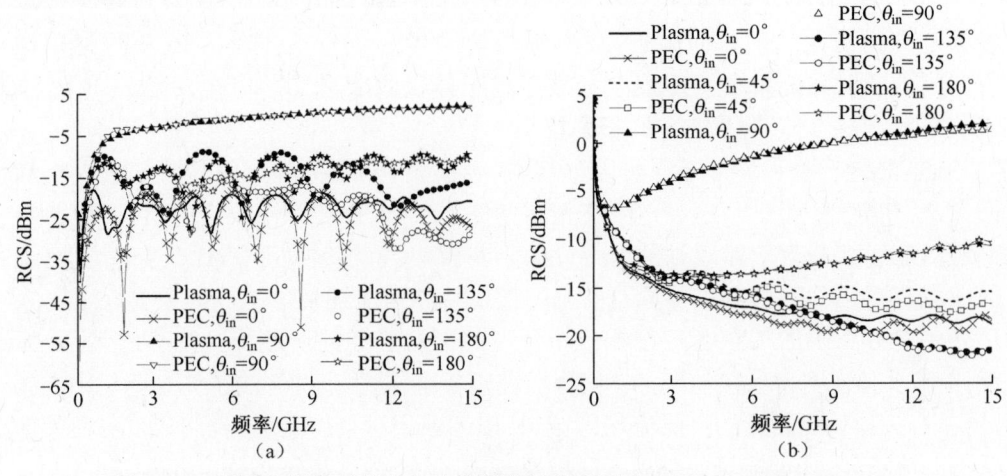

图 6.20 不同入射角时锐头体头身部绕流流场后向 RCS($H=50$km,$Ma=20$)
(a)TE 波;(b)TM 波

时,流场后向 RCS 随频率变化没有呈现波动性;而当入射角偏离 90°时,流场后向 RCS 随频率变化表现出振荡现象,同时绕流流场的存在对本体后向 RCS 频率特性产生了较大影响。当入射角度为 0°时,流场后向 RCS 频率曲线近似表现出与本体后向 RCS 频率曲线同步波动的特点,两者的波动周期大致相同但波动幅度差别较大,在波峰处两者的后向 RCS 差别不大,而在波谷处流场后向 RCS 大于本体后向 RCS。当入射角大于 90°时,随着入射角的增大,绕流流场后向 RCS 频率曲线的波动周期和波动幅度逐渐减小,绕流流场对锐头体本体后向散射特性的影响逐渐降低。

对比分析图 6.10 和图 6.20 可知,高超声速倒锥体绕流流场能够在较宽频段上对特定来波方向(如入射角为 122.5°时的电磁波照射方向)上的雷达波实现隐身;而锐头体绕流流场对不同入射方向、不同极化方式的电磁波都难以实现隐身。而形成这种差别的原因在于不同再入体外形所引起的再入等离子体分布特性上的差异(图 6.1~图 6.3)。

6.4.2 不同再入高度时的 RCS 频率响应特性

图 6.21 为入射波频率 10GHz、入射角 0°、不同再入高度时锐头体绕流流场双站 RCS 曲线,图中同时给出了锐头体本体的双站 RCS 曲线(标号为"PEC")。流场计算条件:再入马赫数 $Ma=18$,头部长度 $R_L=35$mm,头部直径 $d=16$mm,身部长度 $W=50$mm;散射计算方法为 JE-SO-FDTD 方法。

从 TE 波双站 RCS 曲线可以看出,再入高度降低,锐头体绕流流场中等离子体强度增强,等离子体过密区范围扩大,锐头体绕流流场前向附近 RCS 基本上呈增大趋势,但前向不一定是双站 RCS 取得最大值的方向,当再入高度不大于 50km 时

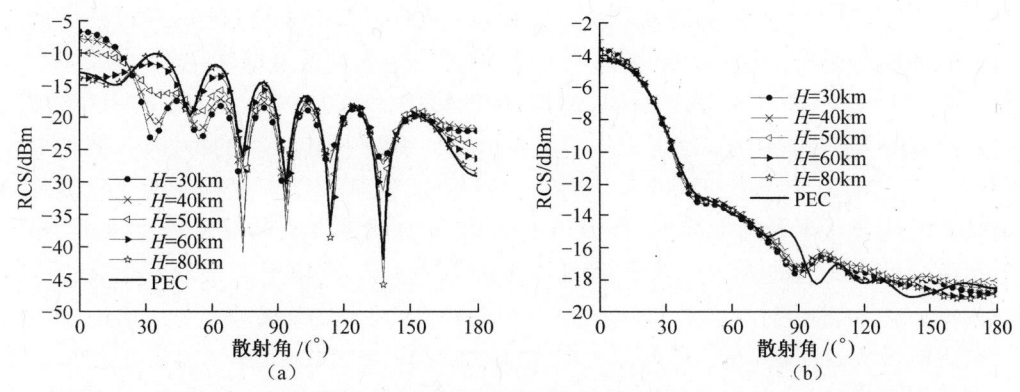

图 6.21　不同再入高度时锐头体头身部绕流流场双站 RCS($Ma=18$, $f=10\text{GHz}$, $\theta_{in}=0°$)
(a)TE 波;(b)TM 波。

前向 RCS 是绕流流场双站 RCS 取得最大值的方向,而当再入高度大于 50km 时双站 RCS 取得最大值的方向位于±30°附近,与本体双站 RCS 取最大值的方向相近。当入射波为 TM 波时,绕流流场前向 RCS 明显大于其他方向上的双站 RCS,再入高度变化对锐头体绕流流场双站散射特性影响较小。

从对本体双站散射特性影响程度方面考虑,相对 TE 波来说,TM 波入射时等离子体鞘套对本体双站散射特性的影响较小,仅在±90°附近及后向附近对目标本体双站 RCS 略有影响。TE 波入射时,在入射方向±75°范围及入射波反方向±15°范围,等离子体鞘套对本体双站 RCS 影响较大,而在其他方向上对本体双站散射特性影响相对较小,散射波能量主要集中在入射方向±45°范围。

图 6.22 给出了入射角 0°、不同再入高度时锐头体头身部绕流流场后向 RCS 曲线,图中同时给出了锐头体本体的后向 RCS 曲线(标号为"PEC")。流场计算条件及散射计算方法同图 6.21 所示算例。

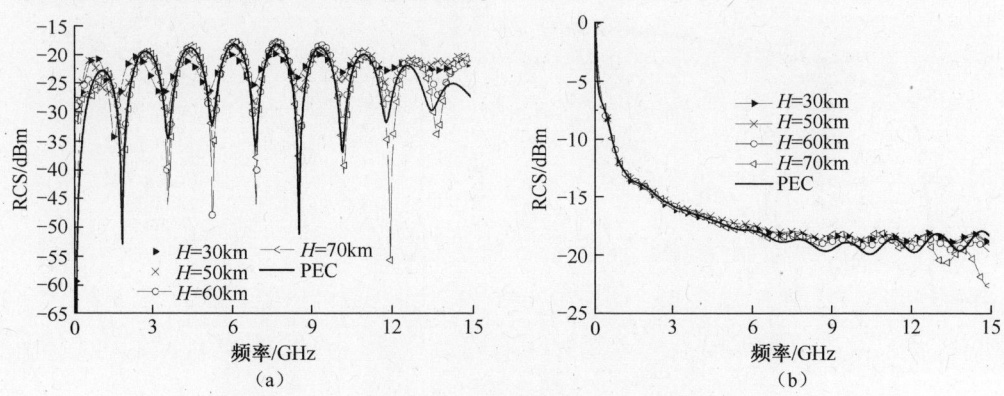

图 6.22　不同再入高度时锐头体头身部绕流流场后向 RCS($Ma=18$, $\theta_{in}=0°$)
(a)TE 波;(b)TM 波。

对比 TE 波和 TM 波绕流流场后向 RCS 频率曲线(图 6.22)可知,TM 波后向 RCS 频率曲线比较平滑,而 TE 波后向 RCS 随频率变化表现出振荡现象;再入高度变化对 TM 波入射时绕流流场后向散射特性的影响比较小。TE 波入射时,绕流流场后向 RCS 随频率变化大体上表现出与本体后向 RCS 同步波动的特性,其波动周期与本体后向 RCS 频率曲线的波动周期大致相同,但其波动幅度随高度变化表现出较大的差异。再入高度降低,绕流流场后向 RCS 频率曲线的波动幅度减弱,虽然在波峰处流场后向 RCS 与本体后向 RCS 相差不大(L 波段至 X 波段),但在波谷处流场后向 RCS 相对本体后向 RCS 呈增长趋势,因而绕流流场对本体后向散射特性的影响增大。当再入高度较高时,如 $H \geqslant 60km$ 时,此时锐头体绕流流场全流场等离子体强度较低,在 L 波段至 X 波段上,绕流流场存在对本体后向 RCS 频率曲线影响较小(除了在个别波谷处流场后向 RCS 小于本体后向 RCS 外),流场的存在已难以掩盖本体真实的后向散射特性。TM 波入射时,总的看来,在相同再入高度和马赫数下,绕流流场对本体后向散射特性的影响程度小于 TE 波入射时的影响程度。当再入高度不大于 60km 时,对于 S 波段以上的 TM 波来说,绕流流场对本体后向散射特性产生了一定影响,但影响很弱,不足以掩盖本体原有的后向散射特性。当再入高度达到 70km 时,对于处于 Ku 波段的 TM 波,绕流流场在一定程度上削弱了本体后向散射强度。

图 6.23 为入射角 90°、不同再入高度时锐头体头身部绕流流场后向 RCS 频率曲线。图中,"PEC"表示入射角 90°时锐头体本体后向 RCS 频率曲线。流场计算条件及散射计算方法同上一算例。从图 6.23 可以看到,由于电磁波入射方向垂直于锐头体身部母线,与入射角为 0°的情况相比,绕流流场被电磁波照射的面积增大,以锐头体身部母线为基准的镜面反射作用增强,因而在整个频带上锐头体等离子体鞘套后向 RCS 及锐头体本体后向 RCS 均较大。TE 波入射时,随着入射波频率

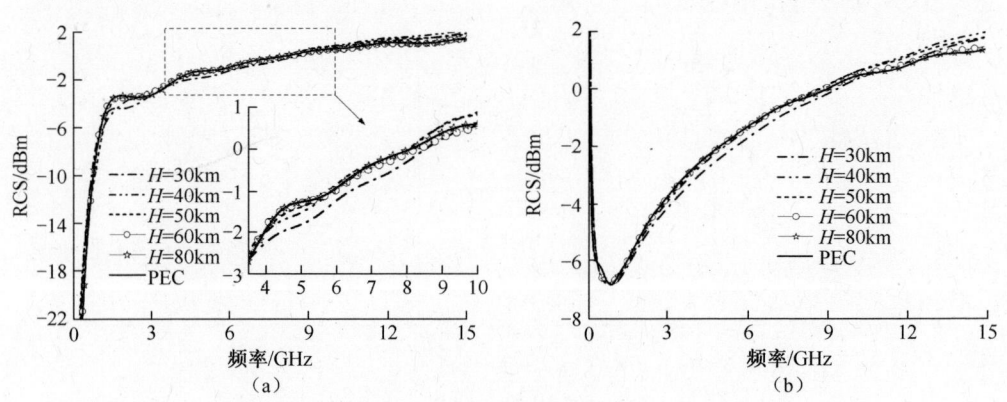

图 6.23 不同再入高度时锐头体头身部绕流流场后向 RCS($Ma=18, \theta_{in}=90°$)
(a)TE 波;(b)TM 波。

的增大,等离子体鞘套及本体后向 RCS 先是迅速增加然后缓慢抬升;再入高度变化对等离子体鞘套后向 RCS 的影响很小。对于 TM 波入射情况,在 UHF 波段,等离子体鞘套及本体后向 RCS 主要是随入射波频率的增加而快速减小,而在 UHF 波段以上的频段,随着入射波频率的增加,等离子体鞘套及本体后向 RCS 逐渐增大;再入高度变化对等离子体鞘套后向 RCS 的影响程度也比较小。

从对本体后向 RCS 影响程度方面考虑,当再入条件相同时,对于不同极化方式的电磁波,锐头体等离子体鞘套对本体后向散射特性的影响均很小。当再入高度较高时,例如 $H \geqslant 40\text{km}$ 时,等离子体鞘套的存在对本体后向 RCS 的影响可忽略。当再入高度为 30km 时,在一定频率范围内,如 4~9GHz(TE 波)及 3~10GHz(TM 波),等离子体鞘套降低了目标本体后向 RCS。这是因为在此再入条件下锐头体绕流流场身部区域的等离子体碰撞频率较大(基本都在 2GHz 以上),且该区域的等离子体频率(在 1~10GHz 之间变动)与入射波频率相差不大,所以等离子体鞘套对电磁波的衰减作用增强。但是由于流场身部区域覆盖范围较小,此时等离子体鞘套对本体后向 RCS 降低的程度有限(最大降幅不超过 0.7dB),因而隐身效果并不好。

6.4.3 不同再入速度时的 RCS 频率响应特性

图 6.24 给出了锐头体头身部绕流流场及锐头体本体对频率 10GHz、入射角 0°的电磁波的双站散射特性,图中对比给出了不同再入马赫数时锐头体绕流流场双站 RCS 曲线。流场计算条件:再入高度 $H = 50\text{km}$,头部长度 $R_L = 35\text{mm}$,头部直径 $d = 16\text{mm}$,身部长度 $W = 50\text{mm}$;散射计算方法为 DE-SO-FDTD 方法。

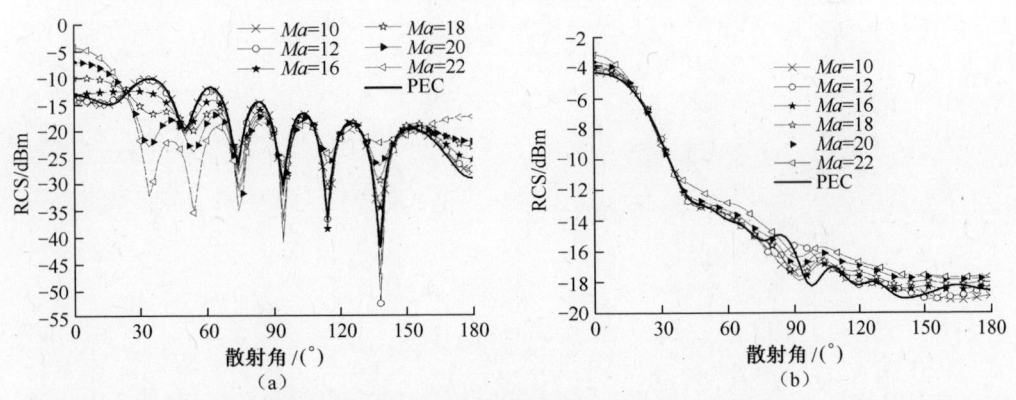

图 6.24 不同再入马赫数时锐头体头身部绕流流场双站 RCS($H = 50\text{km}, f = 10\text{GHz}, \theta_{in} = 0°$)
(a)TE 波;(b)TM 波。

由图 6.24(a) 所示的 TE 波双站散射特性可知,再入马赫数增加,等离子体鞘套中过密区范围扩大,锐头体绕流流场前/后向附近 RCS 增大,而这一变化趋势对于 TM 波来说相对弱一些(图 6.24(b))。对于 TE 波来说,当马赫数 $Ma \geq 18$ 时,前向 RCS 是绕流流场双站 RCS 取得最大值的方向,但当马赫数 $Ma \leq 16$ 时流场双站 RCS 取得最大值的方向偏离前向,而是靠近本体双站 RCS 取得最大值的方向,这说明当马赫数降低时绕流流场对本体双站散射特性的影响减弱。当入射波为 TM 波时,马赫数变化没有改变绕流流场散射电磁波能量最强的方向,前向依然是绕流流场双站 RCS 最大的方向。

从对本体双站散射特性影响的角度看,TM 波入射时等离子体鞘套对本体后向及侧向附近的双站 RCS 有一定的影响,对本体前向 RCS 的影响相对较小。对于 TE 波来说,在入射方向±75°范围及入射波反方向±15°范围,等离子体鞘套对本体双站 RCS 影响较大,而在其他方向上对本体双站散射特性影响相对较小;通过比较图 6.24(a)和图 6.24(b)可以发现,在相同再入条件下,相对 TE 波来说,TM 波入射时等离子体鞘套对本体双站散射特性的影响较小。

图 6.25 给出了入射角 90°、不同再入马赫数时锐头体头身部绕流流场后向 RCS 曲线,图中同时给出了入射角 90°时锐头体本体的后向 RCS 曲线(标号为 "PEC")。流场计算条件及散射计算方法同图 6.24 所示算例。比较图 6.25 与图 6.23 可以看出,对于入射角为 90°的 TE 波或 TM 波,再入高度和再入马赫数变化基本不改变等离子体鞘套后向 RCS 随频率变化的趋势,该趋势均与目标本体后向 RCS 随频率变化的趋势相似。

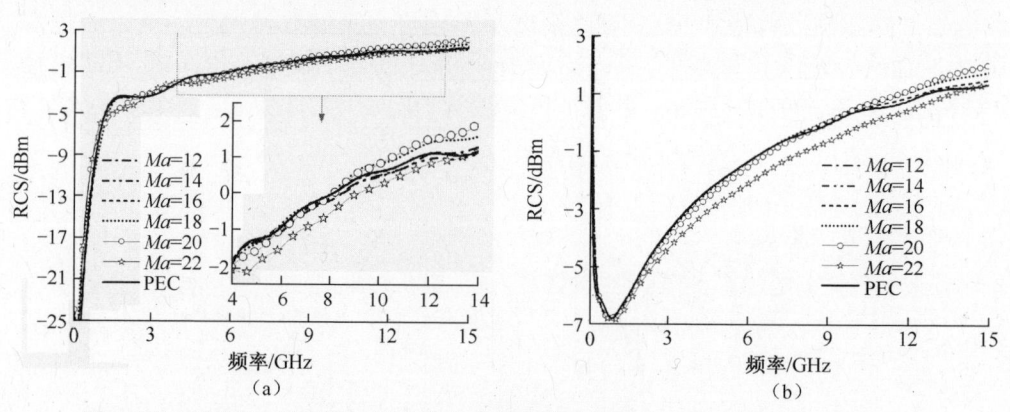

图 6.25 不同再入马赫数时锐头体头身部绕流流场后向 RCS($H=50{\rm km}, \theta_{\rm in}=90°$)

(a)TE 波;(b)TM 波

对比图 6.25(a)与图 6.25(b)可知,相对于 TE 波来说,再入马赫数变化对锐头体绕流流场 TM 波后向散射特性的影响要稍大一些。总的来说,从 TE 波、TM 波后向 RCS 频率曲线可以看到,当马赫数较低时,再入马赫数变化对锐头体绕流流场后向 RCS 影响较小,目标本体后向散射特性受绕流流场存在的影响也较小;马赫数较高(如 $Ma \geq 18$)时,马赫数的增大对锐头体绕流流场后向 RCS 的影响程度逐渐增加,同时绕流流场的存在对本体后向 RCS 频率曲线的影响也逐渐增大。当马赫数 $Ma=22$ 时,在大部分频段如 C 波段至 X 波段(TE 波)、S 波段至 X 波段(TM 波),锐头体绕流流场降低了目标本体后向 RCS,但降低的程度有限(最大降幅不超过 0.9dB),因而不足以形成良好的隐身效果。比较图 6.25 与图 6.15 可以发现,对于一定的再入高度和再入马赫数,当电磁波垂直于再入体身部母线照射到等离子体鞘套时,倒锥体头身部绕流流场对其本体后向散射的衰减程度明显大于锐头体头身部绕流流场对其本体后向散射的衰减程度。这一现象是由于倒锥体与锐头体外形不同而形成的再入等离子体分布特性不同所造成的。

6.4.4 锐头体本体尺寸变化对 RCS 频率响应特性的影响

图 6.26 给出了入射角 0°、不同头部直径时锐头体头身部绕流流场双站 RCS 随散射角变化曲线,图中"Plasma"表示包覆锐头体的等离子体鞘套的 RCS,"PEC"表示无等离子体鞘套时锐头体本身的 RCS。这里仅对锐头体头部直径 d 进行改变,其余本体尺寸大小相同:头部长度 $R_L=35$mm,身部长度 $W=50$mm。流场计算条件: $H=60$km, $Ma=18$;散射计算方法为 JE-SO-FDTD 方法。为叙述方便,这里将"$d=16$mm"的锐头体表述为原始本体。由图 6.26 显然可见,包覆原始本体的等离子体鞘套双站 RCS 曲线("Plasma,$d=16$mm")与原始本体双站 RCS 曲线("PEC,$d=16$mm")相接近,说明绕流流场没有对原始本体双站散射特性产生明显的影响。这是因为当 $H=60$km、$Ma=18$ 时,虽然原始本体头顶附近区域的等离子体强度较大,但其覆盖范围较小,流场的其他区域具有更大空间覆盖范围,但这些区

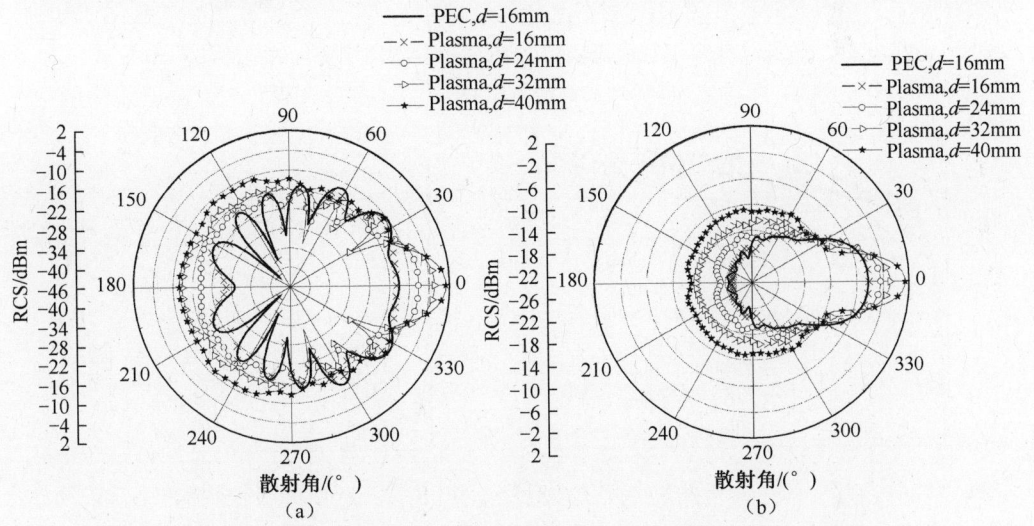

图 6.26 锐头体头身部绕流流场双站 RCS 随本体尺寸变化的趋势($f=10$GHz, $\theta_{in}=0°$)
(a)TE 波;(b)TM 波。

域的等离子体强度较小(图6.3),因而头顶附近区域绕流流场难以对全流场双站散射特性造成大的影响,整个流场的双站散射特性接近本体双站散射特性。当锐头体头部直径增大时,本体横截面面积和头部钝度均增大,锐头体逐渐向钝头体过渡,相同再入条件下激波层厚度增大(图3.35~图3.37),相应的等离子体包覆流场厚度增大,过密等离子体区范围扩大,同时等离子体强度也有所提高(图6.3)。因此,当锐头体头部直径增大时,相对原始本体双站散射特性而言,锐头体绕流流场双站RCS在大范围方位角上(如前向附近、侧向附近及后向附近)都增大了。

图6.27、图6.28分别给出了入射角0°、90°时锐头体头身部绕流流场后向RCS随入射波频率变化曲线,图中对比给出了不同头部直径时锐头体头身部绕流流场后向散射特性及相应本体的后向散射特性,各曲线标识符的意义同图6.26。流场计算条件为及散射计算方法同图6.26所示算例;当本体头部直径变化时,其余本体尺寸均为头部长度$R_L=35\text{mm}$,身部长度$W=50\text{mm}$。

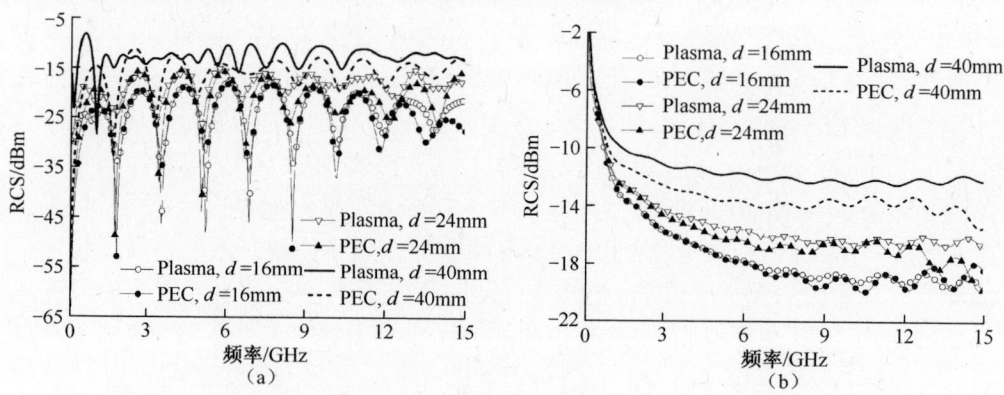

图6.27 锐头体头身部绕流流场后向RCS随本体尺寸变化的趋势($\theta_{in}=0°$)
(a)TE波;(b)TM波。

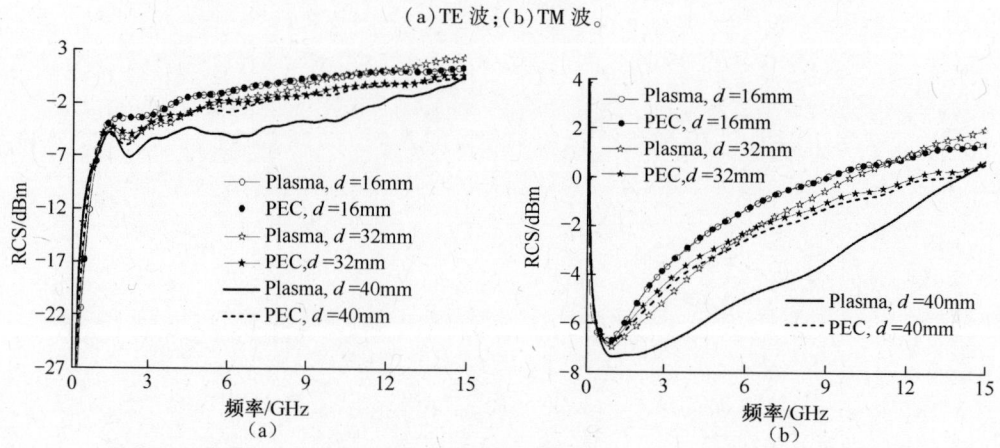

图6.28 锐头体头身部绕流流场后向RCS随本体尺寸变化的趋势($\theta_{in}=90°$)
(a)TE波;(b)TM波。

从图 6.27 容易看出,当 TE 波 0°入射时,不同头部直径对应的锐头体等离子体鞘套后向 RCS 频率曲线均表现出与相应本体后向 RCS 频率曲线类似的波动性质;随着头部直径的增大,等离子体鞘套及相应本体的后向 RCS 频率曲线的波动幅度逐渐减弱,同时波动的中心轴线整体抬升,后向 RCS 整体上均增大。当 TM 波 0°入射时,对于同一头部直径 d,等离子体鞘套后向 RCS 随频率变化的趋势与目标本体后向 RCS 随频率变化的趋势类似,均是随入射波频率的增加而逐渐减小,且在高频段呈现小幅的波动;而当头部直径增大时,就 UHF 以上波段而言,本体后向 RCS 及相应的等离子体鞘套后向 RCS 整体上均增大。观察 TE 波及 TM 波后向散射特性可以发现共同的规律:当头部直径较小时,如 $d=16$mm 时,等离子体鞘套对本体后向散射影响较小;而随着头部直径的增大,等离子体鞘套对本体后向散射的影响逐渐增大。就整个频带而言,当头部直径较大时,如 $d \geqslant 24$mm 时,等离子体鞘套的存在增强了本体后向散射,并且这种增强的程度基本上随头部直径的增大而增大。上述规律的形成是由于头部直径不同而形成的锐头体绕流流场等离子体分布特性不同所造成的。

由图 6.28 可知,不论入射波是 TE 波还是 TM 波,随着头部直径的增大,等离子体鞘套对目标本体后向 RCS 频率特性的影响逐渐增大。当头部直径较小时,如 $d=16$mm 时,由于全流场大部分区域内等离子体强度较弱,且等离子体包覆流场的厚度较薄,此时绕流流场对目标本体后向 RCS 频率特性的影响较弱,因而在图示频段内绕流流场后向 RCS 与目标本体后向 RCS 基本一致。当头部直径增大到 32mm 时,在高频段(如 6.8~15GHz),绕流流场增强了本体后向 RCS;但在低频段,绕流流场对本体后向散射特性影响较小。高频段绕流流场增强本体后向 RCS 的现象可解释为:相对于目标本体来说,等离子体包覆流场的存在增大了目标的体积,对于高频入射波来说,此时头身部流场中的大部分等离子体处于欠密状态,相比等离子体对电磁波的衰减效应而言,等离子体的非相干体积散射效应以及目标本体的镜面反射作用更加突出,因而当入射波频率较高时,绕流流场的存在反而增强了目标本体后向 RCS。当头部直径增大到一定程度时,如 $d=40$mm 时,在相当宽的频带(如 S 波段至 X 波段)上,绕流流场较大幅度地削弱了本体后向 RCS。这一现象的成因:当锐头体头部直径增大到一定程度时,由于头部钝度较大,此时锐头体已成为钝头体,因而相同再入条件形成的等离子体包覆流场的厚度较大,身部流场的空间覆盖范围及等离子体强度也有一定的增大,从而对一定频段的垂直于身部母线入射的电磁波造成较强的吸收衰减和折射损耗,致使回波能量大幅减少。

综上所述,增大再入锐头体的头部直径,使得再入过程中等离子体包覆流场空间覆盖范围达到一定厚度时,等离子体鞘套能够在一定频段内有效削弱侧向照射雷达波的回波能量(图 6.28);但对于平行于锐头体身部母线迎头入射的雷达波而言，此时等离子体鞘套也能明显增强雷达波的后向散射能量(图 6.27)。因此，从隐身角度考虑，除了对再入体外形进行设计外，在再入飞行器或再入武器的再入过程，还需要实时调控再入体的飞行姿态，使之避开雷达迎头正面照射时的追踪，才能使等离子体鞘套被动隐身发挥良好的效果(这一点对倒锥体同样成立，如图 6.10 所示)。

附录 空气化学反应式及组元常用数表

附表1 Gupta空气化学反应式及化学反应速率系数(CGS)

反应数目	化学反应式	前向反应速率系数 $A_{f,r}$	$B_{f,r}$	$C_{f,r}$	后向反应速率系数 $A_{b,r}$	$B_{b,r}$	$C_{b,r}$
1	$O_2+M_1 \rightleftharpoons 2O+M_1$	3.61×10^{18}	-1	59400	3.01×10^{15}	-0.5	0
2	$N_2+M_2 \rightleftharpoons 2N+M_2$	1.92×10^{17}	-0.5	113100	1.09×10^{16}	-0.5	0
3	$N_2+N \rightleftharpoons 2N+N$	4.15×10^{22}	-1.5	113100	2.32×10^{21}	-1.5	0
4	$NO+M_3 \rightleftharpoons N+O+M_3$	3.97×10^{20}	-1.5	75600	1.01×10^{20}	-1.5	0
5	$NO+O \rightleftharpoons O_2+N$	3.18×10^{9}	1	19700	9.63×10^{11}	0.5	3600
6	$N_2+O \rightleftharpoons NO+N$	6.75×10^{13}	0	37500	1.50×10^{13}	0	0
7	$N+O \rightleftharpoons NO^++e^-$	9.03×10^{9}	0.5	32400	1.80×10^{19}	-1	0
8	$O+e^- \rightleftharpoons O^++e^-+e^-$	3.60×10^{31}	-2.91	15800	2.20×10^{20}	-4.5	0
9	$N+e^- \rightleftharpoons N^++e^-+e^-$	1.10×10^{32}	-3.14	16900	2.20×10^{20}	-4.5	0
10	$O+O \rightleftharpoons O_2^++e^-$	1.60×10^{17}	-0.98	80800	8.02×10^{21}	-1.5	0
11	$O+O_2^+ \rightleftharpoons O_2+O^+$	2.92×10^{18}	-1.11	28000	7.80×10^{11}	0.5	0
12	$N_2+N^+ \rightleftharpoons N+N_2^+$	2.02×10^{11}	0.81	13000	7.80×10^{11}	0.5	0
13	$N+N \rightleftharpoons N_2^++e^-$	1.40×10^{13}	0	67800	1.50×10^{22}	-1.5	0
14	$O_2+N_2 \rightleftharpoons NO+NO^++e^-$	1.38×10^{20}	-1.84	141000	1.00×10^{24}	-2.5	0
15	$NO+M_4 \rightleftharpoons NO^++e^-+M_4$	2.20×10^{15}	-0.35	108000	2.20×10^{26}	-2.5	0
16	$O+NO^+ \rightleftharpoons NO+O^+$	3.63×10^{15}	-0.6	50800	1.50×10^{13}	0	0
17	$N_2+O^+ \rightleftharpoons O+N_2^+$	3.40×10^{19}	-2.0	23000	2.48×10^{19}	-2.2	0
18	$N+NO^+ \rightleftharpoons NO+N^+$	1.00×10^{19}	-0.93	61000	4.80×10^{14}	0	0
19	$O_2+NO^+ \rightleftharpoons NO+O_2^+$	1.80×10^{15}	0.17	33000	1.80×10^{13}	0.5	0
20	$O+NO^+ \rightleftharpoons O_2+N^+$	1.34×10^{13}	0.31	77270	1.00×10^{14}	0	0
21	$M_1=O,N,O_2,N_2,NO;M_2=O,O_2,N_2,NO;M_3=O,N,O_2,N_2,NO;M_4=O_2,N_2$							
22	$k_{fr}=A_{f,r}T_k^{B_{f,r}}\exp(-C_{f,r}/T_k)$ $(cm^3/(mole \cdot s))$ $k_{br}=A_{b,r}T_k^{B_{b,r}}\exp(-C_{b,r}/T_k)$ $(cm^3/(mole \cdot s))$							

附表2　以氩为基准的催化效率

催化物	$Z_{(j-ns),i}$	O_2 $i=1$	N_2 2	O 3	N 4	NO 5	NO^+ 6	O_2^+ 7	N_2^+ 8	O^+ 9	N^+ 10
M_1	1,i	9	2	25	1	1	0	0	0	0	0
M_2	2,i	1	2.5	1	0	1	0	0	0	0	0
M_3	3,i	1	1	20	20	20	0	0	0	0	0
M_4	4,i	4	1	0	0	0	0	0	0	0	0
e^-	5,i	0	0	0	0	0	1	1	1	1	1

参 考 文 献

[1] 乐嘉陵,等. 再入物理[M]. 北京:国防工业出版社,2005.
[2] 吴潜. 临近空间飞行器信息化装备建设发展思路研讨[J]. 临近空间科学与工程,2010,2(2):5-11.
[3] 杨玉明,王红,谭贤四,等. 再入等离子体隐身及反隐身分析[J]. 空军雷达学院学报,2012,26(4):248-251.
[4] 朱方,吕琼之. 返回舱再入段雷达散射特性研究[J]. 现代雷达,2008,30(5):14-16.
[5] 常雨. 超声速/高超声速等离子体流场数值模拟及其电磁特性研究[D]. 长沙:国防科学技术大学,2009.
[6] 刘江凡. 等离子体鞘套中电波传播的算法研究[D]. 西安:西安理工大学,2009.
[7] Ma Laixuan,Zhang Hou,Zhang Chenxin,et al. Analysis on the refraction stealth characteristic of cylinder plasma envelopes[C]. Interntional Conference on Microwave and Millimiterwave Technology,ICMMT 2010,Chengdu,China:2010.
[8] Ma Laixuan,Zhang Hou,et al. Analysis on the stealth characteristic of two dimensional cylinder plasma envelopes[J]. Progress in Electromagnetics Research Letters,2010,13:83-92.
[9] Ma Laixuan,Zhang Hou,et al. Analysis on the reflection characteristic of electromagnetic wave incidence in closed non-magnetized plasma[J]. Journal of Electromagnetic Waves and Applications,2008,22:2285-2296.
[10] 杨利霞,于萍萍,马辉,等. 瞬变等离子体中电磁波频率漂移特性研究[J]. 电波科学学报,2012,27(1):18-23.
[11] Yin X,Zhang H,Zhao Z W,et al. Analysis of propagation and polarization characteristics of electromagnetic waves through nonuniform magnetized plasma slab using propagator matrix method[J]. Progress In Electromagnetics Research,2013,137:159-186.
[12] 宋蔚皓,陈力农. 再入通信中断问题研究[C]. 第十一届全国遥测遥控技术年会,成都:2000.
[13] 钱志华. 等离子体天线的辐射与散射特性分析[D]. 南京:南京理工大学,2006.
[14] 李伟. 飞行器再入段电磁波传播与天线特性研究[D]. 哈尔滨:哈尔滨工业大学,2010.
[15] 庄钊文,袁乃昌,刘少斌,等. 等离子体隐身技术[M]. 北京:科学出版社,2005.
[16] 潘文俊,童创明,周明. 等离子体与等离子体隐身技术[J]. 电讯技术,2009,49(8):108-112.
[17] 麻来宣. 等离子体隐身关键技术研究[D]. 西安:空军工程大学,2010.
[18] 李毅. 雷达隐身目标电磁散射计算与实验研究[D]. 长沙:国防科学技术大学,2008.
[19] 朱保魁,郝青,李书成. 等离子体隐身技术[J]. 飞航导弹,2010(1):32,33.
[20] 刘海涛,刘汝兵. 等离子体隐身技术在航空领域的应用探索[J]. 机电技术,2011(3):42-46.
[21] 王福军. 计算流体动力学分析——CFD软件原理与应用[M]. 北京:清华大学出版社,2004.
[22] Harten A. High resolution schemes for hyperbolic conservation laws[J]. Joumal of Computational Physics,1983,49:357-393.
[23] Liou M S,Steffen C J. A new flux splitting scheme[J]. Journal of Computational Physics,1993,107:23-39.
[24] Park C. Assessment of two-temperature kinetic model for ionizing air[J]. Journal of Thermophysics and Heat Transfer,1989,3:233-244.

[25] Geng Qian, Wang Baoguo. A comparative study of navier-stokes and DSMC simulation of hypersonic flowfields [J]. AIAA 2011-765, 2011.

[26] 董维中,高铁锁,丁明松.高超声速非平衡流场多个振动温度模型的数值模拟[J].空气动力学学报, 2007,25(1):1-6.

[27] Dunn M G, Kang S W. Theoretical and experimental studies of reentry plasmas [R]. NASA CR - 2232: NASA,1973.

[28] Park C. Review of chemical-kinetic problems of future NASA missions[J]. Journal of Thermophysics and Heat Transfer, 1993,7(3):385-398.

[29] Park C. On the convergence of computation of chemically reacting flows[J]. AIAA 85-0247,1985.

[30] Gupta R N, Jerrold M Y, Thompson R A, et al. A review of reaction rates and thermodynamic and transport properties for the 11-species air model for chemical and thermal nonequilibrium calculations to 30000K[J]. NASA Reference Publication 1232,1990.

[31] 华彩成.高速目标非平衡绕流模拟及等离子体流场分布研究[D].西安:西安电子科技大学,2013.

[32] Yee K S. Numerical solution of initial boundary value problems involving Maxwell's equation in isotropic media [J]. IEEE Trans. Antennas Propagat, 1966,14(5):302-307.

[33] Sullivan D M. Electromagnetic simulation using FDTD[M]. New York: IEEE Press,2000.

[34] Xu Lijun, Yuan Naichang. FDTD formulations for scattering from 3-D anisotropic magnetized plasma objects[J]. IEEE Antennas and Wireless Propagation Letters, 2006,5:335-338.

[35] Qian Z H, Chen R S. FDTD analysis of magnetized plasma with arbitrary magnetic declination[J]. International Journal of Infrared and Millimeter Waves, 2007,28(5):815-825.

[36] 方良.电磁脉冲在色散介质中的传播与散射研究[D].西安:空军工程大学,2009.

[37] Liu Jiangfan, Xi Xiaoli, Wan Guobin, et al. Simulation of electromagnetic wave propagation through plasma sheath using the moving-window finite-difference time-domain method[J]. IEEE Transactions on Plasma Science, Mar.2011,39(3):852-855.

[38] Taflove A, Susan C H. Computational electrodynamics: the finite difference time-domain method[M]. 3rd edition. Boston: Artech House,2005.

[39] 葛德彪,闫玉波.电磁波时域有限差分方法:第2版[M].西安:西安电子科技大学出版社,2005.

[40] Hunsberger F, Luebbers R, Kunz K. Finite-difference time-domain analysis of gyrotropic media-I: magnetized plasma[J]. IEEE Trans. Antennas and Propagation, 1992,40(12):1489-1495.

[41] Shibayama J. A frequency-dependent LOD-FDTD method and its application to the analysis of plasmonic waveguide devices[J]. IEEE Journal of Quantum Electronics, 2010,46(1):40-49.

[42] Kelley D F, Luebbers J R. Piecewise linear recursive convolution for dispersive media using FDTD[J]. IEEE Trans. Antennas Propagat, 1996(44):792-797.

[43] Qian Z H, Chen R S, Yang H W, et al. FDTD analysis of a plasma whip antenna[J]. Microwave and Optical Tech. Lett., 2005,47(2):147-150.

[44] 夏新仁,黄冶,尹成友.磁化等离子体的PLRC-FDTD算法[J].上海航天,2009(1):10-14.

[45] Zunoubi M R, Payne J, Roach W P. CUDA implementation of THz-FDTD solution of Maxwell's equations in dispersive media[J]. IEEE Antennas and Wireless Propagation Letters, 2010(9):756-759.

[46] Ai X, Han Y P, Li C Y, et al. Analysis of dispersion relation of piecewise linear recursive convolution FDTD method for space-varying plasma[J]. Progress In Electromagnetics Research Letters, 2011,22:83-93.

[47] Chen Q, Katsurai M, Aoyagi P H. An FDTD formulation for dispersive media using a current density [J]. IEEE

Trans. Antennas Propagat, 1998, 46:1739-1745.

[48] Liu Shaobin, Mo Jinjun, Yuan Naichang. FDTD analysis of electromagnetic reflection by conductive plane covered with magnetized inhomogeneous plasmas[J]. International Journal of Infrared and Millimeter Waves, 2002, 23(12):1803-1815.

[49] 刘少斌,莫锦军,袁乃昌.各向异性磁化等离子体JEC-FDTD算法[J].物理学报,2004,53(3):783-787.

[50] Lan Chaohui, Jiang Zhonghe, Chen Zhaoquan, et al. A new FDTD algorithm for plasma at high collision frequencies [C]. 8th International Symposium On Antennas, Propagation and EM Theory:2008.

[51] Shibayama J, Ando R, Nomura A J, et al. Simple trapezoidal recursive convolution technique for the frequency-dependent FDTD analysis of a Drude-Lorentz model[J]. IEEE Photon Technol Lett, 2009, 21:100-102.

[52] Liu Song, Liu San-qiu, Liu Shao-bin. Analysis for scattering of conductive objects covered with anisotropic magnetized plasma by trapezoidal recursive convolution finite-difference time-domain method[J]. Int J RF and Microwave CAE, 2010, 20:465-472.

[53] Liu Shaobin, Mo Jinjun, Yuan Naichang. Piecewise linear current density recursive convolution FDTD implementation for anisotropic magnetized plasmas[J]. IEEE Microwave Wireless Components Lett, 2004, 14(5):222-224.

[54] 骆成洪,马力,刘少斌.分段线性电流卷积时域有限差分法及在等离子体隐身技术中的应用[J].南昌大学学报(理科版),2005,29(6):590-593.

[55] Wang S, Shao Z H, Wen G J. A modified high order FDTD method based on wave equation [J]. IEEE Microwave Wireless Components Lett., 2007, 17:316-318.

[56] Liu S, Liu M, Hong W. Modified piecewise linear current density recursive convolution finite-difference time-domain method for anisotropic magnetized plasmas [J]. IET Microwave Antennas Propag., 2008, 2(7):677-685.

[57] 杨宏伟,袁洪,陈如山,等.各向异性磁化等离子体的SO-FDTD算法[J].物理学报,2007,56(3):1443-1446.

[58] Lee K H, et al. Implementation of the FDTD method based on Lorentz-Drude dispersive model on GPU for plasmonics applications[J]. Progress In Electromagnetics Research, 2011, 116:441-456.

[59] Liu Song, Liu Shaobin. Runge-Kutta exponential time differencing FDTD method for anisotropic magnetized plasma[J]. IEEE Antennas and Wireless Propagation Letters, 2008, 7:306-309.

[60] Ding Y H, Eng L T. Generalized stability criterion of 3-D FDTD schemes for doubly lossy media[J]. IEEE Transaction on Antenna and Propagation, 2010, 58(4):1421-1425.

[61] Huang S J, Li F. FDTD simulation of electromagnetic pulse propagation in magnetized plasma using Z-transforms [J]. International Journal of Infrared and Millimeter Waves, 2004, 25(5):815-825.

[62] Huang Shoujiang, Li Fang. Time domain analysis of transient propagation in inhomogeneous magnetized plasma using Z-transforms[J]. Journal of Electronics (CHINA), 2006, 23(1):113-116.

[63] Shibayama J, Takahashi R, Nomura A, et al. Concise frequency-dependent formulation for LOD-FDTD method using Z transforms[J]. Electronics Letters, 2008, 44(16):949-950.

[64] Yang Lixia, Xie Yingtao, Yu Pingping. Study of bandgap characteristics of 2D magnetoplasma photonic crystal by using M-FDTD method[J]. Microwave and Optical Technology Letters, 2011, 53(8):1778-1784.

[65] 葛德彪,吴跃丽,朱湘琴.等离子体散射FDTD分析的移位算子方法[J].电波科学学报,2003,18(4):359-362.

[66] 王飞,葛德彪,魏兵.SO-FDTD法计算磁化等离子体层的反射透射系数[J].电波科学学报,2008,23(4):

704-708.
- [67] 王飞.移位算子 FDTD 方法及相关问题研究[D].西安:西安电子科技大学,2010.
- [68] 魏兵,葛德彪,王飞.一种处理色散介质问题的通用时域有限差分方法[J].物理学报,2008,57(10):7918-7926.
- [69] Attiya A M,Abdullah H H.Shift-operator finite difference time domain:an efficient unified approach for simulating wave propagation in different dispersive media [C].IEEE Middle East Conference on Antennas and Propagation (MECAP),Cairo,Egypt:2010.
- [70] Ma L X,Zhang H,Zhang C X.Improved finite difference time-domain method for anisotropic magnetised plasma based on shift operator[J].IET Microw.Antennas Propag.,2010,4(9):1442-1447.
- [71] Ma L X,Zhang H,Zhang C X.Shift-operator FDTD method for anisotropic plasma in kDB coordinates system [J].Progress In Electromagnetics Research M,2010,12:51-65.
- [72] Wang Fei,Wei Bing,Ge De-biao.A method for FDTD modeling of wave propagation in magnetized plasma[C].International Conference on Consumer Electronics,Communications and Networks,2011:4659-4662.
- [73] 王飞,葛德彪,魏兵.二维磁等离子体目标 FDTD 分析的移位算子方法[J].西安电子科技大学学报(自然科学版),2011,38(1):85-89.
- [74] Yin X,Zhang H,Zhao Z W,et al.A high efficient SO-FDTD method for magnetized collisional plasma[J].Journal of Electromagnetic Waves and Applications,2012,26(14,15):1911-1921.
- [75] Yin X,Zhang H,Xu H Y,et al.Improved shift-operator FDTD method for anisotropic magnetized plasma with arbitrary magnetic declination[J].Progress In Electromagnetics Research B,2012,38:39-56.
- [76] Fu W,Tan E L.Stability and dispersion analysis for ADI-FDTD method in lossy media[J].IEEE Transactions on Antennas and Propagation,2007,55(4):1095-1102.
- [77] Ramadan O.An Implicit 4-stage ADI wave-equation PML algorithm for 2-D FDTD simulations[J].IEEE Antennas and Wireless Propagation Letters,2009,8:391-393.
- [78] 王全民,陈彬,郭刚,等.超宽带冲激无线电引线地面回波仿真算法[J].系统仿真学报,2011,23(3):469-473.
- [79] Pereda J A,Gonzalez O,Grande A,et al.An alternating-direction implicit FDTD modeling of dispersive media without constitute relation splitting[J].IEEE Microwave and Wireless Components Letters,2008,18(11):719-721.
- [80] 汤炜,胡茂兵.辅助方程-双向隐式差分法的电磁散射研究[J].电波科学学报,2011,26(5):904-909.
- [81] 孔永丹.基于分裂步长的无条件稳定 FDTD 算法研究[D].广州:华南理工大学,2011.
- [82] Xiao F,Tang X H,Guo L.High-order accurate ADI-FDTD method with high-order spatial accuracy [C].IEEE International Symposium Microwave Antennas Propagation nand EMC Technology Wireless.Communications,2007:938-941.
- [83] Tan E L.ADI-FDTD method with fourth order accuracy in time[J].IEEE Microwave and Wireless Components Letters,2008,18(5):296-298.
- [84] Zhang Y,Lu S W,Zhang J.Reduction of numerical dispersion of 3-D higher order alternating-direction-implicit finite-difference time-domain method with artificial anisotropy[J].IEEE Transactions on Microwave Theory and Techniques,2009,57(10):2416-2428.
- [85] 吴其芬,李桦.磁流体力学[M].长沙:国防科学技术大学出版社,2007.
- [86] ГИНэбруFB.Л.电磁波在等离子体中的传播[M].钱世凯,译.北京:科学出版社,1978.
- [87] Paul M B.Fundamentals of Plasma Physics[M].Oxford:Cambridge University Press,2004.

[88] 袁忠才.时家明.非磁化等离子体中的电子碰撞频率[J].核聚变与等离子体物理,2004,24(2):157-160.

[89] Starkey R P.Electromagnetic wave/magnetoactive plasma sheath interaction for hypersonic vehicle telemetry blackout analysis[C].34th AIAA Plasmadynamics and Lasers Conference,2003,1.

[90] 柳军.热化学非平衡流及其辐射现象的实验和数值计算研究[D].长沙:国防科学技术大学,2004.

[91] 张安坤.钝头体前置整流锥高超声速绕流分析[D].哈尔滨:哈尔滨工程大学,2009.

[92] 贺旭照.高超声速飞行器气动力气动热数值模拟和超声速流动的区域推进求解[D].绵阳:中国空气动力研究与发展中心,2007.

[93] 张雯.高超声速弹头气动热及电子分布的研究[D].哈尔滨:哈尔滨工业大学,2009.06.

[94] Yin X,Zhang H,Zhao Z W,et al.Analysis of the faraday rotation in a magnetized plasma[C].The International Conference on Microwave and Millimeter Wave Technology(ICMMT),Shen Zhen,China,2012.

[95] 王一平,陈达章,刘鹏程.工程电动力学[M].西安:西北电讯工程学院出版社,1985.

[96] Miner E W,Lewis C H.Hypersonic ionizing air viscous shock-layer flows over nonanalytic blunt bodies[R]. NASA CR-2550:NASA,1975.

[97] 曾明,柳军,瞿章华.载人飞船等离子体鞘套电子密度分布的数值计算[J].国防科技大学学报,2001,23:19-22.

[98] 高铁锁,李椿萱,董维中,等.高超声速电离绕流的数值模拟[J].空气动力学学报,2002,20(2):184-191.

[99] 卢晓杨.高超声速流场与结构温度场耦合计算研究[D].南京:南京航空航天大学,2008.

[100] Tchuen G,Zeitoun D E.Computation of weakly ionized air flow in thermochemical nonequilibrium over sphere-cones[J].International Journal of Heat and Fluid Flow,2008,29(5):1393-1401.

[101] Lain D B.Modeling of associative ionization reactions in hypersonic rarefied flows[J].Physics of Fluids,2007, 19(9):3-14.

[102] Linwood-Jones W,Cross A E.Electrostatic probe measurements of plasma parameters for two reentry flight experiments at 25000 feet per second[R].NASA Technical Note D-6617:NASA,1972.

[103] Garrett B.Hydrodynamic: A Study in Logic, Fact and Similitude[M].2nd.USA:Princeton University Press,1960.

[104] Gibson W E,Marrone P V.High Temperature Aspects of Hypersonic Fluid Dynamics[M].Oxford:Pergamon press,1964.

[105] Lee L.Hypersonic wakes and trails[J].AIAA Journal,1964,2(3):417-428.

[106] Beiser A,Raab B.Hydromagnetic and plasma scaling laws[J].Phys.Fluids,1961,4(2):177-181.

[107] Zhao A P.The influence of the time step on the numerical dispersion error of an unconditionally stable 3-D ADI-FDTD method:A simple and unified approach to determine the maximum allowable time step required by a desired numerical dispersion accuracy[J].Microwave and Optical Technology Letters,2002,35(1):60-65.

[108] Garcia S G,Lee T W,Hagness S C.On the Accuracy of the ADI-FDTD method[J].IEEE Antennas and Wireless Propagation Letters,2002(1):31-34.

[109] Chu Q X,Wang L N,Chen Z H.Numerical dispersion of the 2-D ADI-FDTD method[C].IEEE Wireless Communication and Applied Computational Electromagnetics,2005:265-268.

[110] 汤炜.ADI-FDTD及其混合算法在电磁散射中的应用[D].西安:西安电子科技大学,2005.

[111] Thiry A,Costen F.Efficient absorbing boundary condition for UWB simulation in frequency dependent ADI-FDTD[C].2005 IEEE Antennas and Propagation Society International Symposium,2005.

[112] Wang G,Huang B,Liu X L.PML implementation in the ADI-FDTD method using bilinear approximation[J]. Microwave and Optical Technology Letters,2006,48(5):957-960.

[113] Liang C H, Wang L N.A new implementation of CFS-PML for ADI-FDTD method[J].Microwave and Optical Technology Letters,2006,48(10):1924-1928.

[114] Chew W C,Weedon W H.A 3D perfectly matched medium from modified Maxwell's equations with stretched coordinates[J].Microwave and Optical Technology Letters,1994,7(13):599-604.

[115] Chew W C.非均匀介质中的场与波[M].聂在平,柳清伙,译.北京:电子工业出版社,1992.

[116] Cereceda C,de Peretti M,Deutsch C.Stopping power for arbitrary angle between test particle velocity and magnetic field[J].Phys.Plasmas,2005,12:022102.

[117] Deutsch C,Popoff R.Low velocity ion slowing down in a strongly magnetized plasma target[J].Phys.Rev.,2008,E78:056405.

[118] 夏新仁,尹成友,钱志华.任意磁偏角磁化等离子体的PLRC-FDTD算法[J].微波学报,2008,24(4):15-19.

[119] 李毅,徐利军,袁乃昌.磁化等离子体的并行三维JEC-FDTD算法及其应用[J].电子学报,2008,36(6):1120-1123.

[120] 杨利霞,王玮君,王刚.基于拉氏变换原理的三维磁化等离子体电磁散射FDTD分析[J].电子学报,2009,37(12):2711-2715.

[121] Prokopidis K P,Tsiboukis T D,Kosmidou E P.An FDTD algorithm for wave propagation in dispersive media using higher-order schemes[J].Journal of Electromagnetic Waves and Application,2004,18(9):1171-1194.

[122] Li Jianxiong,Dai Jufeng.An efficient implementation of the stretched coordinate perfectly matched layer[J].IEEE Microwave and Wireless Components Letters,2007,17(5):322-324.

[123] Liu Jiangfan,Xi Xiaoli,Liu Yang.A solution to the propagation of electromagnetic wave in plasma sheath using FDTD method [C].2008 8th International Symposium on Antennas,Propagation and EM Theory,Kunming,China,2008.

[124] 郑宏兴.各向异性介质涂覆目标的电磁波散射分析与计算方法研究[D].西安:西安电子科技大学,2002.

[125] Manning R M.Analysis of electromagnetic wave propagation in a magnetized re-entry plasma sheath via the Kinetic equation[R].NASA/TM-2009-216096,Cleveland,Ohio:NASA,Glenn Research Center,2009.

[126] Yu Zhefeng,Zhang Zhicheng,Zhou Lezhu.Numerical research on the RCS of plasma [C].IEEE Antennas Propag.EM Tech.Proceedings,2003.

[127] 徐利军.复杂目标等离子体涂层的散射特性算法研究[D].长沙:国防科学技术大学,2006.

内 容 简 介

　　全书以等离子体鞘套的电磁特性为主线。通过流体动力学仿真,获得再入体模型的高超声速绕流流场特性,通过对各再入体模型的流场结果进行转化处理,得到各再入体的等离子体鞘套电磁模型。在此基础上,研究电磁波在等离子体鞘套中的传播特性(如吸收衰减效应,同极化或交叉极化透射、反射效应);对等离子体鞘套在不同条件下的散射特性及其对目标本体散射特性的影响进行了分析。

　　本书内容能为高超声速飞行器突防设计、掌控再入通信中断设计、高超声速飞行器等离子体隐身技术等提供重要的理论依据和技术支持。本书的出版无论对于广大从事等离子体理论研究的工作者,还是从事工程设计的技术人员,都可以提供有价值的参考和借鉴。

　　本书可供从事雷达、电子对抗以及电磁场与微波技术的工程技术人员使用,也可作为高等院校电子类专业研究生的参考用书。

Brief Introduction

　　The content of this book is focused on the analysis of electromagnetic characteristics of plasma sheaths. Hypersonic flow field characteristics of the reentry vehicle models are obtained throughs fluid dynamics simulation. The results of the model are transformed to obtain the reentry plasma sheaths electromagnetic model. The propagation characteristics of electromagnetic wave in plasma sheaths (such as the absorption attenuation, the effects of varying the plasma parameters on the reflected and transmitted powers of co-polarized wave and cross–polarized wave) are studied. The scattering characteristics of plasma sheaths under different conditions, and the scattering characteristics between plasma sheaths and reentry vehicle are analyzed.

　　This book can provide important theoretical basis and technical support for hypersonic vehicle penetration design, reentry communication interruption control and design, and hypersonic plasma stealths technology. The publicatron of this book, can provide a valuable guidance for the majority of researchers in the study of plasma theory and engineers in the application of plasma.

　　This book can be used for engineers and technicians engaged in electronic warfare, radar, reentry physics and electromagnetic field & microwave technique. It can also be used as a reference book for graduate students in universities.

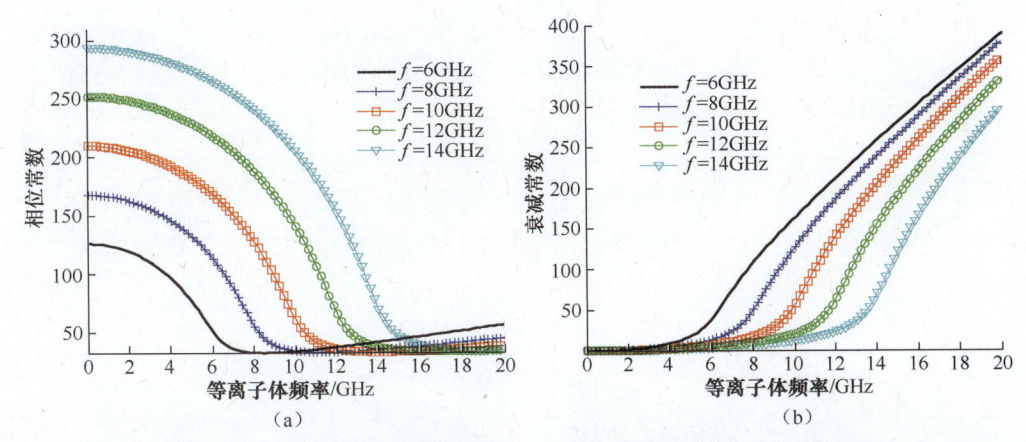

图 2.6　给定等离子体碰撞频率 $v_{en}=10$ GHz，相位常数及衰减常数随等离子体频率及入射波频率的变化曲线

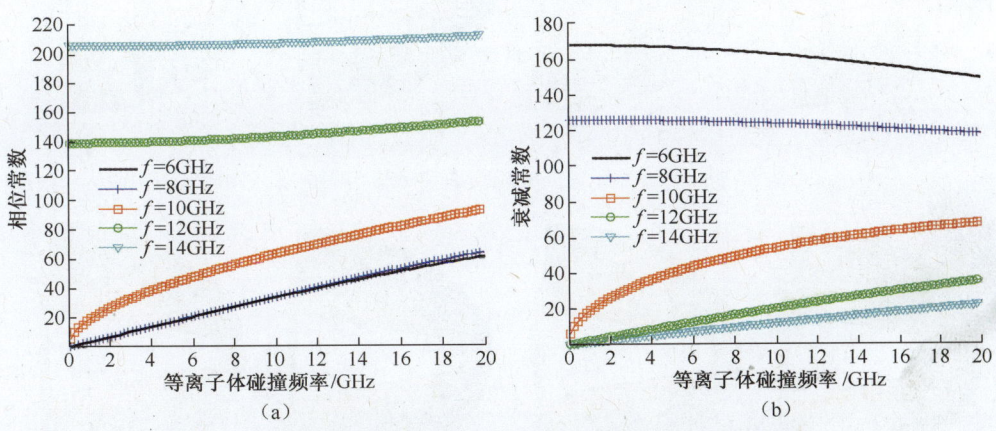

图 2.7　给定等离子体频率 $f_p=10$ GHz，相位常数及衰减常数随等离子体碰撞频率及入射波频率的变化曲线

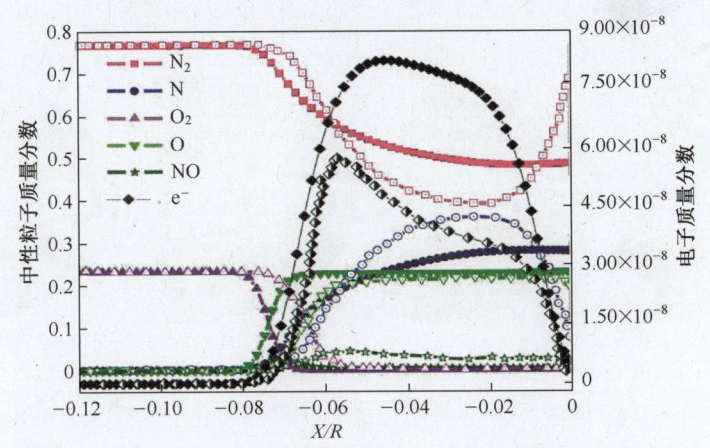

图 3.2　RAM-C Ⅱ 头部流场驻点线上不同组元的质量分数分布

彩1

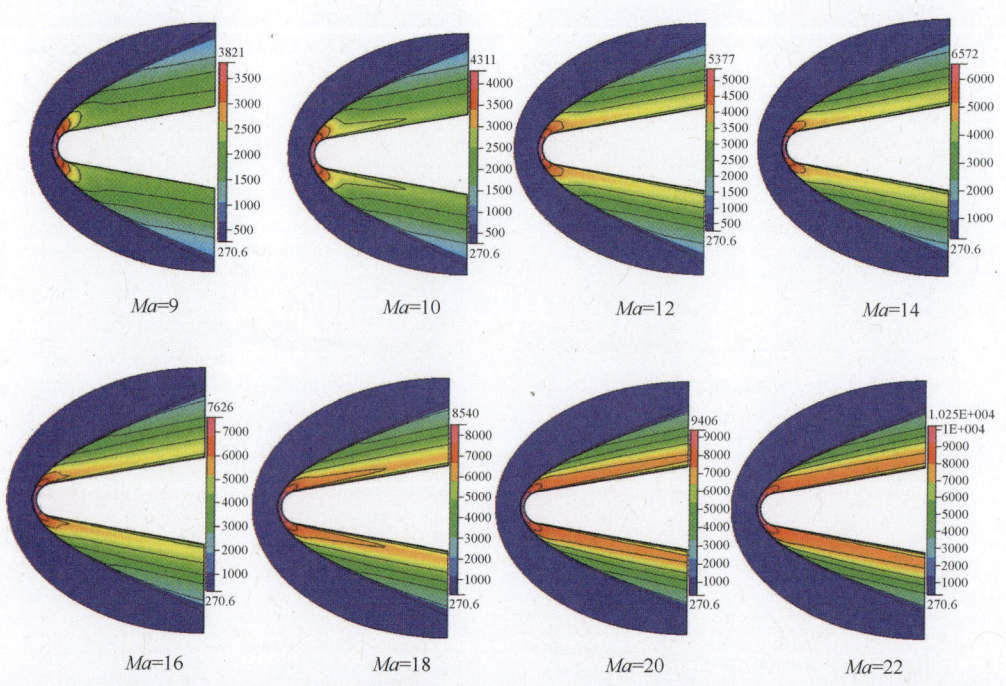

图 3.7　不同再入马赫数时钝锥头身部绕流流场的平动温度 T 等值线云图(再入高度 $H=50\mathrm{km}$)

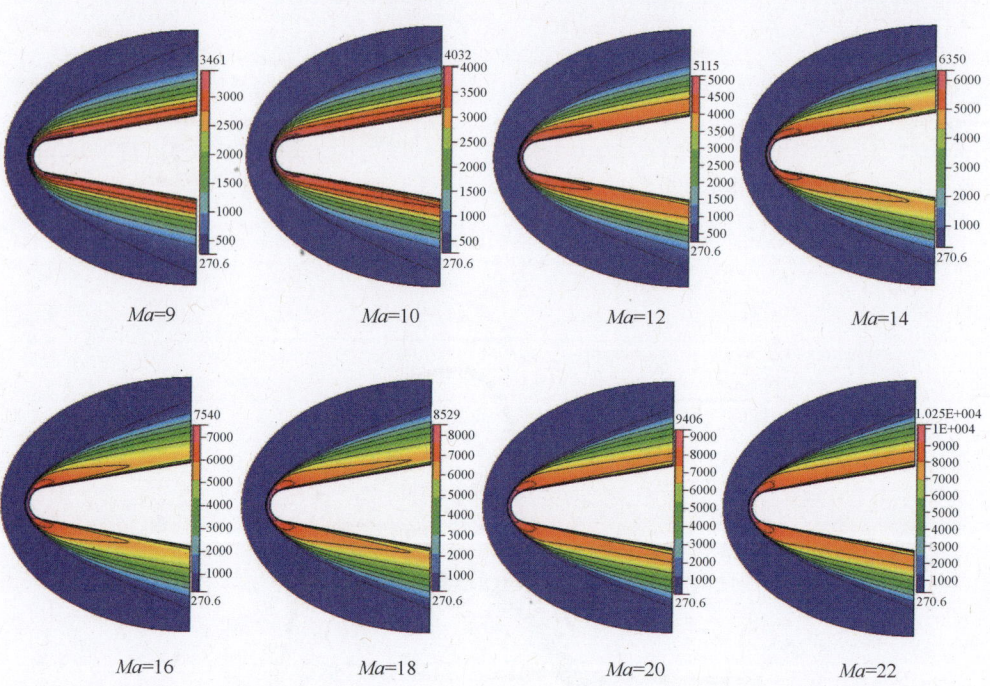

图 3.8　不同再入马赫数时钝锥头身部绕流流场的振动温度 T_v 等值线云图(高度 $H=50\mathrm{km}$)

彩2

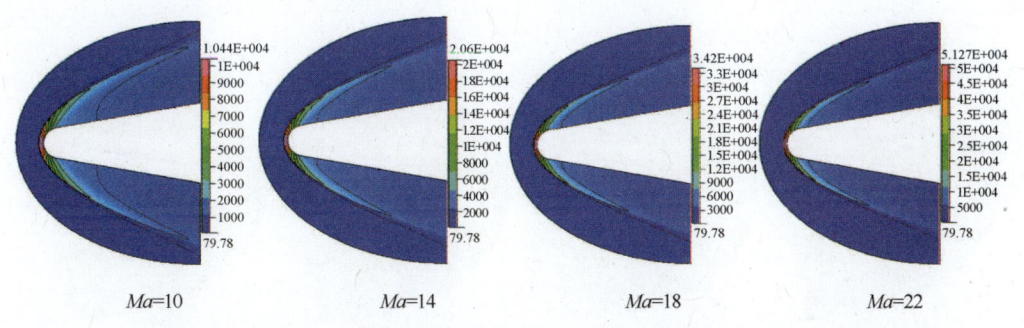

图 3.9　不同再入马赫数时钝锥头身部绕流流场的压强 p 等值线云图（再入高度 H=50km）

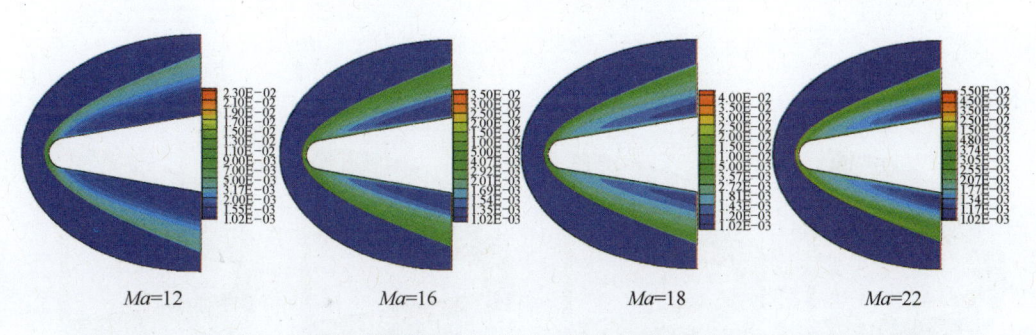

图 3.10　不同再入马赫数时钝锥头身部绕流流场的密度 ρ 云图（再入高度 H=50km）

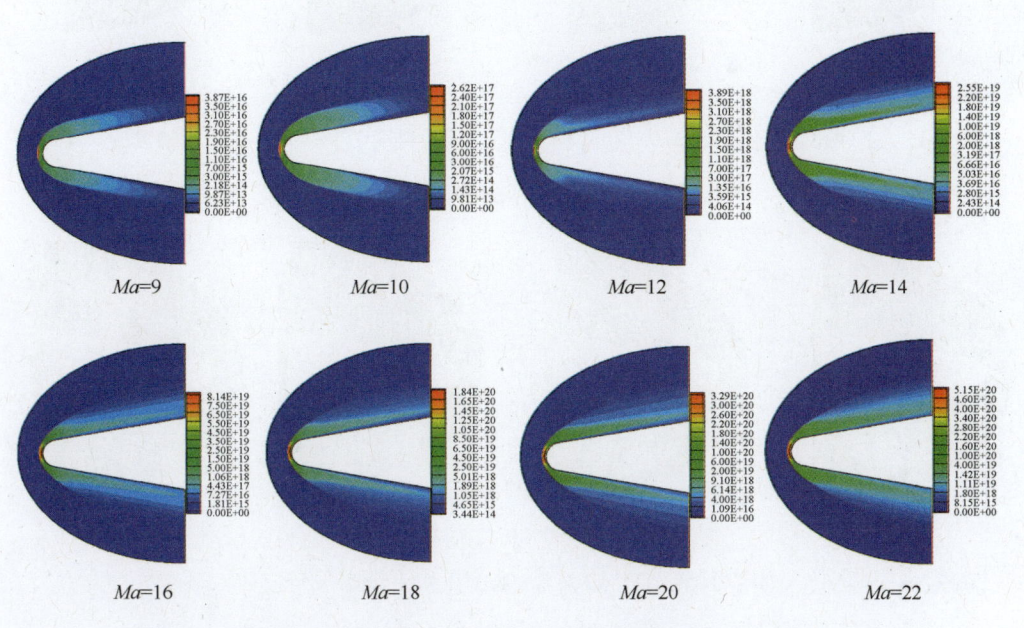

图 3.11　不同再入马赫数时钝锥头身部绕流流场的电子数密度 N_e 云图（再入高度 H=50km）

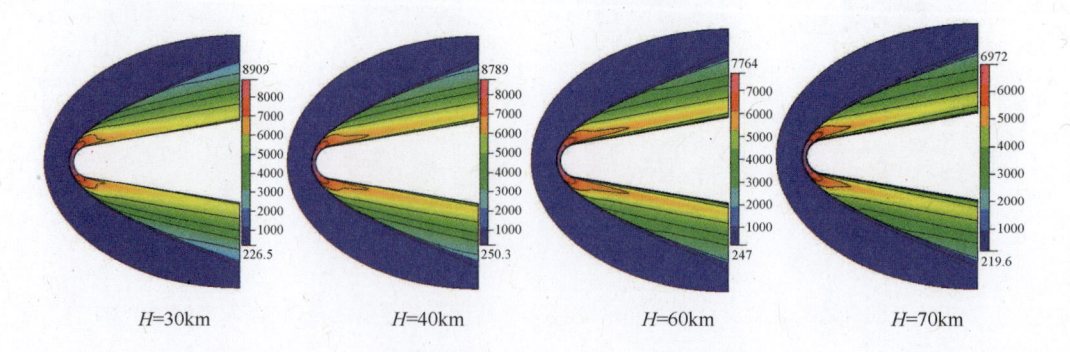

图 3.14　不同再入高度时钝锥头身部绕流流场的平动温度 T 等值线（再入马赫数 $Ma=18$）

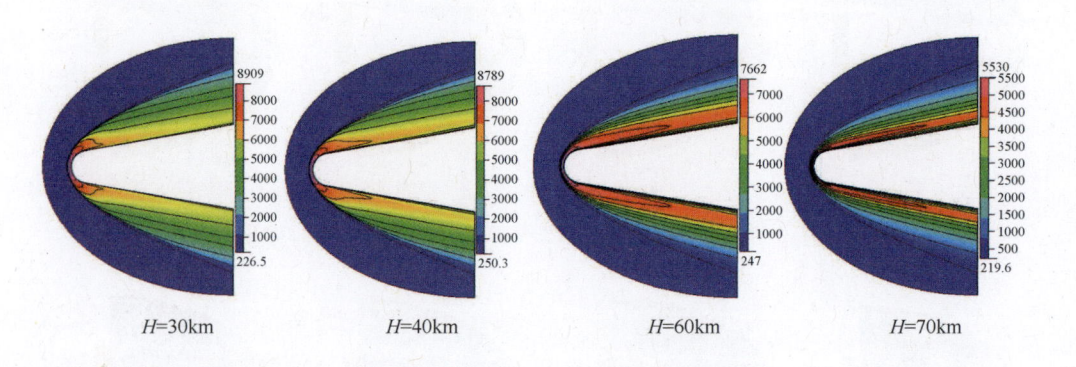

图 3.15　不同再入高度时钝锥头身部绕流流场的振动温度 T_v 等值线（再入马赫数 $Ma=18$）

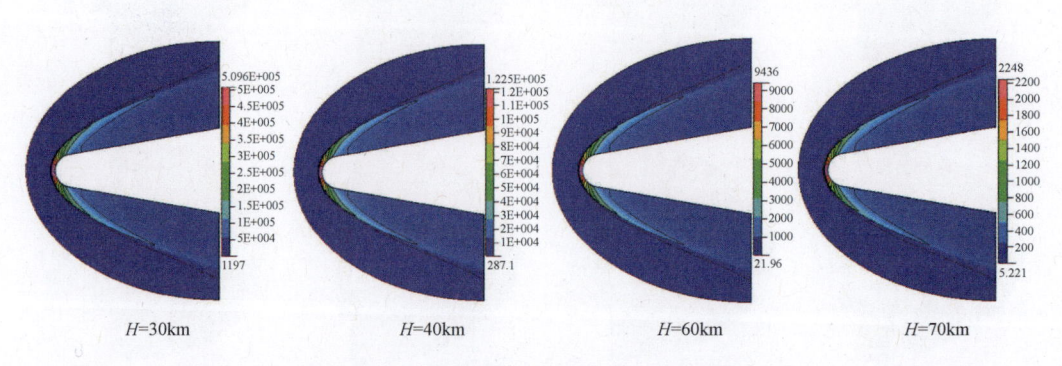

图 3.16　不同再入高度时钝锥头身部绕流流场的压强 p 等值线云图（再入马赫数 $Ma=18$）

彩4

$H=30{\rm km}$ $H=40{\rm km}$ $H=60{\rm km}$ $H=70{\rm km}$

图 3.17 不同再入高度时钝锥头身部绕流流场的电子数密度 N_e 云图(再入马赫数 $Ma=18$)

$Ma=10$ $Ma=12$ $Ma=18$ $Ma=20$

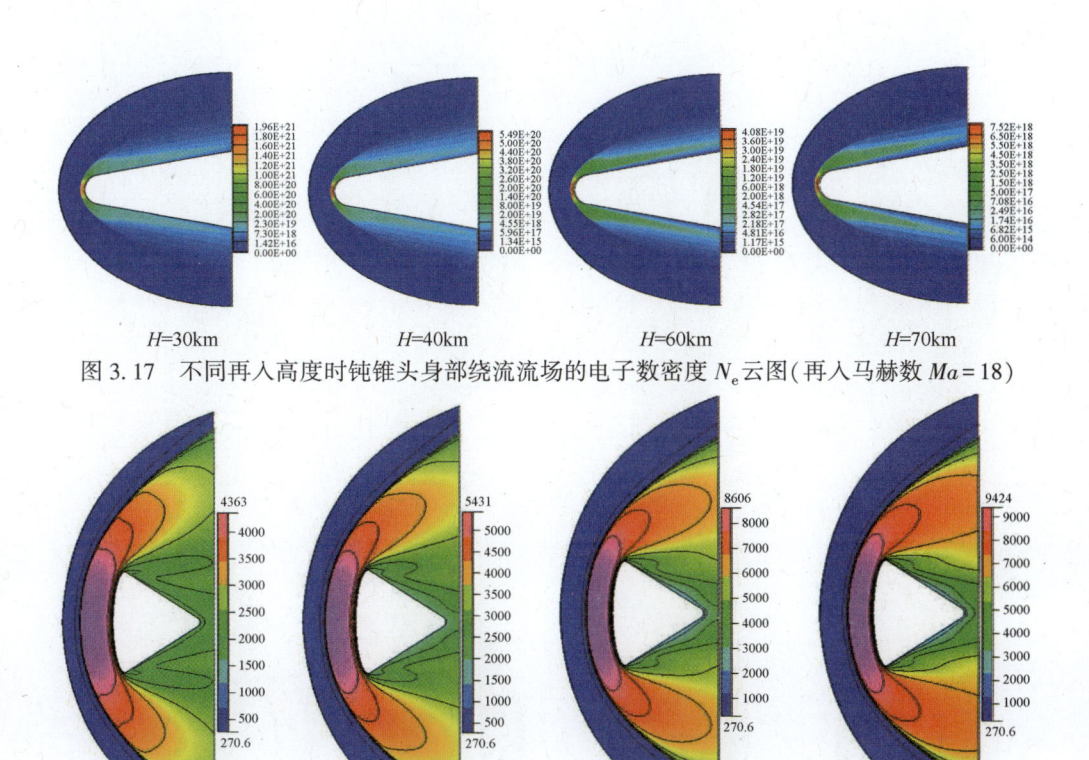

图 3.20 不同再入马赫数时倒锥体头身部绕流流场的平动温度 T 等值线云图($H=50{\rm km}$)

$Ma=10$ $Ma=12$ $Ma=18$ $Ma=20$

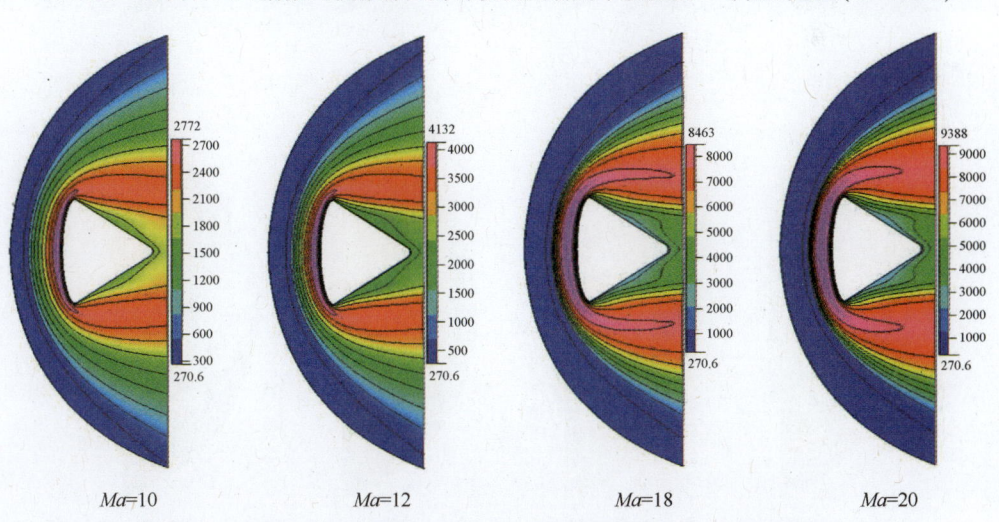

图 3.21 不同再入马赫数时倒锥体头身部绕流流场的振动温度 T_v 等值线云图($H=50{\rm km}$)

彩5

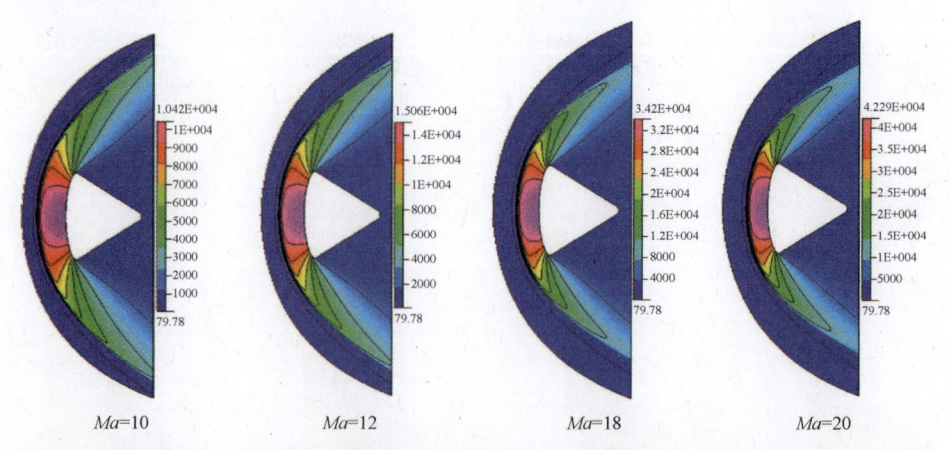

图 3.22 不同再入马赫数时倒锥体头身部绕流流场的压强 p 等值线云图（$H=50\text{km}$）

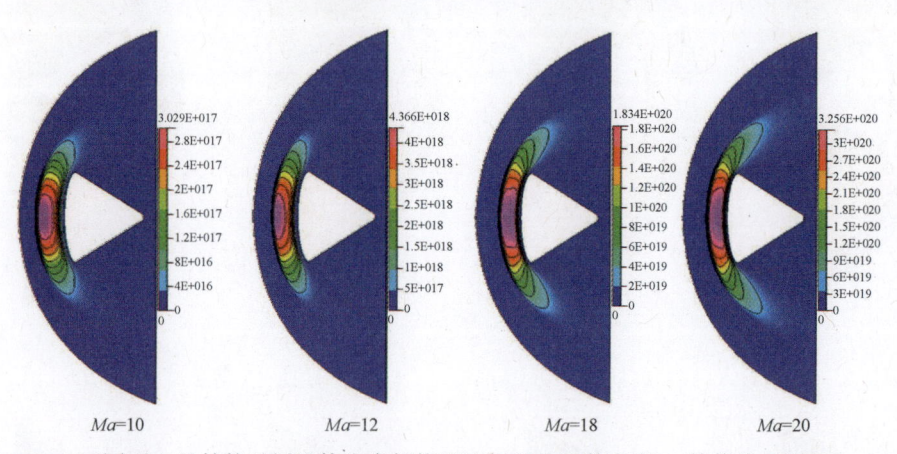

图 3.23 不同再入马赫数时倒锥体头身部绕流流场的电子数密度 N_e 等值线云图（$H=50\text{km}$）

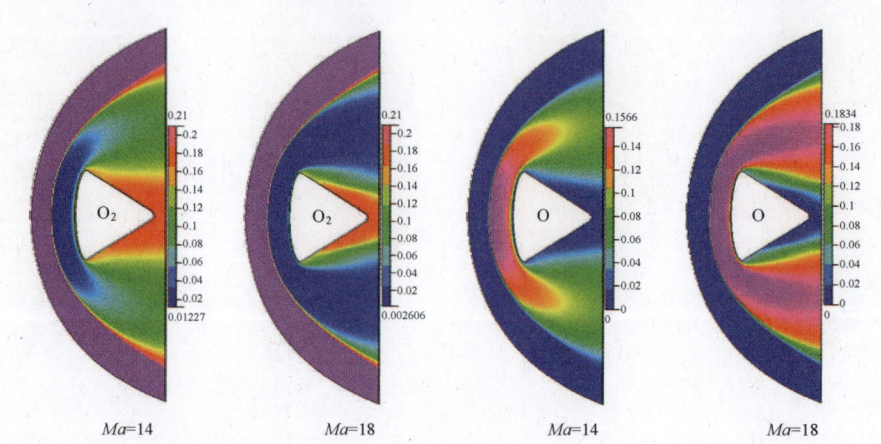

图 3.24 不同再入马赫数时倒锥体头身部绕流流场的组元 O_2 及 O 的质量分数分布云图（$H=50\text{km}$）

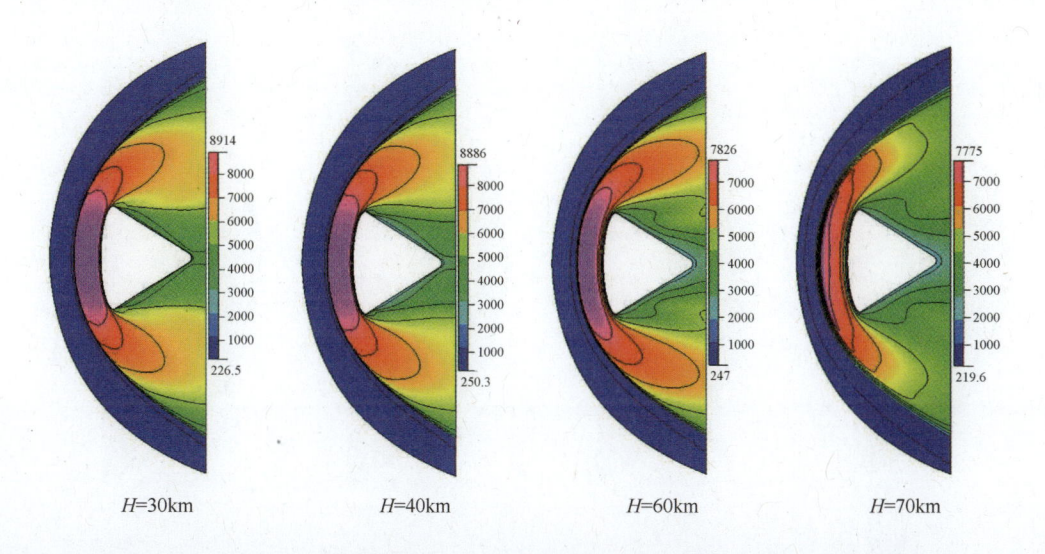

图 3.27　不同再入高度时倒锥体头身部绕流流场的平动温度 T 等值线云图（$Ma=18$）

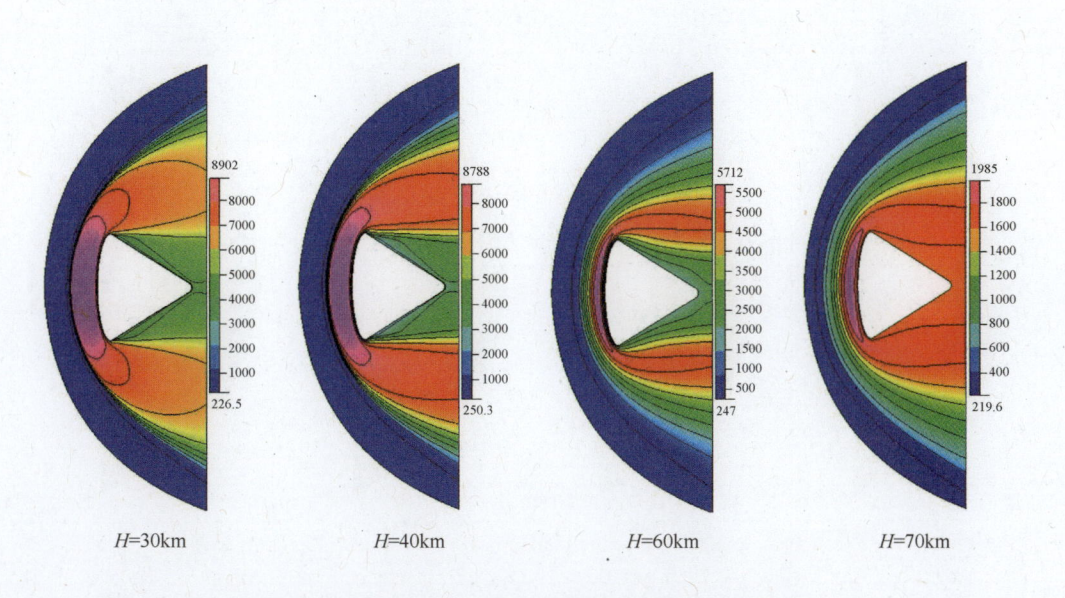

图 3.28　不同再入高度时倒锥体头身部绕流流场的振动温度 T_v 等值线云图（$Ma=18$）

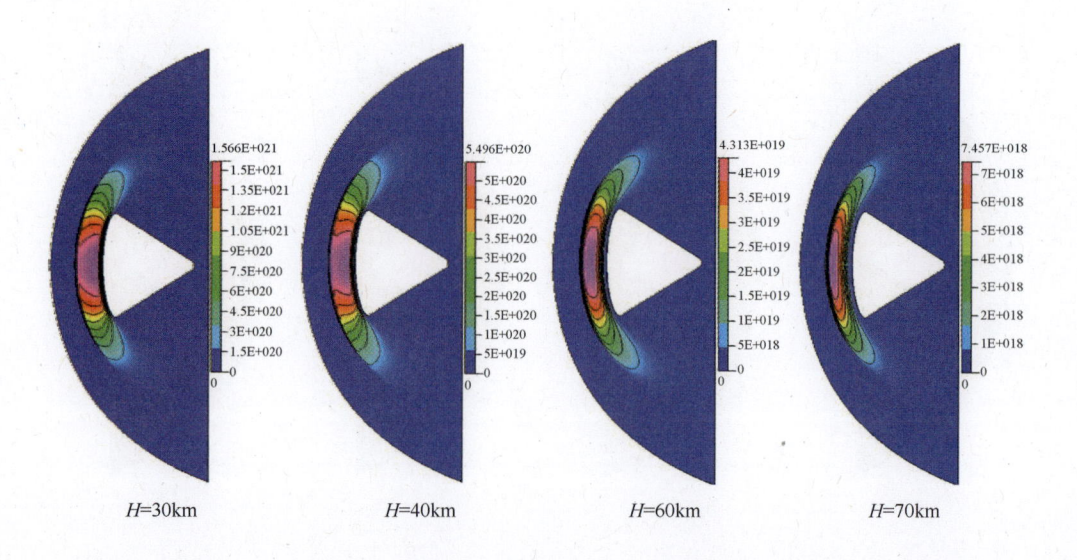

图 3.29 不同再入高度时倒锥体头身部绕流流场的电子数密度 N_e 等值线云图($Ma=18$)

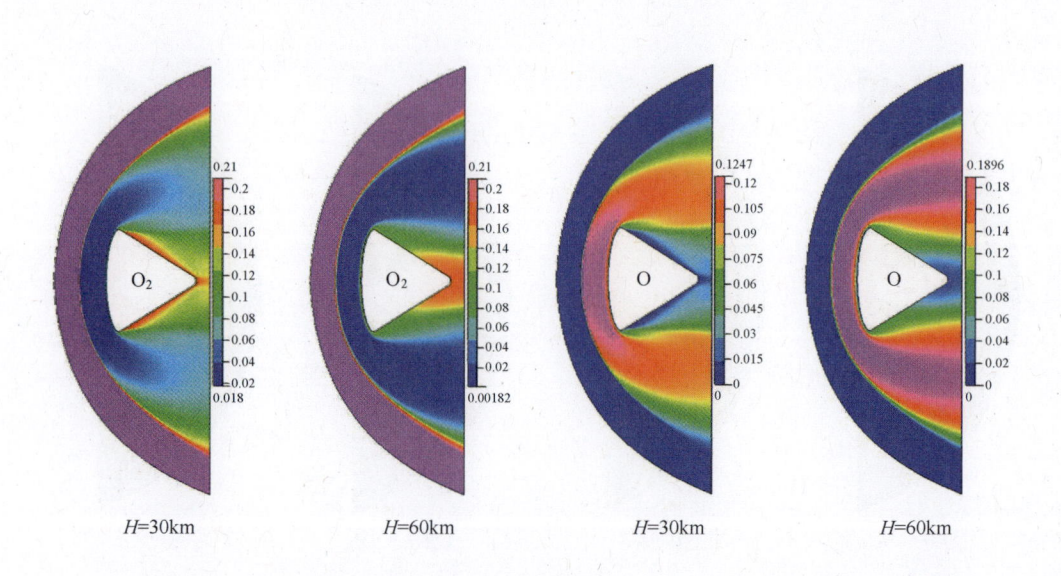

图 3.30 不同再入高度时倒锥体头身部绕流流场的组元 O_2 及 O 的质量分数分布云图($Ma=18$)

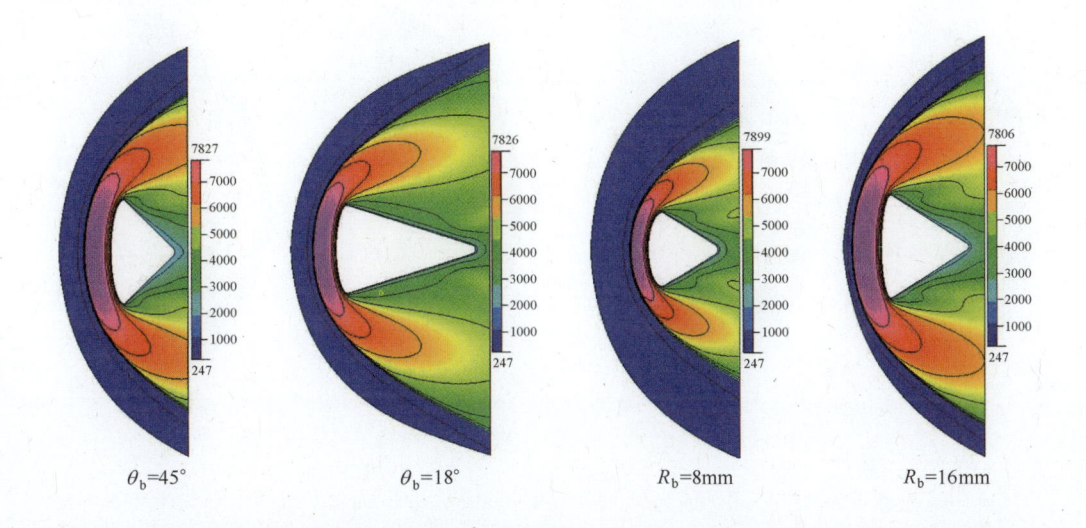

图 3.32 不同本体尺寸时倒锥体头身部绕流流场的平动温度 T 等值线云图（$Ma=18, H=60\text{km}$）

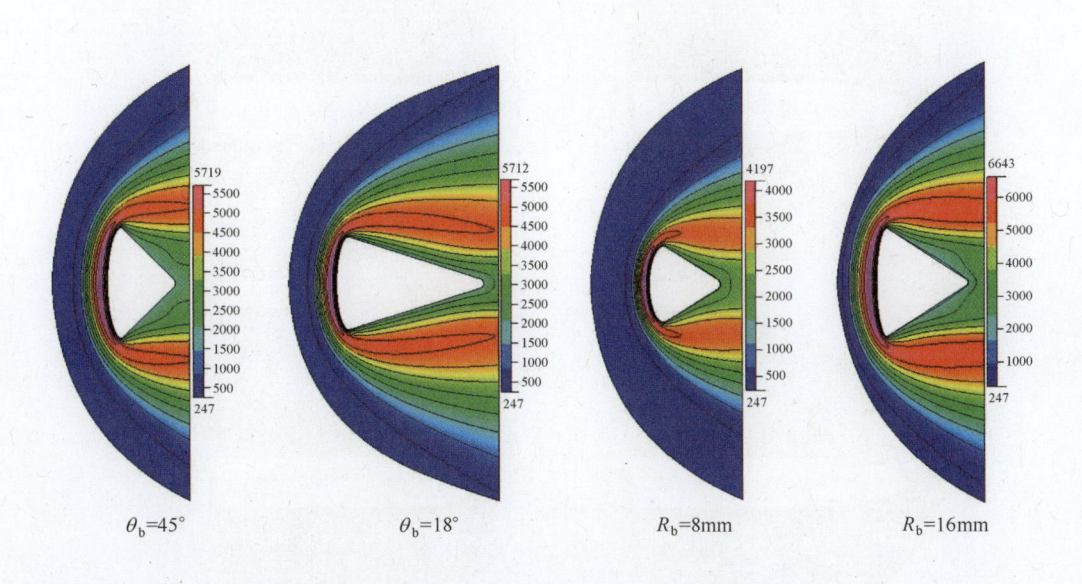

图 3.33 不同本体尺寸时倒锥体头身部绕流流场的振动温度 T_v 等值线云图（$Ma=18, H=60\text{km}$）

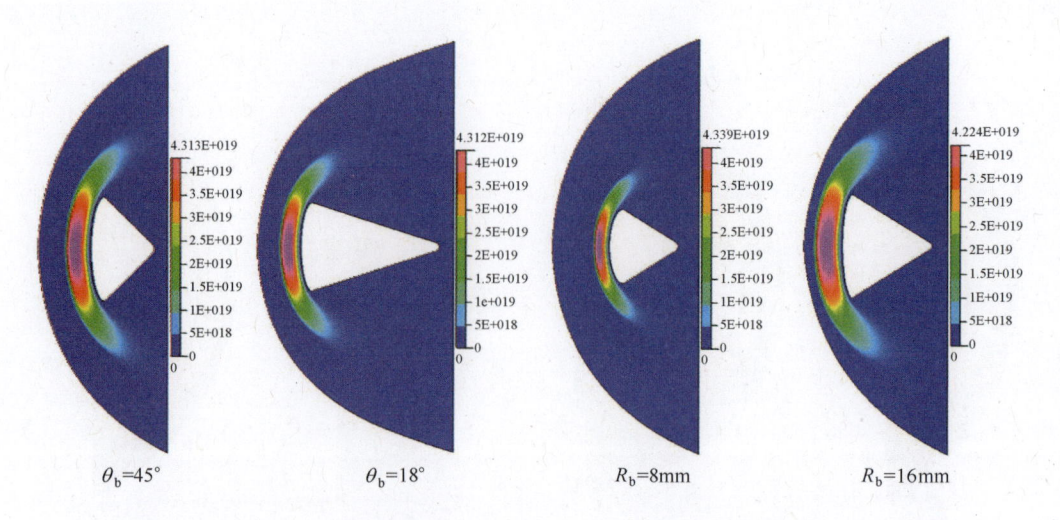

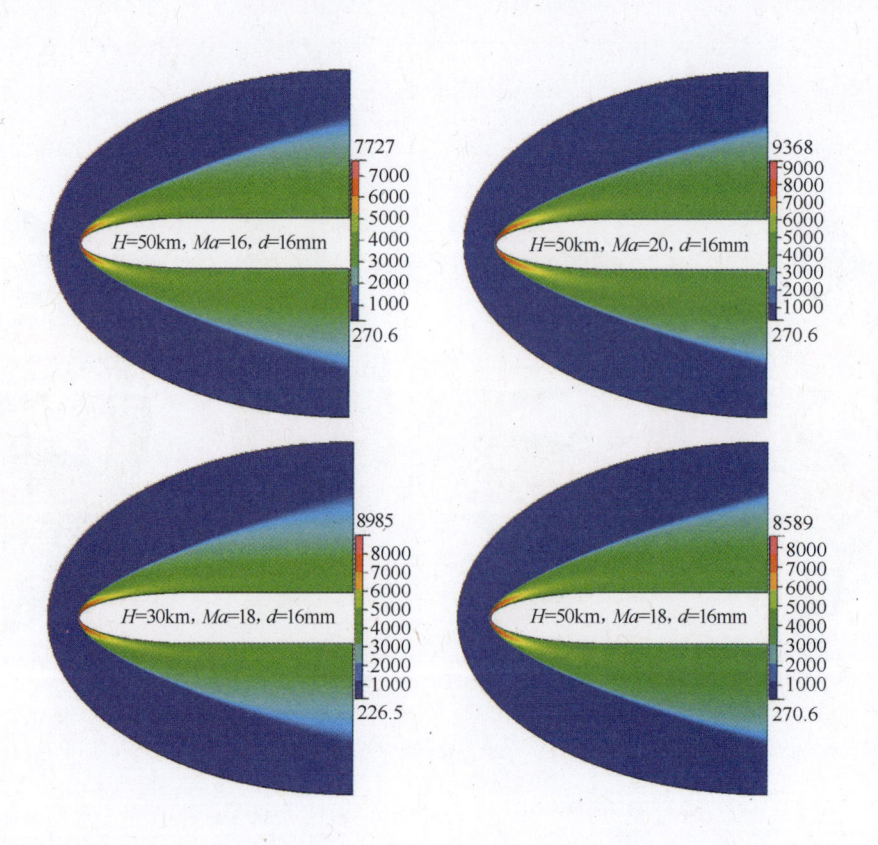

图 3.34　不同本体尺寸时倒锥体头身部绕流流场的电子数密度 N_e 云图（$Ma=18, H=60\text{km}$）

彩10

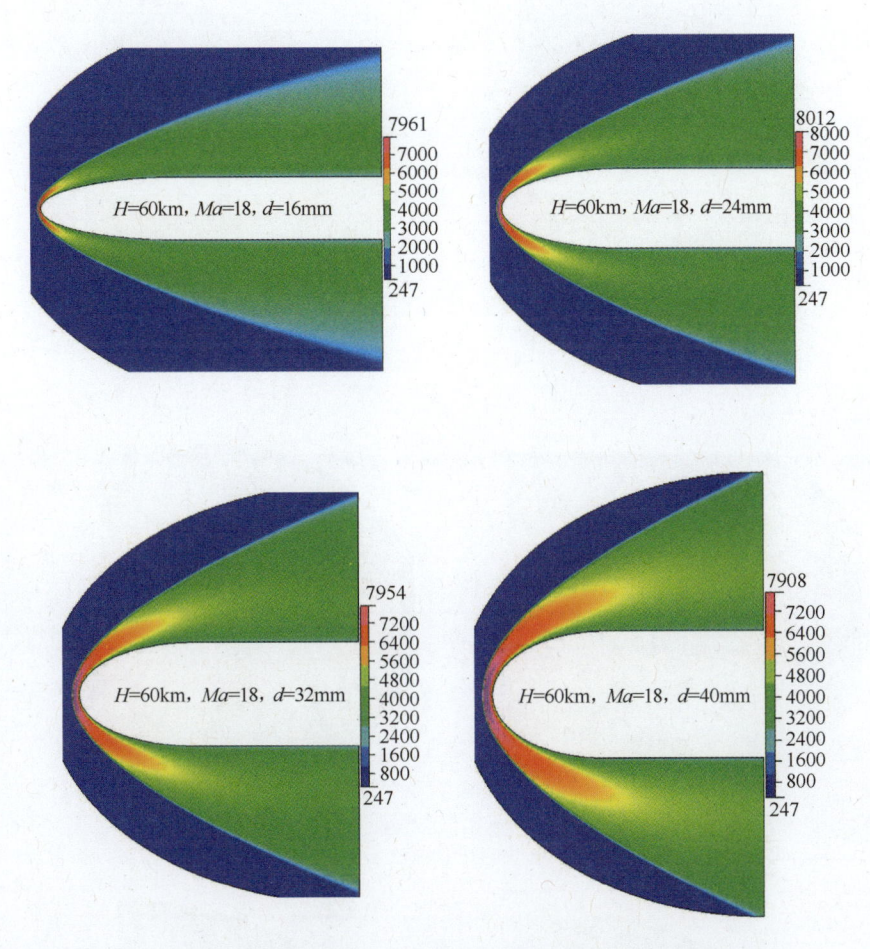

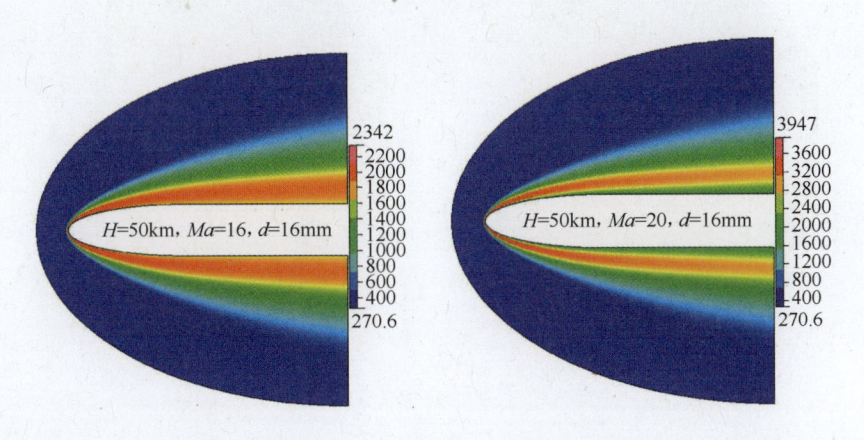

图 3.35 锐头体头身部绕流流场平动温度 T 云图

彩11

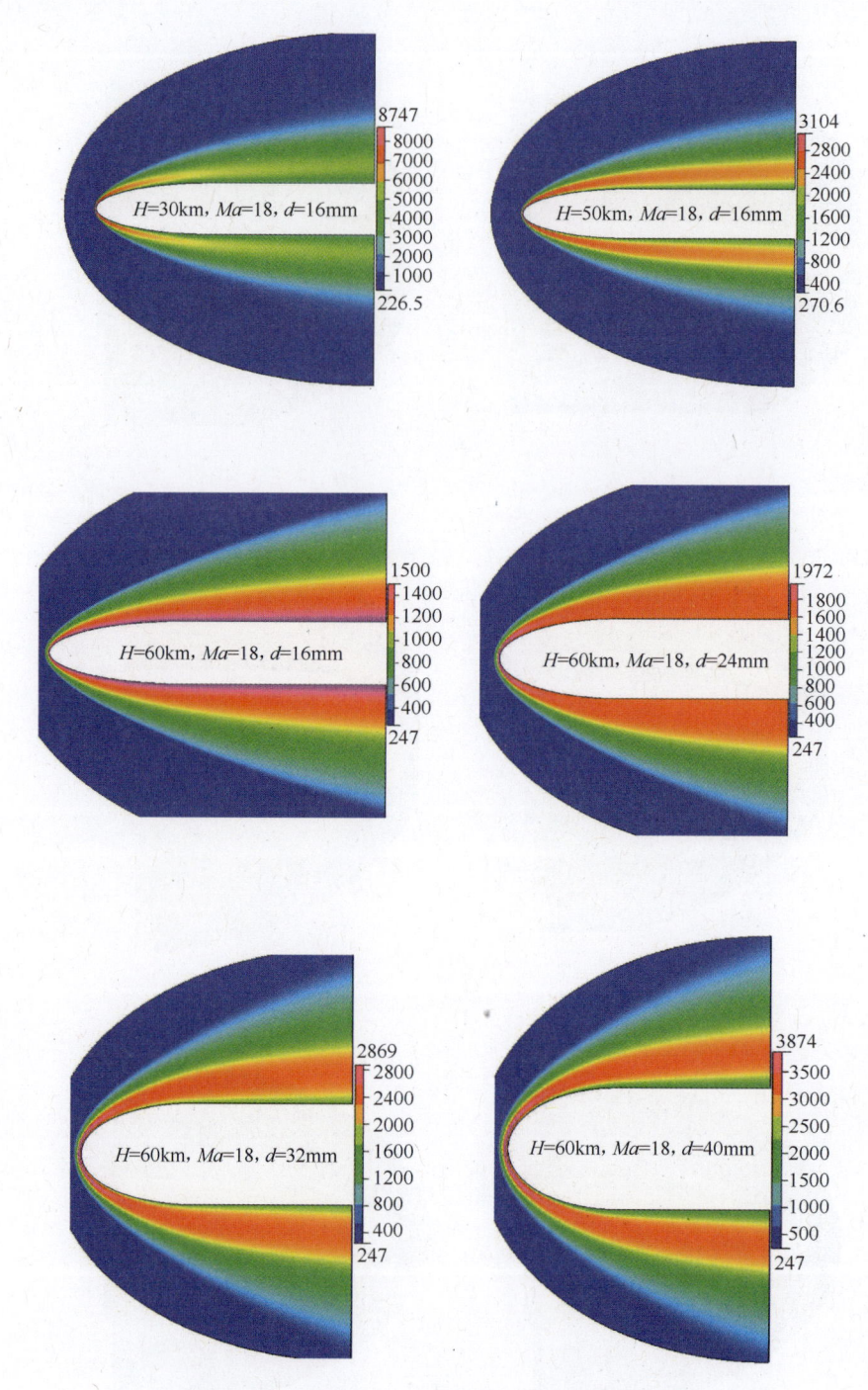

图 3.36 锐头体头身部绕流流场振动温度 T_v 云图

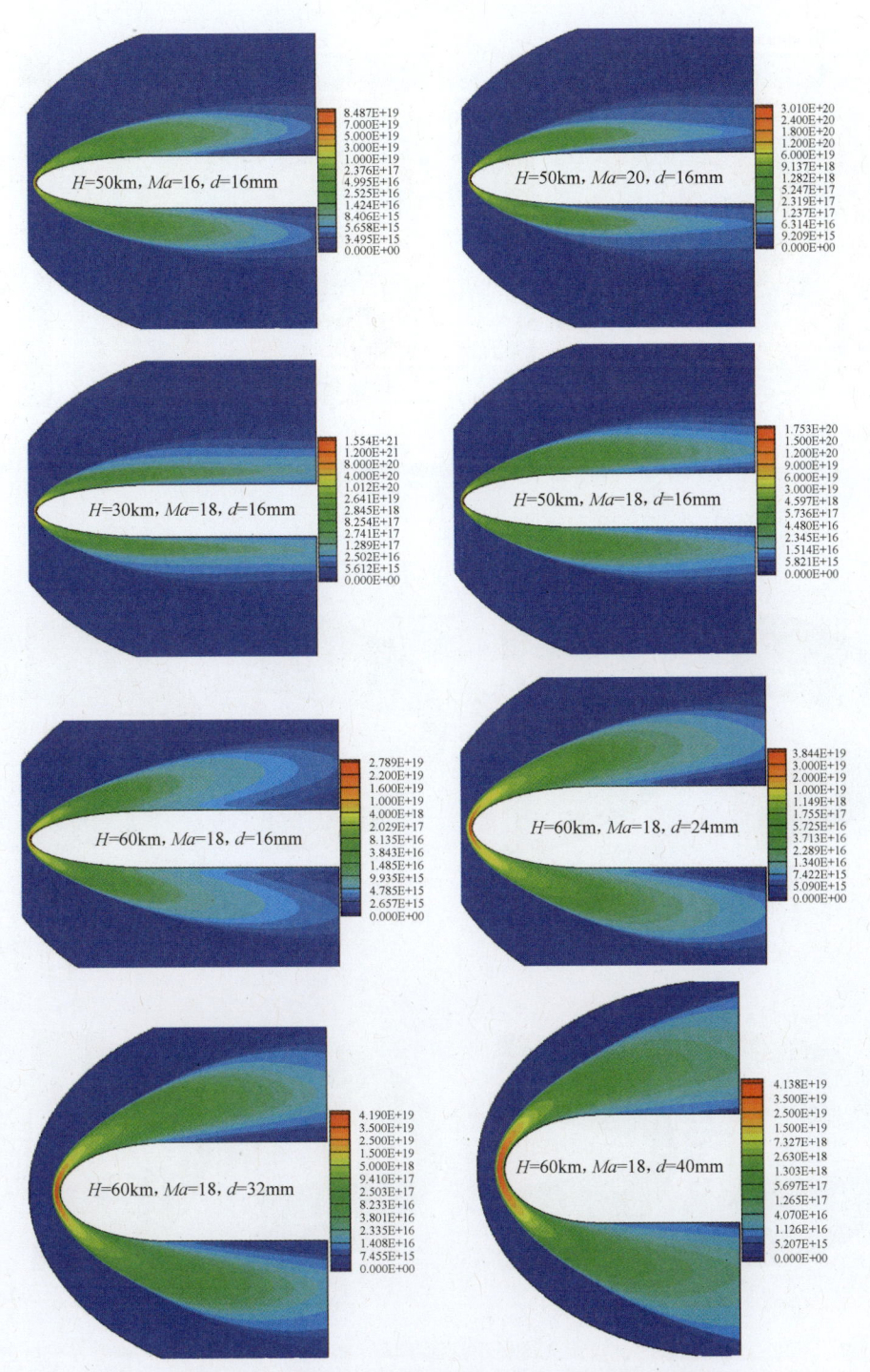

图 3.37 锐头体头身部绕流流场电子数密度 N_e 云图

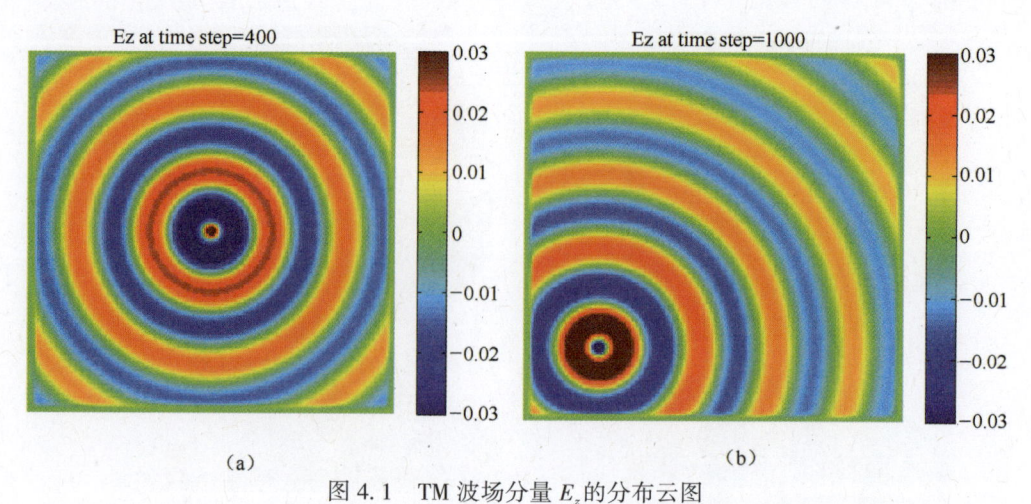

图 4.1 TM 波场分量 E_z 的分布云图

(a)运行 400 步,激励源位于中心;(b)运行 1000 步,激励源位于左下角。

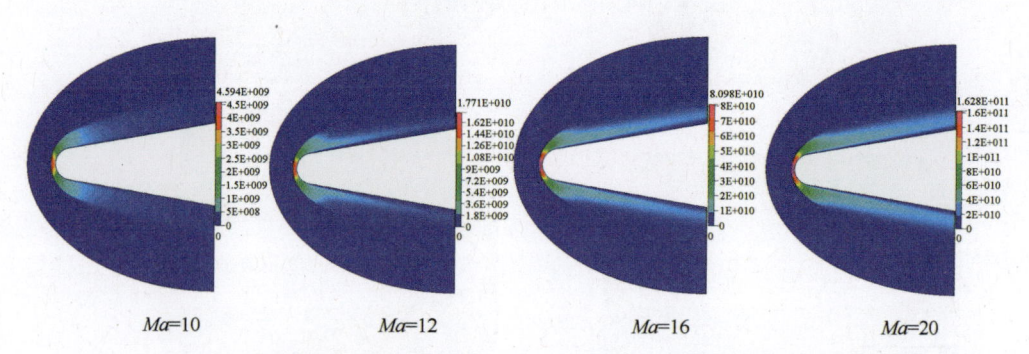

图 5.5 不同再入马赫数时钝锥绕流流场头身部区域等离子体频率分布云图($H=50$km)

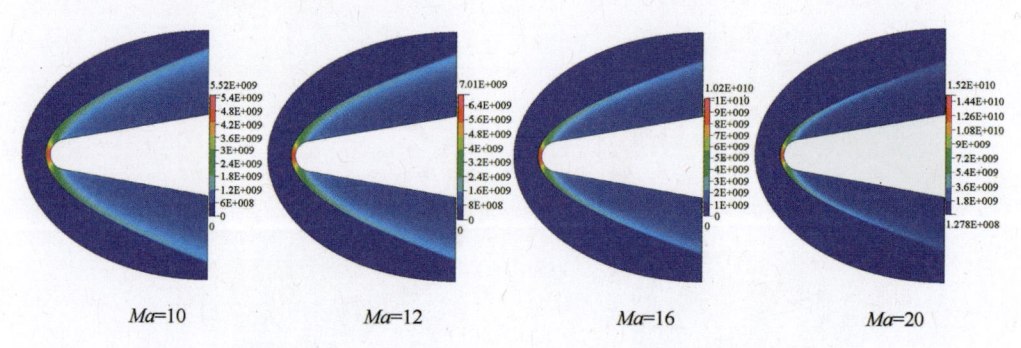

图 5.6 不同再入马赫数时钝锥绕流流场头身部区域等离子体碰撞频率分布云图($H=50$km)

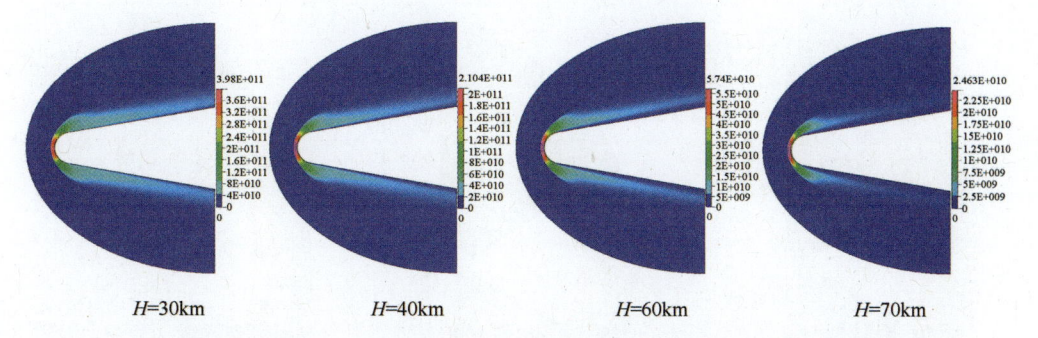

$H=30$km $\qquad$ $H=40$km $\qquad$ $H=60$km $\qquad$ $H=70$km

图 5.7　不同再入高度时钝锥绕流流场头身部区域等离子体频率分布云图（$Ma=18$）

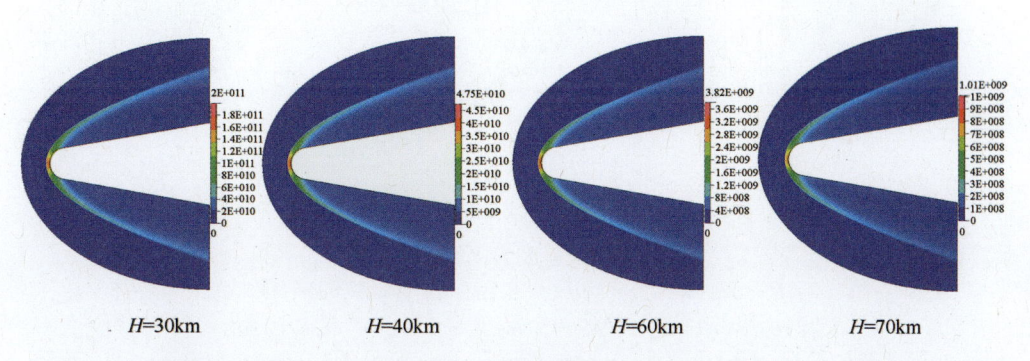

$H=30$km $\qquad$ $H=40$km $\qquad$ $H=60$km $\qquad$ $H=70$km

图 5.8　不同再入高度时钝锥绕流流场头身部区域等离子体碰撞频率分布云图（$Ma=18$）

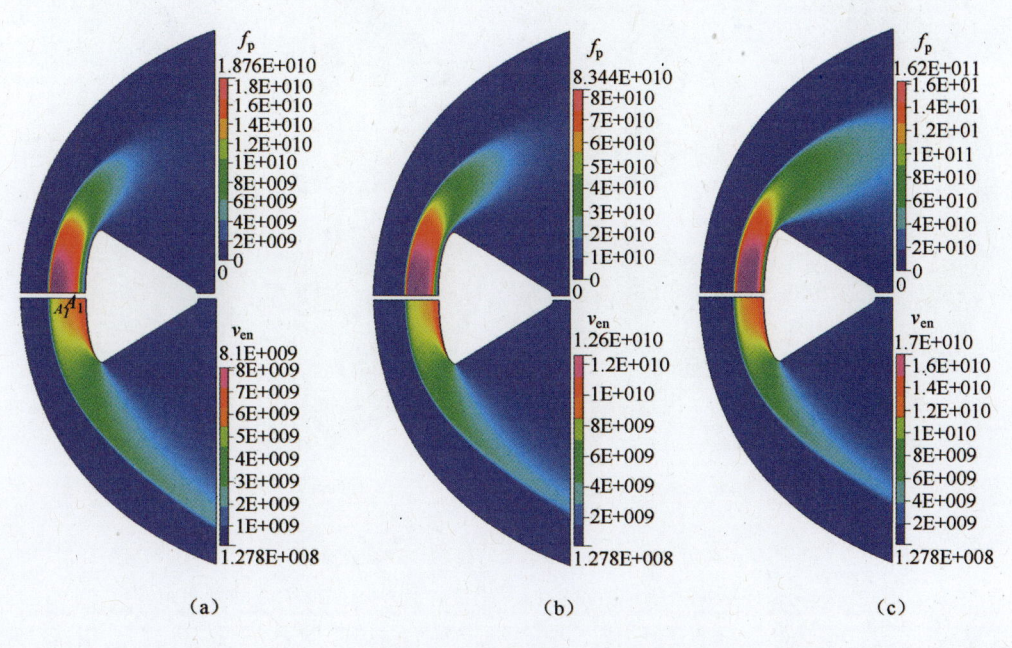

(a) $\qquad$ (b) $\qquad$ (c)

彩15

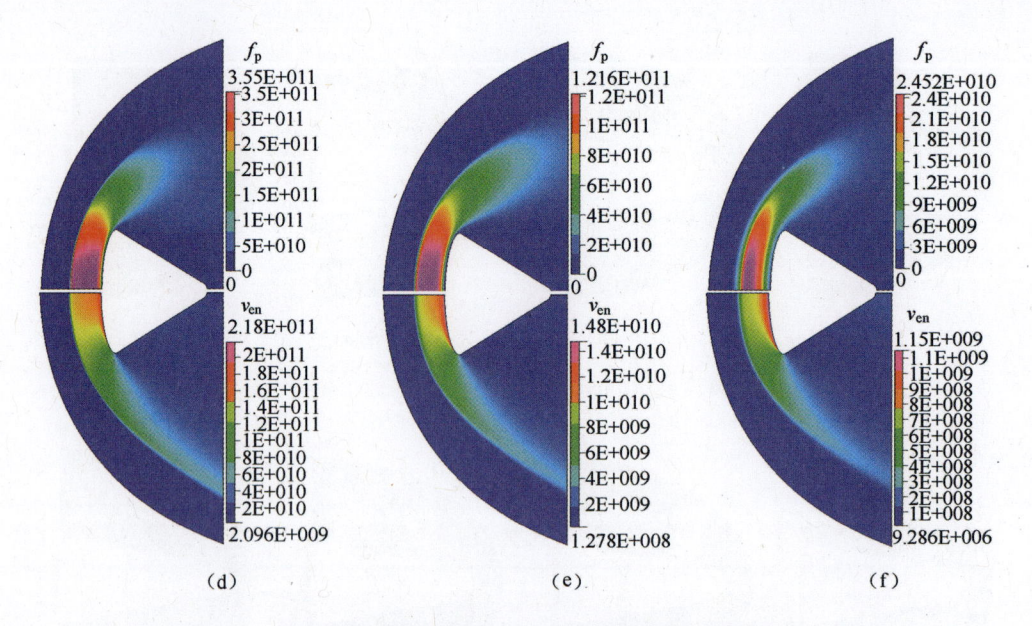

图6.1 倒锥体绕流流场头身部等离子体频率及碰撞频率随
再入高度及速度变化的分布特性

(a) $H=50\text{km}$, $Ma=12$; (b) $H=50\text{km}$, $Ma=16$; (c) $H=50\text{km}$, $Ma=20$;
(d) $H=30\text{km}$, $Ma=18$; (e) $H=50\text{km}$, $Ma=18$; (f) $H=70\text{km}$, $Ma=18$。

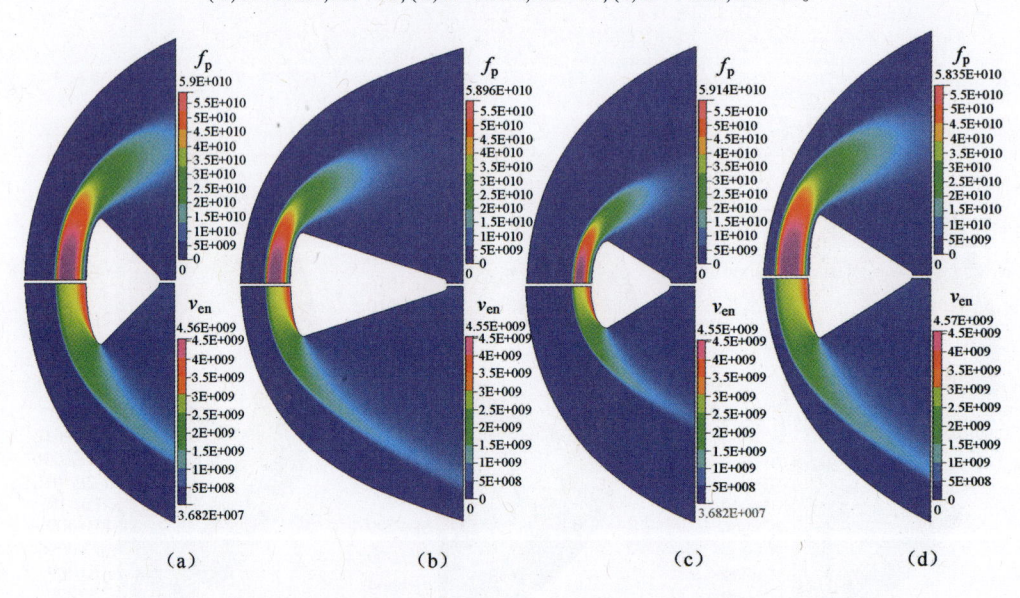

图6.2 给定再入高度 $H=60\text{km}$ 和再入马赫数 $Ma=18$,当倒锥体本身的尺寸
变化时,倒锥体绕流流场头身部区域等离子体频率及碰撞频率的分布云图

(a) $\theta_b=45°$; (b) $\theta_b=18°$; (c) $R_b=8\text{mm}$; (d) $R_b=16\text{mm}$。

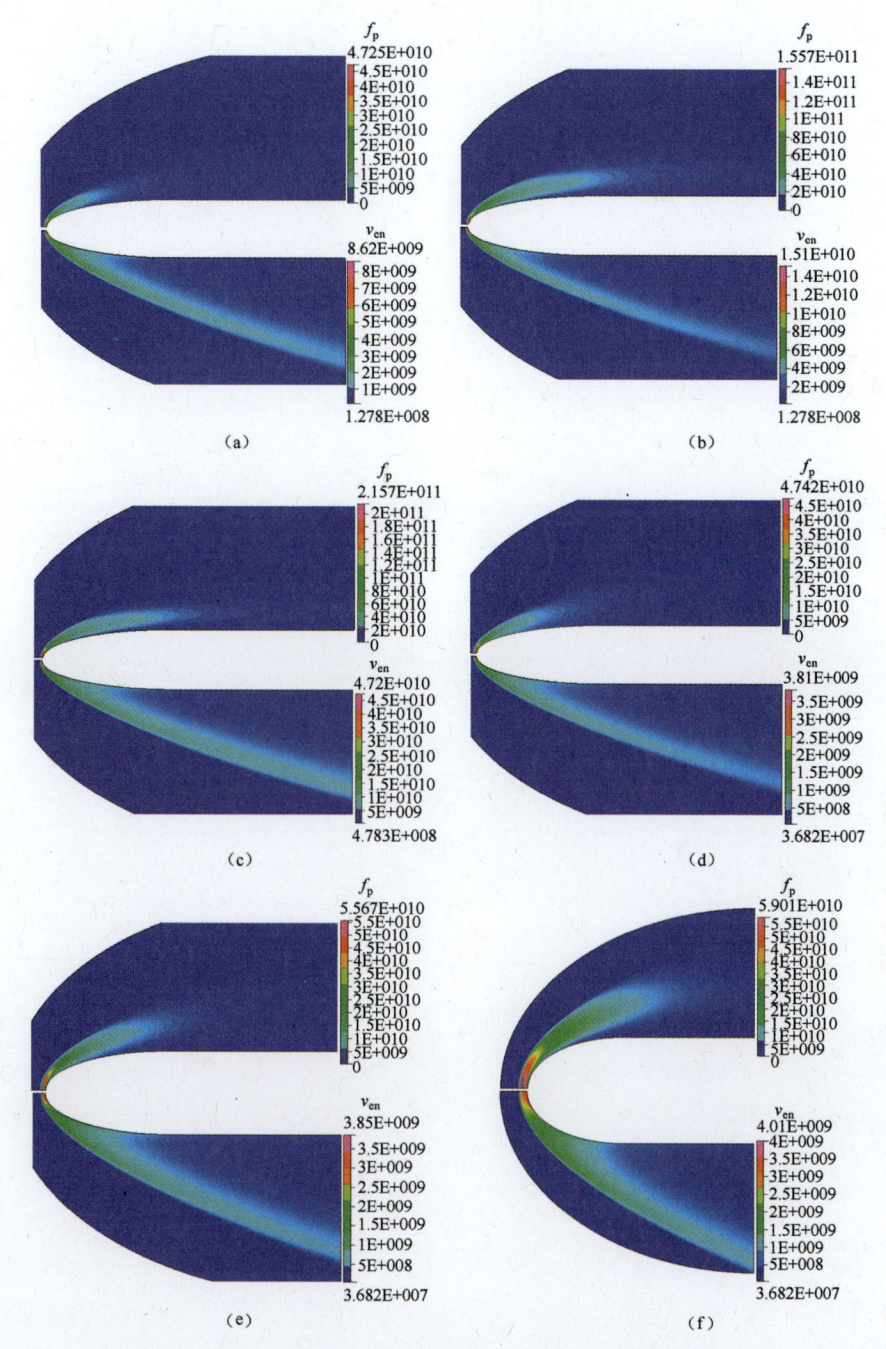

图 6.3 锐头体绕流流场头身部等离子体频率及碰撞频率分布

(a) $H=50\mathrm{km}, Ma=14, d=16\mathrm{mm}$；(b) $H=50\mathrm{km}, Ma=20, d=16\mathrm{mm}$；(c) $H=40\mathrm{km}, Ma=18, d=16\mathrm{mm}$；
(d) $H=60\mathrm{km}, Ma=18, d=16\mathrm{mm}$；(e) $H=60\mathrm{km}, Ma=18, d=24\mathrm{mm}$；(f) $H=60\mathrm{km}, Ma=18, d=40\mathrm{mm}$。

彩17